침엽수
사이언스 I

한반도 소나무과의
식물지리, 생태, 자연사

Conifer Science I :
Phytogeography, Ecology and Natural History of the Korean Pinaceae

Copyright © 2016 Woo-seok Kong

Published by GeoBook Publishing Co.
Rm 1321, 34, Sajik-ro 8-gil, Jongno-gu, Seoul, 03174 KOREA
Tel: +82-2-732-0337, Fax: +82-2-732-9337, E-mail: book@geobook.co.kr

ISBN 978-89-94242-46-0 93480

Printed in Korea

침엽수
사이언스 I

한반도 소나무과의
식물지리, 생태, 자연사

공우석 지음

지오북
GEOBOOK

머리말

이 땅의 침엽수 탐구를 위해 시공을 넘나들다.

예로부터 오래 사는 열 가지를 이르는 십장생(十長生)에는 해, 산, 물, 돌, 구름, 솔, 불로초, 거북, 학, 사슴이 있다. 그 가운데 인간이 꿈꾸는 장수를 상징하는 식물로 알려진 솔 또는 소나무는 불로초와 함께 우리에게 친근한 나무이다. 누구나 한 번쯤 들어봤을 옛 문구에서도 소나무는 쉽게 찾아볼 수 있다. 고대 중국 노(魯)나라의 사상가 공자(孔子, BC 551~BC 479년)의 가르침을 전하는 『논어(論語)』의 자한(子罕)편에는 다음과 같이 소나무와 잣나무의 가치가 묘사되어 있다.

歲寒然後 知松柏之後彫也!(세한연후 지송백지후조야!)
날씨가 추워진 뒤에라야 소나무와 잣나무가 시들지 않고 푸름을 알 수 있다!

우리 역사 속 일화에도 소나무는 어김없이 등장한다. 조선 후기의 명필이자 금석학자인 추사 김정희(金正喜, 1786~1856년)가 제주 대정리에서 외롭고 힘들게 유배생활을 할 때였다. 그의 제자로 역관인 이상적(李商迪)은 중국을 드나들며 구해온 서적을 위험을 무릅쓰고 몰래 그에게 전해주곤 하였다. 제자의 변치 않는 마음에 고마움을 느낀 추사가 외딴 초가집 양 옆에 소나무와 잣나무 몇 그루를 그린 풍경 그림을 이상적에게 남겼는데, 이것이 오늘날 국보 제180호로 지정된 「세한도(歲寒圖)」(1844년)이다. 소나무는 이렇게 변치 않는 정절의 상징으로 사군자(四君子)와 함께 시와 그림의 소재가 되었다.

뿐만 아니라 소나무는 자연 생태적, 문화적으로 우리 가까이에서 의식주와 역사를 함께 해왔다. 아기가 태어났을 때 타인의 출입을 제한하기 위해 친 대문 위 금줄에는 장수를 비는 뜻으로 늘 푸른 솔가지를 꽂았다. 아이들은 솔밭 아래서 뛰놀고 글을 읽으며 자랐다. 소나무 목재로 집을 짓고 가구를 만들었으며, 송판

공우석 그림

(松板)으로는 조상의 관(棺)을 만들었다.

또한 소나무는 계절에 따라 사람들에게 다양한 혜택을 주었다. 봄철 보릿고개에 소나무의 속껍질인 송기(松肌)와 소나무숲에 나는 봄나물은 귀한 먹을거리였다. 여름이면 마을 뒤 소나무숲은 그늘을 만들어 주고 폭우나 산사태로 마을에 피해가 생기는 것을 막아 주었다. 가을철 깊은 산 소나무숲에서 거두는 송이와 복령 등은 귀한 소득원이었고, 한가위에 송편을 찔 때면 솔잎을 깔아 향도 얻고 상하는 것도 막았다. 겨우내 뒷산의 소나무숲은 차가운 북풍을 막아 주었고, 솔잎, 솔가지, 솔방울은 추위를 이기는 데 필수적인 땔감이었다.

그런데 최근 들어 우리 국민들에게 가장 친숙한 나무로 알려진 소나무에 대해 논란이 많다. 산림청과 한국갤럽의 여론조사 결과에 따르면 소나무는 한국인이 가장 좋아하는 나무이다. 최근에는 소나무를 나라의 대표 나무인 국목(國木)으로 지정하려는 시도까지 있다. 그러나 한편에서는 소나무 등 침엽수 위주의 조림이 생물다양성을 저해하고 큰 산불의 원인이 될 수 있어 조림수종으로 알맞지 않으니 소나무 대신 쓸모 있는 다른 나무를 심어야 한다는 주장도 있다. 소나무재선충병 때문에 소나무가 멸종할 수 있다는 위기론도 제기되었다. 지구온난화에 따라 미래에는 한반도에서 소나무숲이 사라질 수 있다는 비관론도 있다. 이처럼 소나무 하나를 두고도 국민들의 시각이 서로 다르고 다양하다.

그러나 정작 우리가 사는 마을 뒷동산에 흔하게 자라는 소나무가 모두 같은 종(種, species)인지, 언제부터 왜 거기에 자라고 있는지 바르게 아는 사람은 적다. 우리나라 특산종 나무인 구상나무를 지키자고 국가기관들까지 힘을 모으고 나서는 요즘 소나무과(科) 나무들에 대한 자연과학적이고 인문학적인 내용을 고려한 학제적 분석이 필요하다.

나자식물(裸子植物, gymnosperm) 가운데 소나무, 잣나무, 구상나무, 가문비나무, 잎갈나무, 솔송나무 등 주요 소나무과(Pinaceae) 나무들에 대한 정보는 식물도감(圖鑑, pictorial book)과 수목학(樹木學, Dendrology) 개론서에 많다. 특히 소나무 등 일부 수종에 대해서는 많은 책들이 있다. 그러나 정작 소나무와 침엽수를 알고 지키기 위해 우리가 알아야 할 침엽수에 대한 기본 용어는 혼란스럽고, 분류와 형태에 대한 내용은 분야별 전문가가 아니면 이해하기 어렵다.

더구나 최근 소나무재선충병, 지구온난화, 개발제한구역 해제, 산지 개발 등 환경문제가 심각해지는 상황에서 소나무과 나무들을 바르게 알기 위해 필요한 생물지리학(生物地理學, Biogeography), 자연사(自然史, Natural History), 식생사(植生史, Vegetation History), 생태학(生態學. Ecology), 기후변화(氣候變化, Climate Change)에 대한 정보나 연구는 매우 부족하다. 소나무와 구상나무에 관련된 다양한 이야기를 논하려면 나무 자체를 체계적으로 아는 것이 먼저이며 관련 학문들이 기본이 되고 중심이 되어야 한다.

이를 위해서는 대중과 정책자가 소통할 수 있도록 바르고 풍부한 정보를 알리는 것이 시급하다는 것을 절실히 느꼈다. 이에 필자가 30여 년 동안 전국을 답사하면서 나자식물을 식물지리학적 관점에서 조사 연구한 내용을 정리한 것 중 첫 번째로 나자식물 가운데 소나무과의 식물지리, 생태, 자연사에 대한 단행본을 선보이게 되었다. 한반도에 자라는 나자식물 가운데 소나무과 나무들의 계통 분류, 종 구성, 다양성, 형태, 분포, 자연사, 역사, 생태, 환경, 전망 등을 다루었다.

필자의 전문 분야 밖의 내용은 기존의 문헌을 중심으로 소개하였다. 다만 일부 생소한 학문 분야들을 다루며 생긴 오류에 대해서는 독자들의 이해와 조언을 구한다. 부디 이 책이 독자들에게 우리 자연과 생태계에 가까이 가게 해주는 길라

잡이가 되었으면 하는 바람이다.

이 책은 2014년에 산림청 국립수목원의 과제로 수행한 '한반도 특산식물의 종분화 및 기원 연구(KNA 1-1-13, 14-1)'의 일부인 '한반도 특산식물의 식물지리학적 연구'를 기반으로 하였다. 미개척 분야인 식물지리학 연구를 지원해 주고 관련 사진과 수종별 선화(線畫)를 사용할 수 있도록 협조해 준 국립수목원과 과 추천사를 작성해주신 이유미원장님께 감사드린다. 아울러 한정된 독자층을 가진 책을 선뜻 출간해 준 지오북 황영심 사장과 멋진 책을 만드는 데 수고한 편집진에 고마운 마음을 전한다.

국내·외 답사, 학술발표 등으로 자리를 자주 비우는 나를 이해해 주고 곁에서 늘 힘이 되어 주는 아내 박인화, 딸 공정현 그리고 모친 김옥순 여사께 고마운 마음이 크다. 현지답사에 동행하고 지도 작업을 도와준 경희대학교 이과대학 지리학과 생물지리학 실험실원들에게도 감사하다. 이 책을 학문적 동료인 고(故) Dr. Tom Ledig(IFG, 미국 산림청 산림유전연구소)에게 바친다. This book is dedicated to late Dr. Tom Ledig.

지금까지 담 너머 세상에 대한 호기심에서 식물지리학자의 눈으로 동아시아와 이 땅의 나자식물을 찾아 산과 들 그리고 섬들을 답사하였다. 앞으로 남북 관계가 개선되어 북녘의 산하를 자유롭게 찾아다니며 자연 생태계를 연구하는 그날을 고대한다.

2016년 6월
백두대간을 넘나들며 답사하는 소망과 함께
공우석

추천사 🌿

마음에 품었던 침엽수, 머리에 담다.

한반도 소나무들은 한 그루 한 그루의 모습이 이 땅의 풍광과 절묘하게 어우러지며 오랜 세월을 살아왔다. 우리나라 사람들의 가슴에 깊이 담겨 가장 사랑받는 나무가 된 것은 당연하다.

가장 아린 마음으로 바라보는 침엽수는 구상나무이다. 이 지구상에 오직 한반도에만 자라서 특산식물인 이 나무는 균형 잡힌 수형과 특유의 아름다움으로 세계인의 관심을 받고 있다. 참으로 자랑스럽지만, 우리 곁에 심고 가꾸기는 까다로운 나무이다. 더욱이 기후변화에 가장 민감하게 반응하는 취약한 상태에 놓여 있어 안타깝다. 최근 국립수목원 연구자들은 구상나무는 어떻게 한반도에 고립되어 자라게 되었는지 기원을 밝혀내는 연구를 하고 있어 그 결과가 고대되는 나무이다.

눈잣나무는 동아시아의 학자들을 한마음으로 묶어주고 있다. 국립수목원에서는 '동아시아 생물다양성 보전 네트워크(EABCN, East Asia Biodiversity Conservation Network)'를 주관하고 있는데 동아시아의 생태학자들이 함께 연구할 나무로 눈잣나무를 꼽았다. 높은 산에서 말 그대로 누운 듯 자라는 이 나무로 인해 식물들은 국경이 경계가 아님을 절감하게 되었다.

어디 이뿐이랴. 숲에서의 치유와 휴식의 아이콘이 된 편백나무, 가장 많은 목재를 생산해 내는 일본잎갈나무(낙엽송), 멸종을 막으려고 보전, 증식하여 이제 한반도에서도 멋진 가로수 길의 주인공이 된 메타세쿼이아, 신라시대부터 유명하였던 우리나라 최초의 수출품 잣이 열리는 잣나무… 모두 침엽수이다.

나에게는 꼭 풀고 싶은 궁금증과 숙제가 남아 있다. 피자식물보다 먼저 지구를 차지했던 식물 종들이 어떤 종들은 살아남고 어떤 종들은 사라지게 된 사연은 무엇일까? 구상나무, 분비나무, 가문비나무 등 기후변화에 가장 민감한 종들에 대한 보전은 가능할까? 북반구에 주로 자라는 종들이 대부분이지만 남반구에 살고 있는 종들은 어떤 특성을 가질까?

나를 포함한 식물학자들이 간단해 보이지만 매우 풀기 어려운, 그래도 꼭 해야 하는 숙제들도 있다. 나자식물이 곧 침엽수인가? 나자식물 중 바늘잎을 가지지 않은 종류들이 많으니 말이다. 꽃(Flower)의 정의는 무엇인가? 꽃은 피자식물의 생식기관을 가리키는 말이므로 나자식물은 수꽃, 암꽃하면 안 되고 웅성구화수, 자성구화수란 말을 써야 한다는데, 우리말 꽃의 정의를 확대하거나 대신할 수 있는, 누구나 이해하고 부르기 좋은 용어는 없을까? 끝없이 생각이 이어진다.

『침엽수 사이언스 I』, 이 책은 이 모든 일들의 시작이다. 침엽수를 제대로 알고 싶은 학생이나 일반인들도, 어떤 연구에 더 깊이 파고들어야 하는지를 찾아내야 하는 식물학자들도 맨 처음 잡고 공부하는 책이 될 것이다. 물론 나 또한 그럴 것이다. 내가 식물을 공부하고 있는 동안 가장 가까이 가장 마지막까지 곁을 지키는 책의 하나가 될 것이다.

우리 산림 가운데 특별히 고산의 침엽수 연구를 위해 수없이 산을 오르내리며, 마음으로 사랑하고, 머리로 분석한, 말 그대로 시공을 초월하여 침엽수에 대해 연구된 모든 것을 엮어내신 공우석 교수님께 깊은 존경을 보낸다. 그 소중한 지식들을 이렇게 책상에 앉아 펼쳐보며 거저 얻게 된 송구스러움을 이 땅의 침엽수들에 대한 사랑으로 보답하려 한다.

2016년 7월
국립수목원장 이유미

차례

chapter I

왜
나자식물인가

01 우리 숲과 나무들

우리 숲의 원래 모습은 어떠했을까? 한반도에는 얼마나 많은 종류의 식물이 자라고 있을까? 우리 식물 가운데 가장 널리 분포하는 나무는 무엇일까? 왜 어떤 나무는 흔하게 분포하는데, 다른 어떤 나무는 특별한 장소에만 드물게 자랄까? 언제부터 소나무는 이 땅에서 자랐을까? 소나무에도 꽃이 필까? 뒷산에 자라는 소나무의 바늘잎은 몇 개이지? 저 소나무는 재래종일까, 외래종일까? 소나무의 종자는 어떻게 퍼져 싹을 틔우지? 지구온난화와 소나무재선충병 때문에 머지않아 소나무가 사라질 것이라는데 정말 그럴까?

설악산 정상의 눈잣나무는 지구상에서 가장 남쪽에 분포하는 남한계선에 자란다는데 어떻게 그곳까지 오게 되었을까? 구상나무, 풍산가문비나무는 한반도에만 분포하는 특산종이라는데 그것은 무슨 의미가 있는 걸까? 이처럼 단순하지만 쉽게 대답하기 어려운 질문에 대한 답을 찾아가는 것이 필자와 같은 식물지리학자들이 하는 일이다.

이 책은 한반도에 분포하는 나자식물에 대한 여러 가지 의문에 답을 찾아가는 과정에서 일부의 내용을 정리한 것이다. 특히 한반도에서 자라는 나자식물 가운데 구과를 가진 구과식물 또는 침엽수를 식물지리학적 관점에서 분석한 시리즈의 첫번째로 소나무과(Pinaceae) 나무의 식물지리와 생태 그리고 자연사를 다루었다.

구과식물(毬果植物, coniferous plants)이라는 말은 전문가들이 주로 사용하는 분류학(分類學, Taxonomy)적인 용어이고, 일반적으로는 침엽수 또는 바늘잎나무라

그림 1-1. 설악산의 소나무숲 (강원 양양군 주전골)

고 부른다. 이 책에서는 독자들의 편의를 위하여 나자식물에 포함되는 구과식물
이라는 용어 대신 침엽수(針葉樹, conifer)라는 단어를 사용하였다.

식물지리학 植物地理學, Phytogeography 또는 Plant Geography
식물의 공간적인 분포와 다양한 식물 종 사이의 지역적 차이와 구조를 밝히고, 그들의 시간적인 형
성과정을 복원하며, 인간을 포함한 환경과의 관계 및 기작을 분석하여 자연계의 법칙을 찾고 지역성
또는 지역적 특성을 밝히는 생물지리학의 한 분야이다(공우석, 2007).

　침엽수 가운데 소나무속(*Pinus*)은 약 1억 3,500만 년 전부터 6,500만 년 전 사
이인 중생대 백악기에 한반도에 처음 등장한 이래 이 땅에 가장 오랫동안 적응해
살아온 나무이다(공우석, 1995). 오늘날 소나무(*Pinus densiflora*)는 우리나라 산림
면적의 23% 정도를 차지하는 주요 수종이다. 산림의 40% 정도에 달하는 침엽수
림과 27%에 이르는 침엽수와 활엽수가 섞인 혼합림도 소나무가 주종을 이루니

소나무야말로 진정한 이 땅의 지킴이 나무이다. 따라서 우리 국민들이 소나무를 가장 친숙한 나무로 여기는 것은 자연스러운 일이다(그림 1-1).

소나무는 우리 산과 들을 늘 푸르게 하는 나무였을 뿐만 아니라 일상생활에서 매우 중요한 자원이자 쓸모가 많은 나무였고, 글과 그림의 대상이었다. 예전에는 아들자식이 태어나면 부모의 상(喪)을 치를 때 필요한 관(棺)을 만들라는 뜻으로 소나무를 심었다. 딸자식을 낳으면 출가할 때쯤 필요한 혼수용 가구를 마련하기 위해 오동나무를 심었다. 모두 조상들의 지혜가 담긴 선택이었다.

먹을 것이 부족하고 가난했던 시절, 봄철 보릿고개를 넘을 때 소나무의 속껍질인 송기를 벗겨 말려서 만든 가루로 떡이나 밥을 지어 배고픔을 달랬다. 흔히 송홧가루라고 부르는 소나무 폴른(pine pollen)으로도 떡을 만들어 먹었다(그림 1-2). 몸의 피돌기가 잘 되지 않으면 혈액 순환을 돕기 위해 솔잎즙을 짜서 먹었다.

여름에 소나무는 마을 주변에 더위를 피할 그늘을 만들어 주며 기후를 조절하였다. 폭우로 앞동산과 뒷산에서 산사태가 났을 때 마을의 피해를 막아 주는 숲정이 나무로 대나무, 상수리나무 등과 함께 소나무가 있었다.

폴른 pollen
종자식물에서 만들어지는 작은 포자 또는 소포자(小胞子)로 현화식물(顯花植物) 또는 꽃 피는 식물의 경우엔 꽃가루 또는 화분(花粉)이라고 한다. 폴른은 종자식물의 수꽃에 달리는 꽃밥에서 만들어진다. 바람, 물, 곤충 등 여러 매개자들이 암꽃의 암술로 운반하면 수정되어 열매가 맺힌다. 나자식물의 경우에는 꽃을 피우지 않기 때문에 화분이라는 용어가 적절하지 않아 여기에서는 폴른이라고 불렀다(그림 1-2).

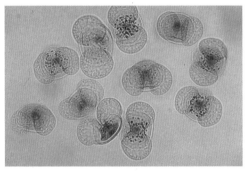

그림 1-2. 소나무 폴른의 현미경 사진
(출처: http://nickrentlab.siu.edu/PLB304/Lecture07Gymnos/images/1044.JPG)

침엽수 사이언스 I

가을에 솔숲에서 거둔 송이와 복령(茯笭)은 중요한 소득원이었고, 잣나무의 종자인 잣은 영양분이 많은 간식이자 기름을 짜서 먹을 수 있었다. 늦가을에 베어낸 소나무 재목은 생활용재, 가구재 그리고 집을 짓는 가장 중요한 건축재였다. 죽은 사람의 마지막 길을 함께하는 관(棺)은 주로 송판(松板)으로 만들며, 묘지 주변에 영생을 기원하고 묘지를 보호하기 위하여 심은 나무도 늘 푸른 소나무였다.

겨울에 부엌에서 음식을 준비하고, 온돌 아궁이에 불을 지필 때 송진(松津, resin)이 많이 엉긴 옹이가 있는 관솔은 좋은 불쏘시개였다. 소나무 잎, 솔방울, 가지, 장작은 매섭고 기나긴 겨울을 보내는 땔감으로 필수적이었다.

지금도 마을숲을 지키는 나무 가운데 늘 변하지 않고 사람들에게 도움을 주고 있어 우리가 가장 친숙하게 느끼고 좋아하는 나무가 소나무와 잣나무이다. 소나무는 예로부터 땔감과 재목으로 이용되었고, 마을의 성황림(城隍林, tutelary forest)으로 신앙의 대상이기도 하였다.

그런데 꿋꿋이 우리 곁을 지키던 소나무에 위기가 닥쳐 왔다. 1960~1970년대에 송충이(pine caterpillar)에 의한 피해가 커지자, 학교 소풍날이면 점심 도시락을 먹은 뒤 전교생이 동원되어 소나무 잎을 갉아먹는 송충이를 잡았던 기억이 있다. 그 뒤 숲이 우거져 온도가 내려가고 습도가 높아지면서 소나무는 솔잎혹파리(*Thecodiplosis japonensis*)의 공격을 받아 벌겋게 타들어가는 수난을 당하였다.

최근에는 일단 감염되면 1년 내에 소나무가 죽게 되어 소나무 에이즈로도 불리는 소나무재선충병(pine wilt disease)이 전국적으로 큰 피해를 주고 있다. 소나무재선충병은 1988년 서울올림픽 때 일본을 거쳐 부산으로 전파된 이래 소나무류에 치명적인 피해를 주는 전염병이다. 솔수염하늘소(*Monochamus alternatus*) 또는 수염치레하늘소가 크기 0.6~1mm인 아주 작은 재선충(*Bursaphelenchus xylophilus*) 또는 소나무 선충을 옮겨 소나무재선충병을 확산시키고 있다. 소나무재선충병은 서울 태릉과 남산의 소나무, 성북구의 잣나무까지 피해를 주면서 우리나라 소나무 숲의 심장부를 겨누는 상황이다.

기후변화에 따라 한반도 소나무의 운명이 위태롭다는 발표도 있었다. 설악산의 눈잣나무, 지리산의 가문비나무, 한라산의 구상나무 등 높은 산에 분포하는 나무들의 운명이 지구온난화로 바람 앞의 촛불과 같은 신세이다. 특히 백두산의 만주잎갈나무와 함께 북한의 북부 일부 지역에만 자라는 특산종인 풍산가문비나무 등 희귀하거나 멸종위기에 있는 소나무과 나무들에 대한 우려가 크다.

생존을 위협받고 있지만 소나무에 대한 사람들의 관심은 커지고 있다. 요즘 스트레스 해소, 장과 심폐기능 강화, 살균작용 등으로 건강에 좋은 피톤치드(phytoncide)가 많이 발생되는 소나무, 편백 등 침엽수가 많은 숲을 찾아 삼림욕(森林浴, green shower 또는 forest shower)을 하면서 휴양하는 인구가 빠르게 늘고 있는 것이 그 예이다.

일부 종은 한반도는 물론 지구상에서 멸종위기에 있다는 점, 인간의 건강한 삶을 지켜 준다는 점, 이 두 가지만으로도 한반도에 분포하는 소나무를 비롯한 침엽수들의 종 구성, 다양성, 분포, 자연사, 식생사, 생태, 환경 등을 바르게 알아야할 이유는 충분하다.

특산종 特産種, endemic species

어떤 생물의 분포가 특정의 지역에 한정되는 것을 특산(特産, endemism)이라 하고 이와 같은 식물종을 특산종 또는 고유종(固有種)이라 한다. 지역은 한 대륙을 넘지 않는 것이 보통이며, 그 이상의 넓은 분포를 보일 때는 범존종(汎存種, cosmopolitan) 또는 광포종이라고 부른다. 한 지역의 특산식물은 그 지역에서 자라고 있는 다른 모든 식물의 기원과 진화의 과정을 밝히는 중요한 요소가 된다. 우리나라의 구상나무, 미선나무, 금강초롱 등이 대표적인 특산식물이다(공우석, 2007).

---

02 식물에 관한 기본 용어

식물을 공부할 때 겪는 첫번째 어려움은 눈앞에 보이는 식물의 이름이 무엇인지 알아내는 것이다. 나무의 특징을 조목조목 따져 수많은 식물들 중 꼭 맞는 이름을 찾아내는 것은 초보자에게는 쉽지 않다. 식물의 이름을 알고 나면 이것이 도대체 어느 계통에 속하는 것인지, 무슨 생태적 특성을 갖는지 등 끊임없는 궁금증에 질문이 이어진다.

여기에 더해 관속식물, 나자식물, 피자식물, 구과식물, 침엽수, 종, 아종 등과 같은 식물학 용어나 제4기, 플라이스토세 등과 같은 지리학 용어까지 등장하면 그동안 부풀어 오르던 호기심이 사라질 수도 있다. 그러나 우선 식물에 대해서 가장 기본적인 개념을 알고 가는 것이 더 많은 혼란을 줄일 수 있기에 핵심적인 용어를 몇 가지 소개한다.

관속식물 | 管束植物, vascular plant, Tracheophyta

줄기로 통하는 통도조직(물관, 체관 등)인 관다발이 발달한 식물로 유관속식물(維管束植物)이라고도 하며, 솔잎란류 이상의 모든 고등식물이 이에 속한다. 관속식물에는 솔잎란식물문, 석송식물문, 속새식물문, 양치식물문, 나자식물, 피자식물 등이 있다.

종자식물 | 種子植物, seed plant, Spermatophyta

종자를 맺는 식물인데, 나자식물과 피자식물로 구분된다. 종자식물은 오랜 시간에 걸쳐 다양하게 진화한 군으로 지구상에 살고 있는 식물을 대부분 포함하며 종 수는 25만 여 종에 이른다.

나자식물 | 裸子植物, gymnosperms, Gymnospermae

꽃이 피지 않는 종자식물로 밑씨 또는 배주(胚珠, ovule)가 씨방에 싸여 있지 않고 밖으로 드러나 있는 식물이다. 씨방 속에 종자를 품는 속씨식물에 대비해서 겉씨식물이라고 부른다. 나자식물에는 구과식물문, 은행나무문, 소철문, 마황문이 있다.

피자식물 | 被子植物, angiosperms, Angiospermae

속씨식물이라고도 부르며 생식기관으로 꽃과 열매가 있는 종자식물 가운데 밑씨가 씨방 속에 들어 있는 식물이다. 피자식물은 한때에는 종자식물문(種子植物門, Spermatophyta)에 속하는 속씨식물강(─植物綱, Angiospermae)으로 여겨왔으나 지금은 하나의 독립된 문(Division/Phyllum)으로 취급하여 목련문(Magnoliophyta) 또는 꽃식물문(Anthophyta)으로 분류한다.

그림 1-3. 소나무의 미성숙한 구과 (서울 종로구 인왕산)

구과 | 毬果, cone

나자식물의 밑씨 원추체(ovule cone)로 보통 솔방울이라는 명칭으로 더 익숙하다. 소나무과, 측백나무과 식물 등 구과식물의 생식구조로 솔방울, 잣송이처럼 딱딱한 목질(木質, woody 또는 ligneous)의 비늘 조각이 여러 겹으로 포개어져 있어 전체적인 모양은 원형 또는 원뿔형이다(그림 1-3). 구과는 어릴 때에는 서로 가까이 달라붙어 있으나 성숙하면 벌어져 열리면서 종자가 밖으로 빠져 나온다. 대부분 봄에 수정하여 다음 해 또는 그 다음 해 가을에 익는다. 포자수(胞子穗, strobilus)라고도 부른다.

구과식물 | 毬果植物, coniferous plant, Pinophyta

구과를 가지고 있는 나무들을 이르며 구과류(毬果類, conifer) 또는 침엽수라고도 한다. 구과를 가진 나무와 주목(*Taxus cuspidata*) 등 단단한 종자가 열매 살(과육)에 둘러싸여 있는 핵과(核果, drupe) 또는 굳은 종자 열매를 맺는 나무를 통틀어 넓은 의미로 송백류라 한다(이영로, 1986).

송백류 | 松柏類, conifers and taxads

나자식물의 대표적인 식물군으로 바늘잎을 가진 소나무, 잎갈나무, 노간주나무, 측백나무, 주목 등을 포함하는 교목이나 관목 형태를 갖춘 모든 식물을 이른다.

침엽수 | 針葉樹, conifer

나자식물로 바늘모양의 잎을 가져 바늘잎나무(needle-leaved tree)라고도 부른다. 소나무, 전나무, 주목 등처럼 바늘모양의 잎을 가진 것과 편백, 화백과 같이 비늘모양의 잎을 가진 것이 있다. 대부분 상록성(常綠性, evergreen) 침엽수 또는 늘푸른바늘잎나무로 원추형의 솔방울을 맺으며, 나무는 크게 자라서 숲을 이루기도 한다. 그러나 잎갈나무 등 일부 종은 가을에 잎이 떨어지는 낙엽성(落葉性, deciduous)이다.

종 | 種, species

생물을 계통에 따라 분류군(分類群, taxon)으로 나누는 데 있어 가장 기본적이며 중요한 것이다. 스웨덴의 식물학자 린네(Carl von Linne)는 생물의 범주를 계(界, kingdom), 문(門, phylum), 강(綱, class), 목(目, order), 과(科, family), 속(屬, genus), 종(種, species) 및 변종(變種, variety) 등으로 나누었다.

아종 | 亞種, subspecies

생물분류의 방법 가운데 종 아래에 있는 계급으로 고유의 특성을 공유하며 특정한 지역에 자라는 집단 전체를 뜻한다. 같은 종 내의 다른 아종은 서로 겹치지 않는 분포역(分布域, range)을 가지며, 잠재적으로는 교배가 가능하다.

변종 | 變種, varieties

일정한 유전적 특성을 갖는 실용적인 형질로 다른 집단과 서로 다른 집단으로 종 밑에 오는 분류학상의 단위이다. 동식물의 각 종 내에 있는 여러 가지 형, 개체 또는 집단적인 변이, 지방적인 변이 등을 이른다. 적어도 2~3개의 형질이 다르고 지리적으로 다른 분포를 보이면 변종이라 한다.

품종 | 品種, formae

식물분류학적 분류의 가장 하위 계급의 하나이다. 기본종에서 돌연변이 형질이 발견되었으나 그 특성이 고정되지 않아 유전되어 이어지지 않는 경우의 분류계급이다.

잡종 | 雜種, hybrids

서로 다른 종이나 계통 사이의 교배에 의해서 생긴 자손이다. 서로 다른 이품종(異品種), 이종(異種). 이속(異屬) 간의 교배로 생겨 쌍방의 형질을 함께 가지는 후대를 이른다.

우리 주변에서 흔히 볼 수 있는 이끼류, 양치류, 나자식물, 피자식물은 오랜 시간에 걸쳐 주어진 환경에 적응하면서 살아남은 자연사적인 산물이다. 따라서 현재의 식물상과 식생을 이해하기 위해서는 식생의 과거 역사 등 시간과 관련된 개념을 알아야 한다.

식물상 | 植物相, flora

어떤 지역에 분포하며 자라는 모든 식물 종류를 이른다. 식물상의 분포는 현재의 환경 조건뿐만 아니라 오랜 역사를 통해서 만들어진 산물이다. 식물상을 이루는 종에 뚜렷한 차이가 있으면 식물상의 폭포(fall of flora)라고 하며, 이 선을 경계로 식물구계(植物區系, floristic realm)를 나눈다.

식생 | 植生, vegetation

어떤 장소에 자라고 있는 식물 집단으로 식피(植被), 식의(植衣), 식군(植群)이라고도 한다. 한 지역의 식생은 기후, 토양, 지형, 생물, 인위적 요인 등 여러 요인에 의해 만들어진다. 식생의 분포에 넓게 영향을 미치는 환경 요인으로 기온, 강수량 등의 기후 요인이 있고, 좁은 곳에서는 지형, 지하수위 등 지형적 요인과 토양, 수질 등의 토지적 요인이 중요하다. 생물 요인으로는 야생동물이나 가축과 함께 사람이 있다(공우석, 2007).

침엽수 사이언스 I

세계적으로 사용하는 지질시대별 절대연도를 나타낸 도표는 여러 가지가 있으나 여기에서는 국제적으로 통용되는 연대표(年代表, chronology)에 널리 사용되는 기준(Holmes, 1986; Stanley, 1999)을 추가하였다(표 1-1).

표 1-1. 지질 연대표

대(代) Era	기(紀) Period	세(世) Epoch	절대연대(백만 년 전) Absolute Years (m. years B. P.)
신생대(Cenozoic)	제4기(Quaternary)	홀로세(Holocene)	~0.01
		플라이스토세 (Pleistocene)	~2.5
	제3기 신+고 (Neogene + Paleogene)	플라이오세(Pliocene)	~5.3
		마이오세(Miocene)	~23
		올리고세(Oligocene)	~34
		에오세(Eocene)	~56
		팔레오세(Paleocene)	~65
중생대(Mesozoic)	백악기(Cretaceous)		~145
	쥐라기(Jurassic)		~200
	트라이아스기 (Triassic)		~251
고생대(Palaeozoic)	페름기(Permian)		~299
	석탄기 (Carboniferous)		~359
	데본기(Devonian)		~416
	실루리아기(Silurian)		~444
	오르도비스기 (Ordovician)		~488
	캄브리아기 (Cambrian)		~542
원생대(Proterozoic)	선캄브리아기 (Precambrian)		~2,500
시생대(Archaeozoic)	선캄브리아기 (Precambrian)		~

(자료: http://en.wikipedia.org/wiki/Geologic_time_scale)

과거 환경을 이해하는 데 사용되는 기본적인 용어 가운데 대표적인 몇 가지를 소개한다.

제4기 | 第四紀, Quaternary Period

신생대(新生代, Cenozoic Era)는 전기인 제3기(第三紀, Tertiary)와 후기인 제4기로 나뉜다. 제4기는 다시 플라이스토세(258만~1만 2천 년 전)와 홀로세(1만 2천 년 전~현재)로 세분된다. 제4기는 지구 전역에 걸쳐 기후가 반복적으로 변화한 시기이고 이때 인류가 등장하였다.

제4기의 빙하가 팽창하는 동안에는 해수면(海水面, sea level)의 높이가 현재보다 약 100m 낮아 지표의 모습이 오늘날과 많이 달랐다. 제4기 동안 기후와 환경이 심하게 변화하여 생물의 진화와 멸종이 활발하게 이루어졌다.

플라이스토세 | Pleistocene Epoch

신생대 제4기에 속하며 지금으로부터 약 258만 년 전부터 1만 2천 년 전까지의 지질시대로 홍적세(洪積世) 또는 갱신세(更新世)라고도 한다. 플라이스토세가 끝나면서 구석기시대가 끝난다. 2009년에 국제지질과학연합(IUGS, International Union of Geological Science)은 플라이스토세가 시작된 시기를 기존의 180만 년 전에서 258만 8천 년 전으로 새로 정하였다.

플라이스토세 시기 중 가장 추웠을 때는 세계 육지 면적의 28% 정도가 빙하에 덮여 있었다. 한편 오늘날에는 남극과 북극 그리고 고산 등 세계 육지 면적의 10% 정도를 빙하가 차지한다.

홀로세 | Holocene Epoch

신생대 후기인 제4기를 구성하는 세(世) 가운데 현재에 가까운 지질시대로 지금으로부터 1만 2천 년 전부터 현재까지에 이르는 제4기의 마지막 시대이다. 충적세(沖積世), 현세(現世, recent) 또는 완신세(完新世)라고도 부른다.

플라이스토세의 마지막 빙하기가 끝나면서 기후가 오늘날과 비슷해졌고 문화적으로는 구석기시대와 중석기시대가 끝나고 신석기시대가 시작되었다. 플라이스토세인 구석기시대에는 사람들이 수렵과 채집을 하면서 살았다면, 홀로세인 신석기시대가 시작되면서는 기후가 온난해져 작물 재배와 가축 사육을 할 수 있게 되었다. 식량이 전보다 안정적으로 조달되어 삶이 이전보다 나아졌다.

03 나자식물을 보는 새로운 눈

우리나라에는 많은 관속식물(管束植物)이 자란다. 그러나 얼마나 많은 종류가 분포하는지에 대해서는 학자마다 의견에 차이가 있다. 박종욱·정영철(1996)은 우리 관속식물이 양치식물 249종, 나자식물 64종, 피자식물 3,464종으로 모두 3,777여 종이라고 보았다. 장진성 등(2011)은 우리나라에 84종의 재배종을 포함하여 575종, 18아종, 53변종, 10품종, 4잡종 등 모두 660종의 목본류 또는 수목이 있다고 하였다.

그러면 침엽수는 얼마나 많이 살고 있을까? 우리나라를 여행하다 보면 지평선을 찾기 어려울 정도로 동서남북 어느 쪽을 보아도 산이 보이고 산에는 어김없이 소나무와 같은 침엽수 또는 바늘잎나무들이 자란다. 산림청에 따르면 우리나라는 국토의 약 65%가 산지인 산악 국가로 남한 면적의 67%인 약 660만 ha에 삼림이 자란다. 식생별로는 바늘잎이 있는 침엽수림 272만 7,000ha(42.4%), 활엽수림 167만 6,000ha(26%), 침엽수와 활엽수의 혼합림 185만 1,000ha(28.8%), 대나무숲 8,000ha(0.2%), 나무가 자라지 않는 곳이 16만 9,000ha(2.6%) 등이다(그림 1-4). 따라서 침엽수는 한반도의 자연식생 가운데 가장 중요한 위치를 차지하며 많은 관심을 가져야 하는 식생이다.

소나무를 포함한 소나무과 식물이 중심이 된 나자식물은 우리나라 산지의 절반 이상에 자라는 중요한 식생으로 한반도의 자연 경관과 생태계를 유지·보전하는 데 큰 역할을 하고 경제적으로도 중요한 식물이다. 특히 소나무는 우리 산에 가장 널리 분포하는 대표적인 나무로 역사와 문화적으로도 중요하다(그림 1-5).

나자식물의 다양성과 종 구성, 소나무과 식물의 기원과 진화, 나무의 역사, 이동과 산포(散布, dispersal), 분포와 생태 등을 아는 것은 한반도에 있었던 과거의 자연식생 변천사를 복원하고 현재의 자연 생태계를 이해하며, 미래의 환경 변화를 예측하는 데 중요하다. 아울러 한반도의 산림과 자연 생태계를 체계적으로 파악하고 생물종 다양성과 생태계를 바르게 이해하는 데에도 도움이 된다.

여기에서는 한반도에 분포하는 나자식물 가운데 소나무과 나무들의 다양성을 살펴보고, 이들이 종별로 어떤 공간에 어떻게 분포하는지를 다루었다. 아울러 화석 자료(그림 1-6)와 고문헌에 기초하여 소나무과 식물들이 언제, 어디에서 출현하여 어떤 환경 요인의 영향을 받았는지 살펴보았다. 또한 그 영향을 받아 어떻게 현재의 자연식생으로 발달했는지를 시·공간적(時·空間的, spatio-temporal) 지리적인 측면에서 바라보고 기후변화와 연계하여 자연사(自然史, Natural History)를 복원하였다.

동시에 나자식물의 종류별 생태를 자연환경과 관련하여 식물지리학(植物地理學)이라는 새로운 시각으로 분석하였다. 여기에 사용한 식물의 명칭은 국립수목원의 국가표준식물목록(www.nature.go.kr)을 따랐다.

식물지리학에서 식물을 바라보는 눈은 여러 단계가 필요하다. 첫째, 지표 위에 불균등하게 분포하는 식물의 지역적 분포를 설명할 수 있는 가설을 세운 뒤 연구 대상을 관찰한다. 이를 위해 주제와 관련된 자료 및 정보를 수집하여 목적에 따라

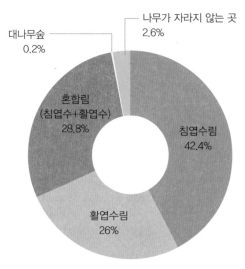

그림 1-4. 우리나라 산림식생 면적 비율 (자료: www.forest.go.kr 산림청 자료를 바탕으로 재구성)

침엽수 사이언스 I

그림 1-5. 준경묘의 소나무숲 (강원 삼척시)

그림 1-6. 소나무 솔방울 화석 (서울 동대문구 경희대학교 자연사박물관)

분류한다. 자료 품질을 동정하고 평가한 뒤 확인된 내용을 기술한다. 조사된 내용을 공간 위에 나타낼 수 있게 정리하여 기록한 뒤 저장하고 필요에 맞게 분석한다. 이를 바탕으로 관심 있는 식물의 분포도(分布圖, distribution map)를 만든다.

둘째, 작성된 분포도를 바탕으로 생물의 지리적 분포 차이와 분포유형(分布類型, distributional pattern)을 알아내 여러 축척에서의 공간적(空間的, spatial) 분포 정보를 파악한다.

셋째, 특정한 공간 내에 분포하는 식물의 구조, 기능, 형태를 분석하여 해당 식물과 다른 식물 사이의 공간 내 공생과 경쟁 등 질서를 살피는 계층구조(階層構造, hierarchy)를 알아낸다.

넷째, 지질시대부터 역사시대에 이르는 동안의 식물의 변화를 알기 위해 시계열적(時系列的, temporal)인 형성 과정(形成過程, process)과 이와 관련된 동태(動態, dynamics)를 복원한다.

다섯째, 식물의 분포를 결정하는 물리적 환경 및 생물적 환경과의 기작(機作, mechanism)을 분석하여 환경과 식물 사이의 관계를 밝힌다. 이러한 과정을 통하면 그 지역의 눈으로 볼 수 없는 현상(現象, phenomena)과 눈으로 볼 수 있는 사물(事物, matter) 그리고 경관(景觀, landscape)을 설명할 수 있을 뿐만 아니라 식물을 바탕으로 그 지역의 지역성(地域性, regionality)을 알 수 있다(공우석, 2007).

이를 바탕으로 한반도의 소나무과 나무들이 오늘날에 이르기까지 어떤 길을 지나왔는지에 대한 식물지리학적 분석은 지질시대의 원식생으로부터 오늘날의 현존식생에 이르기까지의 변천 과정을 나타낸 식생도(植生圖, vegetation map)로 설명할 수 있다.

원식생 原植生, original vegetation
어떤 지역에서 인위적인 간섭 등을 받지 않은 상태에서 볼 수 있는 변형되기 이전의 식생이다.

현존식생 現存植生, actual vegetation
현재 우리 주위에서 볼 수 있는 식생이다. 현존식생의 대부분은 원식생(자연식생)이 도시와 도로 건설, 논밭의 개척, 삼림의 벌목, 불 지르기(火入), 방목 등 인간의 다양한 활동으로 변형되었거나 인위적인 식생으로 바뀌고 있다.

그림 1-7. 우리나라 특산종 구상나무 (전남 구례군 지리산)

식물지리학은 우리 산과 들의 산림과 생태계가 인간에 의해 간섭, 교란, 파괴, 복구되는 과정 등 환경의 변천사를 알게 해주는 열쇠가 된다. 동시에 오늘날 나무들은 어떠한 환경 요인의 영향을 받아 자라고 있으며, 미래에 지구온난화와 같은 환경 변화에 따라 어떤 운명을 맞게 될 지도 알려준다.

기후변화가 한반도에 분포하는 소나무과 식물의 분포에 미치는 영향에 대한 분석은 꼭 필요하다. 특히 한반도가 지리적 분포의 남한계선(南限界線, southernmost limit)인 눈잣나무 등 한대성(寒帶性, cold tolerant) 나무들과 격리되어 분포하는 종 그리고 구상나무(그림 1-7)와 같은 특산종 또는 고유종에 미치는 기후의 영향은 중요하다.

우리 숲에서 소나무와 같은 침엽수를 포함하는 나자식물에는 어떤 종류가 있고, 어디에 분포하며, 언제부터 그곳에 살았고, 생태적 특징은 무엇인지, 어떤 환경의 영향을 받았으며, 이들의 미래 전망은 어떠한지 등에 대해 알 수 없고 어렵

다고 생각할 수 있다. 하지만 이와 같은 문제들을 식물지리학적 시각으로 풀다
보면 자연 생태계를 보는 새로운 눈을 가질 수 있다.

04 나자식물에 대한 국내 연구

1) 분류학적 연구

한반도의 나자식물에 대한 분류, 생태, 분포 연구는 일제 강점기에 일본인들에 의
해 수행되었다. 대표적으로 Uyeki(1926, 1927)가 우리나라에 분포하는 나자식
물을 비롯한 주요 수종의 분포도와 특징을 정리하였다. 한반도 식물을 분류학적
으로 체계화하고 분포지를 조사한 사람은 Nakai(1911, 1915~1939, 1952)이다.

소나무를 포함한 나자식물은 우리 생태계를 구성하는 주된 식물종이어서 광복
이후에 분류학적 연구가 활발하였다. 이춘령·안학수(1965)는 우리나라의 나자식
물로 주목과, 나한송과, 비자나무과, 개비자나무과, 전나무과, 소나무과, 삼나무
과, 금송과, 편백과, 노간주나무과 등 10과 19속 75종을 발표하였다.

이우철·정태현(1965)은 한반도에 분포하는 주요 수종의 분포지를 산지별로 제
시하였다. 정태현(1974)은 소나무과 나무로 전나무, 구상나무, 분비나무, 만주잎
갈나무, 잎갈나무, 가문비나무, 종비나무, 풍산종비, 솔송나무 등을 발표하였다.

임업시험장(1973)에서는 소나무과 나무로 잣나무, 눈잣나무, 섬잣나무, 곰솔,
소나무, 중곰솔, 만주흑송, 잎갈나무, 가문비나무, 풍산가문비나무, 종비나무, 솔
송나무, 전나무, 분비나무, 구상나무 등을 제시하였다.

이창복(1983)은 나자식물로 주목속 4종, 개비자나무속 1종, 비자나무속 1종,
솔송나무속 1종, 젓나무속 4종, 잎갈나무속 2종, 가문비나무속 6종, 소나무속 16
종, 금송속 1종, 낙우송속 1종, 메타세쿼이아속 1종, 삼나무속 1종, 1종의 넓은잎
삼나무, 나한백속 1종, 편백속 2종, 눈측백속 3종, 노간주나무속 8종 등 모두 5과
17속 54종을 기재하였다.

이영로(1986)는 한반도에 분포하는 주목과, 나한송과, 개비자나무과, 소나무
과, 주목과, 측백나무과 등 6과와 개비자나무 2종, 비자나무 1종, 주목 3종, 소나

무 21종, 노간주나무 13종, 전나무 4종, 개잎갈나무 1종, 잎갈나무 4종, 가문비나무 6종, 솔송나무 1종, 편백 3종, 찝방나무 1종, 삼나무 1종, 낙우송 1종, 메타세쿼이아 1종 등 모두 6과 16속 66종(재배종 19종 포함)의 나자식물을 보고하였다.

조무연·최명섭(1993)에 따르면 소나무과 나무는 전나무, 분비나무, 구상나무, 솔송나무, 가문비나무, 종비나무, 잎갈나무, 잣나무, 눈잣나무, 섬잣나무, 소나무, 곰솔 등이 있다.

이우철(1996a)은 소나무과에 속하는 나무로 전나무, 구상나무, 분비나무, 청분비나무, 잎갈나무, 만주잎갈나무, 청잎갈나무, 가문비나무, 붉은가문비나무, 종비나무, 털종비나무, 털풍산가문비나무, 털풍산종비나무, 소나무, 잣나무, 섬잣나무, 눈잣나무, 만주흑송, 곰솔, 솔송나무 등을 보고하였다.

전영우(2004)는 자생 소나무류로 소나무, 곰솔, 잣나무, 섬잣나무, 눈잣나무를 제시하였다. 도입 소나무류로 백송, 리기다소나무, 테에다소나무, 스트로브잣나무, 왕솔나무, 구주소나무, 방크스소나무, 만주흑송 등을 예로 들었다.

고경식·전의식(2005)은 소나무과 나무로 전나무, 분비나무, 구상나무, 솔송나무, 잎갈나무, 종비나무, 소나무, 곰솔, 눈잣나무, 잣나무, 섬잣나무 등을 예시하였다.

박종욱 등(Park et al., 2007)에 의하면 소나무과 나무는 전나무, 구상나무, 분비나무, 솔송나무, 가문비나무, 종비나무, 풍산가문비나무, 잎갈나무, 소나무, 잣나무, 섬잣나무, 눈잣나무, 만주흑송, 곰솔 등이 있다.

산림청 국립수목원은 『국가표준식물목록』(2007)에서 8과 21속 73분류군의 나자식물을 제시하였다. 국립수목원의 이유미 등(2009)은 소나무과 나무로 전나무, 구상나무, 분비나무, 가문비나무, 종비나무, 잣나무, 눈잣나무, 섬잣나무, 곰솔, 소나무를 소개하였다. 양종철 등(2012) 국립수목원 연구진은 우리나라 나자식물을 7과 20속 48분류군으로 정리하고, 자생종은 28분류군, 도입종은 20분류군으로 보았다. 이유미(2015)는 소나무, 잣나무, 구상나무의 분류와 생태를 소개하였다(그림 1–8).

장진성 등(2011, 2012)은 소나무과 나무로 잣나무, 눈잣나무, 섬잣나무, 곰솔, 소나무, 만주흑송, 잎갈나무, 전나무, 구상나무, 분비나무, 가문비나무, 종비나무,

그림 1-8. 소나무숲 (전북 남원시 운봉)

솔송나무 등을 제시하였다.

한국의 식물상 편집위원회(Flora of Korea Editorial Committee, 2015) 등은 『한국의 식물상(Flora of Korea) 1권』에서 우리나라에 분포하는 나자식물들에 대한 분류학적 연구를 소개하면서 자생종과 함께 도입종들에 대한 정보도 소개하였다.

한반도에 분포하는 나자식물들 가운데 많은 종이 자라는 북한의 연구 성과도 부분적으로 알려졌다. 리종오(1964)는 나자식물로 주목과, 비자나무과, 개비자나무과, 전나무과, 소나무과, 삼나무과, 편백과, 노간주나무과 등 8과 14속 52종을 기재하였다.

도봉섭(1988)은 소나무과에 속하는 수종으로 전나무, 구상나무, 분비나무, 만주잎갈나무(좀이깔나무), 잎갈나무, 가문비나무, 종비나무, 풍산가문비나무, 솔송나무, 소나무, 잣나무, 섬잣나무, 누운잣나무(눈잣나무), 맹산흑송, 곰솔 등을 소개하였다.

임록재 등(1996)은 소나무류를 전나무과(Abietaceae)의 만주잎갈나무(좀이깔나무), 잎갈나무(이깔나무), 전나무, 분비나무, 구상나무, 솔송나무, 가문비나무, 풍산가문비나무, 종비나무, 벌종비나무, 틸종비나무와 함께 소나무과의 누운잣나무, 잣나무, 섬잣나무, 곰솔, 소나무, 맹산검은소나무 등으로 세분하였다.

세계적인 침엽수 전문가 집단(Conifer Specialist Group)을 이끄는 영국 큐가든 (Royal Botanic Gardens, Kew)의 Farjon(1998)의 국제적인 나자식물 분류 기준에 따르면 오늘날 한반도에는 28여 종의 나자식물이 자생한다(공우석, 2004, 2006a, b).

한반도에 자라는 침엽수 가운데 개비자나무과(Cephalotaxaceae)의 개비자나무 속(Cephalotaxus)에는 눈개비자나무, 개비자나무 등 1속 2종이 있다. 측백나무과 (Cupressaceae)의 노간주나무속(Juniperus)에는 향나무, 눈향나무, 곱향나무, 단천 향나무, 긴잎해변노간주, 해변노간주, 노간주나무 등 7종이 있다. 눈측백속(Thuja) 또는 찝방나무속에는 눈측백(찝방나무), 측백나무 등 2종이 있다. 측백나무과는 모두 2속 9종으로 구성되어 있다.

소나무과(Pinaceae)의 전나무속(Abies)에는 전나무, 구상나무, 분비나무 등 3종이 자라고, 잎갈나무속(Larix) 또는 이깔나무속에는 잎갈나무, 만주잎갈나무 등 2종이 있다. 가문비나무속(Picea)에는 가문비나무, 종비나무, 무산가문비나무, 풍산가문비나무, 오대가문비나무 등 5종이 알려졌다. 그러나 무산가문비나무와 오대가문비나무는 분류와 분포에 대한 검토가 필요하여 여기에서는 제외하였다. 소나무속(Pinus)은 소나무, 잣나무, 섬잣나무, 눈잣나무, 곰솔 등 5종이 분포하며, 솔송나무속(Tsuga)은 솔송나무 1종이 자란다. 소나무과는 5속 14종으로 구성된다. 주목과(Taxaceae)는 주목속(Taxus)에 주목, 화솔나무 2종이 있고, 비자나무속 (Torreya)에 비자나무 1종이 있어 2속 3종으로 이루어진다(표 1–2).

외국에서 우리나라에 도입되어 식재된 나자식물은 소철과 소철속의 소철 (Cycas revoluta), 은행과 은행속의 은행나무(Ginkgo biloba), 개비자나무과 개비 자나무속의 어긴개비자나무(Cephalotaxus harringtonia), 측백나무과 편백속의 편백(Chamaecyparis obtusa), 화백(Chamaecyparis pisifera), 삼나무속의 삼나무 (Cryptomeria japonica), 노간주나무속의 연필향나무(Juniperus virginiana), 메타 세쿼이아속의 메타세쿼이아(Metasequoia glyptostroboides), 낙우송속의 낙우송 (Taxodium distichum), 나한백속의 나한백(Thujopsis dolabrata), 소나무과 이깔

표 1-2. 한반도 침엽수의 구성

과명(4과)	속명(10속)	종명(28속)
개비자나무과 (Cephalotaxaceae)	개비자나무속 (*Cephalotaxus*)	눈개비자나무 (*Cephalotaxus harringtonia* var. *nana*) 개비자나무(*Cephalotaxus koreana*)
측백나무과 (Cupressaceae)	노간주나무속 (*Juniperus*)	향나무(*Juniperus chinensis*) 섬향나무 (*Juniperus chinensis* var. *procumbens*) 눈향나무(*Juniperus chinensis* var. *sargentii*) 곱향나무(*Juniperus sibirica*) 단천향나무(*Juniperus davuricus*) 노간주나무(*Juniperus rigida*) 해변노간주(*Juniperus rigida* subsp. *conferta*)
	눈측백속 (*Thuja*)	눈측백(*Thuja koraiensis*) 측백나무(*Thuja orientalis*)
소나무과 (Pinaceae)	전나무속 (*Abies*)	전나무(*Abies holophylla*) 구상나무(*Abies koreana*) 분비나무(*Abies nephrolepis*)
	잎갈나무속 (*Larix*)	잎갈나무(*Larix olgensis* var. *koreana*) 만주잎갈나무(*Larix olgensis* var. *amurensis*)
	가문비나무속 (*Picea*)	가문비나무(*Picea jezoensis*) 종비나무(*Picea koraiensis*) 풍산가문비나무(*Picea pungsanensis*)
	소나무속 (*Pinus*)	소나무(*Pinus densiflora*) 잣나무(*Pinus koraiensis*) 섬잣나무(*Pinus parviflora*) 눈잣나무(*Pinus pumila*) 곰솔(*Pinus thunbergii*)
	솔송나무속 (*Tsuga*)	솔송나무(*Tsuga sieboldii*)
주목과 (Taxaceae)	주목속 (*Taxus*)	주목(*Taxus cuspidata*) 설악눈주목(*Taxus caspitosa*)
	비자나무속 (*Torreya*)	비자나무(*Torreya nucifera*)

(자료: 공우석, 2004에 기초하여 보완)

나무속의 낙엽송(*Larix kaempferi*), 소나무속의 백송(*Pinus bungeana*), 리기다소나무(*Pinus rigida*), 테에다소나무(*Pinus taeda*), 만주흑송(*Pinus tabulaeformis* var. *mukdensis*), 나한송과 나한송속의 나한송(*Podocarpus chinensis*), 금송과 금송속의 금송(*Sciadopitys verticillata*) 등 13속 17여 종 이상이 있다.

2) 생태와 지리적 분포 연구

정태현·이우철(1965)은 나자식물을 포함한 주요 목본류의 수평 및 수직적 분포역을 제시하였다. 김현삼(1978)은 북한을 중심으로 한반도에 분포하는 소나무속의 지리적 분포를 논의하였다. 김윤식 등(1981)은 소나무과 나무들의 분포도를 작성하였고, 오수영·박재홍(2001), 김정언·길봉섭(1983)은 곰솔의 분포를 집중적으로 분석하였다. 김경희 등(2006)은 소나무 수형, 소나무 도감, 접목법, 재배, 병해 증상과 방제 약제, 양묘기술, 제초제, 양묘법 등 소나무 관리를 위해 필요한 실용적인 생태적 정보를 기술하였다.

소나무를 비롯한 나자식물의 지질시대 이래 식생사는 화석 자료와 고문헌을 바탕으로 공우석(1995, 1997, 2001, 2003, 2010, 2014a; Kong, 1992, 1994, 2000; Kong and Watts, 1993; Kong *et al*. 2014, 2015)에 의해 복원되었다. 공우석(2000, 2002, 2004, 2006a, b; Kong and Watts, 1993)은 한반도에 분포하는 나자식물과 소나무과 나무 그리고 눈잣나무의 지리적 분포를 분석하였다.

나자식물을 포함한 수종별 기온적 범위에 대한 연구(노의래, 1988)도 수행되었다. 소나무에 대한 종합 연구(임경빈, 1995; 임업연구원, 1999)가 발표되었고, 금강소나무에 대한 조사보고서(환경부, 1997)도 간행되었다. 구경아 등(2001)은 한라산 구상나무 분포와 기후요소와의 관련성을 분석하였다.

김진수 등(2014)은 소나무 분포, 유전학, 소나무숲, 소나무 보호, 소나무의 유해생물, 소나무숲의 갱신, 금강소나무(그림 1-9), 소나무의 바이오매스 추정, 소나무숲 토양산성화, 소나무의 유전변이 등 소나무에 대하여 DNA에서 관리에 이르는 다양한 주제에 대한 과학적인 연구서를 출간하였다.

그림 1-9. 금강소나무 (경북 울진군)

3) 문화적 연구

임경빈(1995)은 소나무의 명칭, 분류, 형태, 분포, 품종, 천연기념물 소나무, 수형목, 문화 상징, 소나무의 일생, 제도송금사목, 금송계, 생태형, 소나무의 상징, 전통문화 등을 다루었다.

본격적으로 소나무를 대상으로 한 다양한 시각의 책은 전영우가 발표하였다. 전영우 등(1993)은 소나무 형태, 선발 육종, 유전 변이, 황장봉산, 소나무 시책, 소나무의 학제적 중요성, 경북 북부 소나무의 우수성, 소나무와 관련된 민간요법 등을 다루었다. 또한 우리나라를 대표하는 명품 소나무를 풍수설화, 생명유산, 천연기념물, 수호신, 나무 신앙, 역사의 증인 측면에서 저술하였다(전영우, 2005). 전영우(2014)는 조선시대 궁궐 건축재 소나무와 그 조달처, 영동지방산 소나무, 금강소나무, 정부의 문화재용 소나무와 목재 조달 체계, 숭례문 복원용 대경목 소나무, 국가지정 문화재 수리용 목재의 수요 등 문화재 건축 재료로 소나무를 다루었다.

그림 1-10. 소나무 마을숲 (전북 남원시)

고규홍(2010)은 소나무 보전에 필요한 정보인 천연기념물, 보호수, 금강소나무, 속리산 정이품송, 예천 석송령 나무, 합천 묘산면 화양리 소나무, 괴산 연풍면 적석리 소나무, 괴산 청천면 삼송리 왕소나무, 소나무재선충병 등을 소개하였다.

국립중앙박물관(2006)은 소나무 관련 전통미술화집, 송백의 무성함, 전통예술, 문화재, 선조들의 소나무, 목공예품, 금속공예품, 대중문화, 조형미, 소나무 그림, 장식 문양 등 다양한 측면에서 소나무와 관련 문화를 조명하였다. 강판권(2013)은 문화·역사적인 관점에서 소나무에 대한 사람들의 인식, 소나무의 역할, 건축재와 병선을 만드는 재료인 소나무, 소나무 보호정책 등 인문학적 시각을 제시하였다. 정동주(2014)는 한국인의 기상, 나이테, 신들의 통로로서의 소나무, 성황당, 한국인과 소나무 문화 등 한국인의 심성을 소나무와 관련하여 다루었다.

이처럼 나자식물 가운데 소나무에 대한 다양한 관점의 서적이 발간되었다. 하지만 소나무를 포함한 여러 종류의 소나무과 나무들의 계통, 다양성, 형태, 역사, 지리, 생태, 환경 등을 종합적으로 다루는 관심은 적었던 것이 현실이다(그림 1-10).

chapter II

나자식물과
침엽수

<u>01</u> 나자식물과 침엽수는 무엇인가

1) 나자식물은 무엇인가

식물은 꽃을 피우고 열매를 맺어 번식한다는 고정관념은 식물을 쉽게 이해할 수 있도록 하지만 어떤 식물에 대해서는 오해를 불러 일으키기도 하는데, 대표적인 경우가 나자식물이다. 나자식물은 꽃이 피지 않는 식물로, 종자를 맺어 번식하는 종자식물 가운데 종자가 겉으로 드러나는 식물을 이르며 겉씨식물이라고도 부른다. 종자식물은 조금 더 원시적인 나자식물과 그 뒤에 생겨난 피자식물 또는 속씨식물로 이루어져 있다(Farjon, 1984).

나자식물은 종자가 성숙한 씨방이나 열매 안에 들어 있는 피자식물인 꽃 피는 식물과는 형태적, 생리·생태적으로 다르다. 나자식물은 중생대에 번성한 이래 신생대에 들어서는 피자식물에 밀려 종 수는 줄었지만 지금도 식물의 다양성(多樣性, diversity) 유지에 기여하고 있다.

나자식물을 꽃 피는 식물로 잘못 알고 있다는 지적이 있다(이규배, 2014). 우리가 흔하게 보는 꽃이 있는 식물인 피자식물은 꽃에 있는 암술의 씨방벽이 열매로 발달한다. 그러나 나자식물은 암술이나 씨방이라는 구조 자체가 없으므로 열매가 만들어지지 않는다.

그러면 싹을 틔울 종자는 어떻게 만들어질까? 봄철에 소나무와 같은 나자식물에는 새순이 나오면서 만들어지는 푸른을 만드는 기관으로 흔히 수술방울로 부르는 웅성구화수와 암술방울이라고 부르는, 구과가 맺히는 기관인 자성구화수가 만들어진다. 그러나 이들은 모두 꽃이 아닌 나자식물의 독특한 생식구조이다.

나자식물의 생식구조인 자성구화수와 웅성구화수는 밑씨 원추체(ovule cone)와 폴른 원추체(pollen cone)로도 부른다. 밑씨 원추체와 폴른 원추체에는 밑씨와 작은 포자가 들어 있는 주머니인 소포자낭(小胞子囊, microsporangium) 이외에 피자식물의 꽃에서 볼 수 있는 암술 및 수술의 구조가 없다. 나자식물의 암술방울에 해당하는 밑씨 원추체에는 피자식물의 꽃에서 볼 수 있는 꽃잎과 꽃받침은 물론 암술이나 씨방도 없고 노출되어 있는 밑씨의 구조만 있다. 이 밑씨 원추체에 폴른이 날아와 수정이 되면 밑씨에 생명이 움튼다. 따라서 꽃과 열매가 없는 나자식물에서는 밑씨로부터 발달된 종자가 드러나게 된다.

꽃이 아닌 웅성구화수와 자성구화수, 암술과 수술이 아닌 밑씨와 폴른 등 형태와 구조가 낯선 만큼 그 이름과 나자식물에 대한 정의도 낯설다. 무엇보다 나자식물의 형태, 구조와 명칭에 대하여 빠른 시일 내에 식물분류학과 식물형태학 전문가들이 알기 쉬운 통일된 우리말 명칭을 만들고 개념을 정리해야 한다. 또한 이를 널리 보급하여 혼란을 줄이는 것이 필요하다.

구화수 毬花穗, cone 또는 stroblius
구과식물 또는 침엽수의 배우자체를 생산하는 생식구조이다. 구화수에는 웅성구화수와 자성구화수가 있다. 소나무에서 흔히 솔방울이라고 부르는 것이 구화수이다.

웅성구화수 雄性毬花穗, male cone
나자식물에서 폴른을 생산하는 수술에 해당하며 소포자낭이 모여서 이루어진다. 폴른 원추체(pollen cone)라고 부르기도 한다.

자성구화수 雌性毬花穗, female cone
암술에 해당하며 대포자낭이 모여서 이루어진다. 자성구화수에서 생성된 자성배우자체는 영양적으로 독립하지 못해 홀씨체인 포자체(胞子體, sporophyte)에 기생하게 된다. 웅성배우자체에서 만들어진 폴른이 바람에 날려 솔방울에 붙으면 자성배우자체와 만나 수정(受精, pollination)이 이루어진다. 소나무에서 솔 종자를 가지고 있는 솔방울인 구과가 자성구화수이다. 밑씨 원추체(ovule cone)라고 부르기도 한다.

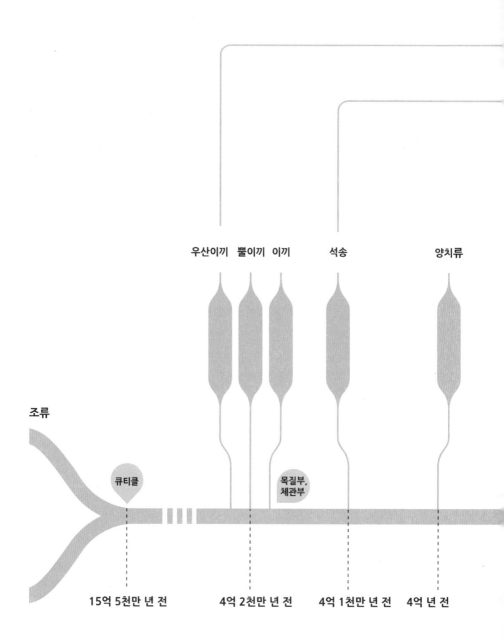

그림 2-1. 식물의 진화 분기도
(자료: www2.humbolt.edu/natmus/plants/cladogram.html을 기초로 재작성)

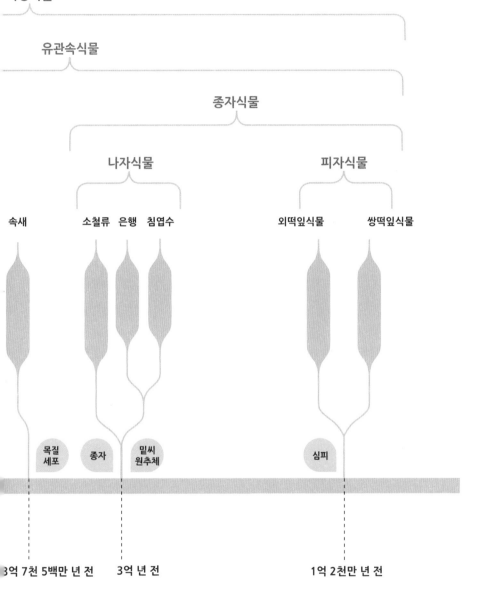

육상식물

유관속식물

종자식물

나자식물

피자식물

속새

소철류 은행 침엽수

외떡잎식물 쌍떡잎식물

목질
세포

종자

밑씨
원추체

심피

3억 7천 5백만 년 전　3억 년 전

1억 2천만 년 전

2) 나자식물의 계통

나자식물을 식물분류학적으로 어떻게 구분하여 나눌 것인지와 어떤 종이 있는 지는 오랜 관심거리였다(Shaw, 1924; FitzPatrick, 1965; Den Ouden and Boom, 1965; Ferguson, 1972; Leathart, 1977; Krűssmann, 1985; Silba, 1986; Rushforth, 1987; Pielou, 1988; Hora, 1990; Page, 1990; Peattie, 1990; Hartzel, 1991; Owns, 1991; van Gelderen, 1996; Massa and Carabella, 1997; Oldfield *et al.*, 1998; Price *et al.*, 1998; Lanner, 1999; Thomas, 2000).

지금으로부터 15억 5,000만 년 전에는 바다에 조류(藻類, algae) 또는 말류가 등 장하였다. 그 뒤 육상으로 진출한 식물의 표면에 세포가 분비하는 물질이 굳어서 이루어진 막(膜, membrane) 모양의 층으로 몸을 보호하고 수분의 증발을 막는 구 실을 하는 큐티클(cuticle)이 발달하였다. 큐티클로 부르는 식물의 상피는 주로 큐 틴(cutin)이나 납(蠟, wax)으로 이루어진다.

고생대(지금으로부터 5억 7,000만~2억 3,000만 년 전의 지질시대)인 4억 2,000만 년 전에는 우산이끼(liverwort) 또는 태류(苔類), 뿔이끼(hornwort) 또는 각태류(角苔 類), 이끼(moss) 또는 선류(蘚類) 등 유관속식물이 출현하였다. 그 뒤에 수분의 통 로가 되며 단단하여 식물을 지탱하는 부분인 목질부(木質部, xylem)와 잎에서 만 들어진 영양분을 식물의 모든 부분으로 운반하는 기관인 체관부(phloem)가 만들 어졌다.

4억 1,000만 년 전에는 석송(石松, lycopod), 4억 년 전에는 양치류(羊齒類, fern), 3억 7,500만 년 전에는 속새(horsetail) 등이 출현하였고, 이어 식물들은 목질세포 (woody tissue)와 종자(seed) 등을 갖게 되었다.

3억 년 전에는 소철류(Cycad), 은행나무류(*Ginkgo*), 침엽수 등 종자를 맺는 나 자식물이 등장하여 중생대(지금으로부터 2억 2,500만~6,500만 년 전의 지질시대)에 나자 식물의 전성기가 이어졌고, 그 후에 밑씨원추체와 심피(carpel) 등이 형성되었다.

중생대인 1억 2,000만 년 전에 등장한 피자식물은 신생대(지금으로부터 6,500만 년 전~현재)에 들어와 번성하여 오늘날 지구상에 우점하는 식생으로 자리 잡았다 (그림 2-1).

식물계(植物界, Plantae)는 세포소기관이 있는 진핵세포로 이루어진 생물인 진

표 2-1. 소나무과의 분류 계통

순위 (Rank)	학명과 일반명 (Scientific Name and Common Name)
계(Kingdom)	식물계(Plantae – Plants)
아계(Subkingdom)	유관속식물아계(Tracheobionta – Vascular plants)
초문(Superdivision)	종자식물(Spermatophyta – Seed plants)
문(Division)	구과식물문(Pinophyta)/침엽문(Coniferophyta – Conifers)
강(Class)	구과강(Pinopsida)
목(Order)	구과목(Pinales)
과(Family)	소나무과(Pinaceae – Pine family)

(자료: http://plants.usda.gov/core/profile?symbol=PIPU6)

핵생물(眞核生物, Eukarya) 가운데 세포벽이 있고 엽록소가 있어 광합성을 하는 생물이다. 고생대 데본기(Devonian)에 양치식물로부터 진화한 나자식물에는 소철문(Cycadophyta), 은행나무문(Ginkgophyta), 구과식물문(毬果植物門, Pinophyta) 또는 침엽문(針葉門, Coniferophyta), 마황문(Gnetophyta) 등 4개 문, 6강, 12목, 14과가 있다. 현재 나자식물은 모두 947여 종이 있으며, 대표적인 종류는 은행나무문 1종, 마황문 68여 종, 소철문 289여 종, 구과식물문 589여 종이다(http://www.conifers.org). 소나무과는 계통분류학적으로 식물계 구과식물문(Pinophyta) 구과강(Pinopsida) 구과목(Pinales) 소나무과(Pinaceae)에 속한다(표 2-1).

양치식물 羊齒植物, Pteridophyta, fern
뿌리와 줄기, 잎을 지니는 관다발식물 가운데 꽃이 피지 않는 식물이다. 다른 생식세포와의 접합 없이 새로운 개체로 발생할 수 있는 생식세포인 포자(胞子, spore)로 번식한다. 양치류의 잎은 종자를 만드는 고등한 관다발식물의 잎에 더 가깝다. 양치류는 2억 6,000만 년 전에 시작된 고생대 석탄기 때 육지에서 가장 두드러졌던 식물이다.

소나무과는 구과와 종자 모습 등 형태를 보는 관점에 따라 분류체계가 다르다. Farjon(1998), Farjon and Page(1999) 등과 국제자연보호연맹(IUCN)의 침엽

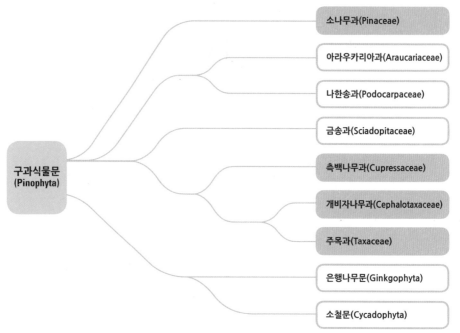

그림 2-2. 구과식물문의 구성
(자료: Farjon, 2008)

수 전문가 집단(Conifer Specialist Group)은 나자식물을 아라우카리아과(남양삼나
무과, Araucariaceae), 개비자나무과(Cephalotaxaceae), 측백나무과(Cupressaceae),
필로클라다과(Phyllocladaceae), 소나무과(Pinaceae), 나한송과(Podocarpaceae),
금송과(Sciadopityaceae), 주목과(Taxaceae) 등 8과로 나누었다(그림 2-2).

소나무과는 아과(亞科, subfamily)로 나누며 소나무아과(Pinoideae), 잎갈나무
아과(Laricoideae), 전나무아과(Abietoideae)가 포함된다(Frankis, 1989; Farjon,
1990; Nimsch, 1995). 소나무아과는 다시 소나무속, 잎갈나무아과는 잎갈나무속,
전나무아과는 전나무속, 솔송나무속, 가문비나무속 등으로 세분된다(Vidaković,
1991).

나자식물 자료은행(Gymnosperm Database)에 따르면 소나무과는 소나무아과
의 소나무속, 가문비나무아과(Piceoideae)의 가문비나무속, 잎갈나무아과의 잎갈
나무속, 전나무아과의 전나무속, 솔송나무속 등 4개 아과로 나뉜다.

침엽수 사이언스 I

그림 2-3. 석송령 (천연기념물 제294호, 경북 예천군)

구과식물문 또는 침엽문은 침엽수(針葉樹) 또는 송백류(松柏類)라고 부르며, 구과강(毬果綱) 또는 침엽강(針葉綱, Coniferopsida)과 소철강(蘇鐵綱, Cycadopsida)으로 나뉜다.

구과강에는 코르다이테스목(Cordaitales), 구과목(毬果目), 주목목(朱木目, Taxales), 은행나무목(銀杏目, Ginkgoales) 등이 있다. 소철강은 종자고사리목(Pteridospermales), 베네티테스목(Bennettitales), 펜톡실라목(Pentoxylales), 소철목(蘇鐵目, Cycadales)으로 다시 나뉜다. 즉 나자식물은 소철목, 은행나무목, 구과목, 마황목(Gnetales)으로 구성된다.

소철목에는 소철과(Cycadaceae)가 있고, 은행나무목에는 은행나무과(Ginkgoaceae)가 있다. 분류학적으로는 소철과와 은행나무과도 나자식물에 포함된다(Rushforth, 1987). 은행나무목은 은행나무과에 은행나무속(*Ginkgo*) 1종으로 이루어졌다. 일반적으로 나자식물은 형태적 특징에 따라 6과 52속 566종으로 나뉜다(Sporne, 1965).

구과식물문 구과강에는 소나무아강(Pinidae)과 주목아강이 있고, 소나무아강에는 구과목 또는 소나무목과 함께 금송목, 나한송목, 아라우카리아목, 개비자나

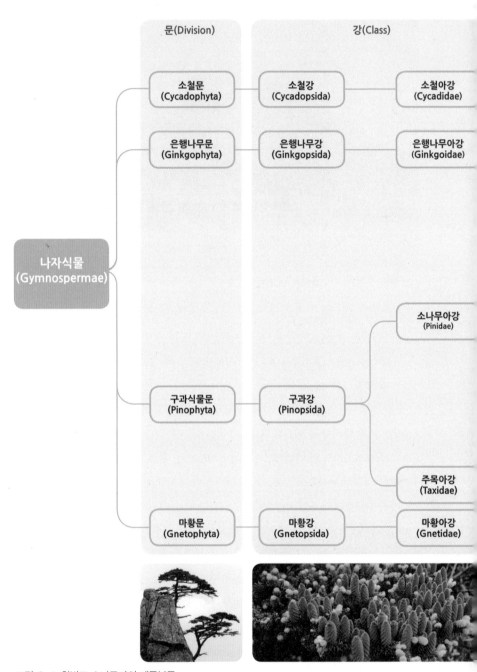

문(Division)	강(Class)	
소철문 (Cycadophyta)	소철강 (Cycadopsida)	소철아강 (Cycadidae)
은행나무문 (Ginkgophyta)	은행나무강 (Ginkgopsida)	은행나무아강 (Ginkgoidae)
구과식물문 (Pinophyta)	구과강 (Pinopsida)	소나무아강 (Pinidae)
		주목아강 (Taxidae)
마황문 (Gnetophyta)	마황강 (Gnetopsida)	마황아강 (Gnetidae)

나자식물
(Gymnospermae)

그림 2-4. 한반도 소나무과의 계통분류

목(Order)	과(Family)	속(Genus)
소철목 (Cycadales)	소철과 (Cycadaceae)	소나무속 (*Pinus*)
	플로리다소철과 (Zamiaceae)	가문비나무속 (*Picea*)
은행나무목 (Ginkgoales)	은행나무과 (Ginkgoaceae)	카타야속 (*Cathaya*)
구과목 (Pinales)	소나무과 (Pinaceae)	수도쑤가속 (*Pseudotsuga*)
		잎갈나무속 (*Larix*)
금송목 (Sciadopityales)	금송과 (Sciadopitaceae)	개잎갈나무속 (*Cedrus*)
		전나무속 (*Abies*)
나한송목 (Podocarpales)	나한송과 (Podocarpaceae)	케텔레에리아속 (*Keteleeria*)
	필로클라다과 (Phyllocladaceae)	솔송나무속 (*Tsuga*)
		황금낙엽송속 (*Pseudolarix*)
아라우카리아목 (Araucariales)	아라우카리아과 (Araucariaceae)	
개비자나무목 (Cephalotaxales)	개비자나무과 (Cephalotaxaceae)	
측백나무목 (Cupressales)	측백나무과 (Cupressaceae)	
주목목 (Taxales)	주목과 (Taxaceae)	
마황목 (Gnetales)	마황과 (Gnetaceae)	

무목, 측백목이 있다(van Gelderen, 1996; Farjon, 1998).

구과식물문 구과강 구과목에는 소나무과 외에 아라우카리아과, 나한송과, 금송과, 낙우송과(Taxodiaceae), 측백나무과, 개비자나무과, 주목과 등이 있다. 구과목 가운데 북반구에 분포하는 대표적인 과는 소나무과, 측백나무과, 주목과이다(그림 2-2).

구과목 또는 침엽목(針葉目)에 속하는 침엽수는 나자식물에 포함되는 구과목, 주목목 등을 이르는 일반적인 명칭이다. 침엽수의 영문명인 conifer는 구과의 삼각형 모습에서 유래되었으며, 어떤 나무들의 어릴 때 삼각형 모습에서 이름이 시작되었다고도 한다. 세금을 내는 소나무로 잘 알려진 경북 예천의 석송령(천연기념물 제294호)은 나이가 들어서도 삼각형의 수형을 유지하고 있다(그림 2-3).

구과목은 5과 48속 600여 종으로 이루어져 나자식물 가운데 가장 큰 집단이다. 구과목에는 아라우카리아과 31종, 측백나무과 21속, 측백속(*Chamaecyparis*) 8종, 노간주나무속(*Juniperus*) 60종, 눈측백속 또는 찝방나무속(*Thuja*) 5종, 나한백속(*Thujopsis*) 1종이 있다. Hora(1990)에 따르면 현재 지구상에 살아 있는 침엽수와 주목류를 포함한 송백류는 7과 50여 개 속으로 이루어져 있다.

3) 한반도의 소나무과 나무들

한반도에서 자라는 소나무과 나무들에는 소나무속(*Pinus*), 가문비나무속(*Picea*), 잎갈나무속(*Larix*), 전나무속(*Abies*), 솔송나무속(*Tsuga*) 등이 있다(그림 2-4).

02 침엽수의 다양성

1) 분류군별 다양성

지구상에 분포하는 나자식물 가운데 침엽수의 다양성은 과학자들의 오랜 관심사였고, 종 수에 대한 논란도 많다. Enright *et al.*(1995)에 따르면 소철을 제외한 침엽수의 다양성은 3목 8과 66속 560여 종에 이른다. 그 가운데 북반구에 자라는 침엽수는 3목 8과의 70% 정도를 차지한다. 다른 연구에 따르면 지구상에는 약

8~9과 70여 속에 630여 종의 침엽수가 있으며(Page, 1990; Farjon, 1998), 이에 더하여 170여 아종과 변종을 포함하면 약 800여 분류군이 있다. 이 가운데 355종이 보전적인 관심이 필요하며, 200여 종은 멸종위기종이다. 침엽수의 대부분은 북반구에 분포하며 200여 종이 남반구에 자란다.

이 책에서는 세계적인 침엽수 연구의 전문가인 Farjon(1998)과 Farjon and Page(1999), Farjon and Filer(2013)를 비롯한 국제자연보호연맹(IUCN)의 침엽수 전문가 집단에 따른 분류 기준을 한반도 나자식물의 분류와 분포에 적용하였다.

구과식물 또는 침엽수는 분류학적으로 구과강 아래의 구과목에 속한다. 일반적으로는 주목을 포함한 침엽수가 7과로 구성되는 것으로 보지만, 일부 식물학자들은 주목속의 나무들은 종자가 소나무처럼 구과 속에 있지 않기 때문에 다른 목으로 분류하기도 한다.

한편 주목과뿐만 아니라 북반구에 자라는 개비자나무과와 남반구에 자라는 나한송과도 전형적인 구과를 만들지 않는다. 이들 세 가지 침엽수는 특징적인 자성 구화수 또는 암솔방울이 없기 때문에 피노이드(pinoids)라고 부르는 나머지 4개 과의 침엽수와 쉽게 구분하기 위해서 탁소이드(taxoids)라고 부른다. 노간주나무류의 경우 얼핏 보기에는 피노이드처럼 보이지 않지만 구과의 구조를 살펴보면 피노이드임을 알 수 있다.

생물학적으로 피노이드와 탁소이드의 차이는 중요하다. 그 이유는 노간주나무를 제외한 모든 피노이드는 종자가 바람에 의하여 퍼지지만 탁소이드는 동물에 의하여 산포되기 때문이다(Hora, 1990). 피노이드와 탁소이드를 합쳐서 송백류(松栢類)라고 부르기도 한다.

구과식물목 또는 구과목은 화석식물로 이미 사라진 레바키아과(Lebachiaceae), 볼트지아과(Voltziaceae), 팔리쉬아과(Palyssyaceae) 등 3개 과와 지금도 살아 있는 소나무과, 측백나무과(Cupressaceae), 나한송과, 아라우카리아과, 낙우송과 등 5개 과를 포함하여 모두 8개과로 이루어져 있다. 주목목은 주목과와 개비자나무과 등 2개 과로 구성된다(표 2-2).

침엽수 가운데 소나무과에는 10속 정도의 나무가 자라고, 대표적인 종류는 전나무속(*Abies*), 수도쑤가속(*Pseudotsuga*), 가문비나무속, 잎갈나무속, 개잎갈나무

표 2-2. 나자식물의 분류군 구성

목 (Order)	과 (Family)	속 (Genus)	추정 종수 (Species)
은행나무목 (Ginkgoales)	은행나무과	은행나무속 1속	1종
구과목(Pinales)	아라우카리아과	아라우카리아속 2속	31종
	측백나무과	측백속 노간주나무속 눈측백속 나한백속 등 21속	8종 60종 5종 1종
	소나무과	전나무속 잎갈나무속 가문비나무속 소나무속 솔송나무속 등 10속	55종 15종 37종 120종 10종
	나한송과	나한송속 등 13속	125종
	낙우송과	일본삼나무속 메타세쿼이아속 낙우송속 등 10속	2종 1종 3종
주목목(Taxales)	주목과	주목속 등 3속	10종
	개비자나무과	개비자나무속 비자나무속 등 3속	9종 7종

(자료: Ruthforth, 1987)

속(*Cedrus*), 소나무속, 솔송나무속 등이다.

침엽수 가운데 오늘날 한반도에 자생하지는 않고 주로 남반구에 자라는 나한송과는 13속으로 이루어져 있다. 낙우송과도 오늘날 한반도에는 자생하지 않으며, 10속의 나무로 구성된다. 대표적인 종류로 일본삼나무속(*Cryptomeria*)은 2종, 메타세쿼이아속(*Metasequoia*)은 1종, 낙우송속(*Taxodium*)에는 3종이 있다. 그 외에도 세쿼이아속(*Sequoia*), 세쿼이아덴드론속(*Sequoiadendron*), 금송속(*Sciadopitys*), 밀엽삼속(*Athrotaxis*) 등이 있다(그림 2-5).

측백나무과의 쿠프레수스속(*Cupressus*), 측백속(*Chamaecyparis*), 눈측백속(*Thuja*), 노간주나무속(*Juniperus*), 칼리스트리스속(*Callistris*), 리보케드루스속

그림 2–5. 메타세쿼이아 (경기 가평군 남이섬) ⓒ김영환

(*Libocedrus*), 파푸아케드루스속(*Papuacedrus*) 가운데 일부는 현재 한반도에 분포한다.

    주목목에는 주목과와 개비자나무과가 있는데, 주목과에는 3속이 있고 주목속에는 10종이 있다. 개비자나무과에는 3속이 있고, 개비자나무속(*Cephalotaxus*)은 9종, 비자나무속(*Torreya*)은 7종으로 이루어졌다(표 2–2).

2) 지역별 다양성

세계를 13개 지역으로 나누어 침엽수의 속별 다양성을 살펴보면 중국, 히말라야, 인도차이나 일부를 포함하는 지역이 30속으로 침엽수의 다양성이 가장 높다. 동북아시아의 러시아 연해주 지역, 한국, 일본에는 16속의 침엽수가 자란다. 그 가운데 3속은 종 수가 많지 않고, 3속은 단일형으로 이루어져 있다. 남반구에 위치한 뉴칼레도니아, 피지, 뉴질랜드, 태평양 서남부 지역에도 16속의 침엽수가 자란다(Farjon and Page, 1999).

식물의 종 다양성이 높은 곳은 저위도 지방에 위치하고 산지가 있으며, 생육기간이 길고 계절적으로 강수량이 풍부한 곳이다. 세계적으로 소나무과의 종 다양성이 높은 4지역은 중국에서 히말라야에 이르는 지역, 일본과 대만, 캘리포니아, 멕시코 등이다.

아시아에서는 네팔에서 중국의 쓰촨(四川)을 거쳐 윈난(雲南)에 이르는 지역에 모든 소나무과에 속하는 여러 속의 수종이 나타나며, 특히 전나무속과 가문비나무속의 종 다양성이 높다. 한국, 일본과 대만에는 개잎갈나무속과 중국 본토의 특산속인 노토쓰가속(*Nothotsuga*), 황금낙엽송속(*Pseudolarix*) 등이 나타나지 않으나 전나무속, 가문비나무속, 소나무속의 종 다양성이 높다.

북아메리카의 캘리포니아에는 전나무속, 가문비나무속, 소나무속, 수도쓰가속, 솔송나무속 등 5속이 나타난다. 특징적인 수종은 키가 100m 정도 자라 지구상에서 가장 큰 침엽수의 하나인 세쿼이아(*Sequoia sempervirens*) 또는 레드우드(redwood)이다(그림 2-6). 멕시코에는 전나무속, 가문비나무속, 소나무속, 수도쓰가속 등 4속이 자란다. 두 지역에서 가장 흔한 종류는 소나무속으로 캘리포니아에 18종, 멕시코에 43종이 나며, 전나무속이 그 다음 중요한 종류이다.

전반적으로 동아시아는 북아메리카에 비해 전나무속과 가문비나무속의 종 다양성이 낮지만 소나무속의 종 다양성은 상대적으로 높다.

화석 자료(Beck, 1988)에 의하면 오늘날에는 특산속으로 분류되는 침엽수들도 중생대와 신생대 제3기 동안에는 북반구와 남반구에 걸쳐 자라 훨씬 넓은 분포역을 가지고 있었다.

그림 2-6. 세쿼이아 (미국 캘리포니아 뮤어우즈국립공원)

특산속 特産屬, endemic genus

일정한 지역에서만 한정되어 자라는 식물 속(屬)이다. 지리적 분포 범위에 따라 넓은 지역에 걸쳐 분포하는 특산속(broad endemic genus)과 좁은 지역에 나는 특산속(narrow endemic genus)으로 나뉜다. 생성된 시기에 따라서는 오래 전에 만들어진 구특산속(舊特産屬, palaeo-edemic genus)과 신특산속(新特産屬, neo-edemic genus)으로 나뉜다.

3) 서식지별 다양성

나자식물 가운데 소나무과 나무들은 다양한 서식조건에서 자라지만 반건조지역

그림 2-7. 한라산 교목한계선과 구상나무 수목섬 (제주 제주시 한라산)

에서는 일부 수종만이 자란다. 그 대신 반건조지에서는 측백나무과 나무들이 상대적으로 흔하게 나타난다. 유라시아와 북아메리카의 고위도에 위치한 북극툰드라의 교목(喬木, tree)이 자라는 북한계선(北限界線, northern limit)을 따라서는 전나무속, 잎갈나무속, 가문비나무속, 소나무속 수종들이 나타난다. 같은 속의 나무들은 유라시아와 북아메리카의 고산대에 위치한 교목한계선(喬木限界線, tree limit)에까지 자라며 수목섬(tree island)을 이룬다(그림 2-7). 고위도의 태평양 쪽 해안 지역은 전나무속, 가문비나무속, 솔송나무속 등이 우점하고 소나무속, 수도 쑤가속은 상대적으로 적게 나타난다.

소나무과 나무들이 우점하는 혼합림은 중국에서 히말라야에 이르는 지역, 한국, 일본과 대만, 캘리포니아, 멕시코 등 산지가 많아 수직적인 식생대가 뚜렷한 곳에서 흔하게 볼 수 있다. 침엽수와 활엽수가 섞여 자라는 혼합림은 소나무속과 같이 천이에서 일찍 자리 잡는 선구종(先驅種, pioneer)과 전나무속이나 솔송나무속과 같이 후기 천이종(遷移種)이 서로 어울려 자라는 곳에 나타난다. 지역적인 규모에서의 토양과, 기후적인 조건으로서의 불 등 기타 제한 요인과 함께 혼합림

침엽수 사이언스 I

은 침엽수의 분포에 중요하다(Farjon, 1998).

천이 遷移, succession
어떤 생육지에서 자라는 식물이 시간의 흐름에 따라 일정한 방향성을 가지고 바뀌어 가는 것을 이른다. 빈 땅에 처음 도달한 선구종 또는 개척자는 그 지역의 환경에 적응하면서 다른 식물과의 경쟁을 통해 최종단계인 극상(極相, climax)에 이르게 된다. 그러나 기후변화, 생태학적 과정, 진화 과정 등으로 환경이 바뀌기 때문에 극상도 영원히 유지되지는 않는다.

03 침엽수의 자연사

지질시대별 침엽수 식생의 분포와 형성 과정 그리고 변화는 눈으로 볼 수 있는 거대화석(巨大化石, macro-fossil), 현미경으로 볼 수 있는 작은 꽃가루인 화분(花粉) 또는 폴른과 포자와 같은 미세화석(微細化石, micro-fossil) 등에 더하여 고문헌(古文獻) 식물화석 정보를 이용하면 과학적으로 자연사(自然史, Natural History)를 재구성할 수 있다.

1) 사라진 침엽수

지구상의 나자식물 가운데 바늘잎을 가진 구과식물문을 침엽수라고 하는데, 이들은 지구상에 가장 먼저 출현한 고등식물의 하나이다. 침엽수가 지질시대 이래 어떤 과정을 거쳐 오늘에 이르렀고, 어떤 진화 과정을 거쳤는지는 과학자들의 오랜 관심사였다(Coulter and Chamberlain, 1925; Sporne, 1965; Chamberlain, 1966; Beck, 1988; Crane, 1988; Meyen, 1988; Miller, 1988; Sauer, 1988; Nimsch, 1995).

고생대부터 현재까지의 소나무과 식물의 기원과 산포 과정은 Florin(1963)과 Berglund(1986)의 시계열적(時系列的, temporal)으로 식생을 재구성하는 고식물지리학적(古植物地理學的, palaeo-phytogeographic) 방법을 적용하면 알 수 있다.

침엽수에는 한때 지구상에서 번성했으나 지금은 멸종한 그룹과 현존하는 그룹을 합쳐 약 9목이 있다. 구과아문에는 화석식물인 코르다이테스목(Cordaitales)과 현재에도 살아 있는 구과목, 주목목, 은행나무목 등이 있다(그림 2-8).

구과목 가운데 화석식물에는 레바키아과(Lebachiaceae), 볼트지아과(Voltziaceae), 팔리쉬아과(Palissyaceae)가 있다. 현존하는 구과목은 소나무과(Pinaceae), 낙우송과(Taxodiaceae), 측백나무과(Cupressaceae), 나한송과(Podocarpaceae), 아라우카리아과(Araucariaceae) 등이다. 주목목으로는 주목과와 개비자나무과가 있다(Sporne, 1965). 구과목의 현존하는 5개 과는 중생대 쥐라기부터 분포하였다(그림 2-10).

구과목은 8개 과로 이루어지는데, 그 가운데 3개 과는 이미 멸종하였고 나머지는 아직도 자란다. 멸종한 구과목인 레바키아과는 고생대 석탄기 후기와 페름기 초기에 흔적이 나타난다(Florin, 1955, 1963). 고생대 페름기 후기에 들어 중생대 쥐라기 초기까지 자란 볼트지아과가 나타나면서 레바키아과는 줄었다. 팔리쉬아과는 중생대 초기에 나타났으나(Florin, 1963) 오래 살지 못하고 중생대 쥐라기 초기에 사라졌다. 지금으로부터 약 3억 년 전인 고생대 석탄기 후기에 자랐던 레바키아과는 화석으로 나타나는 가장 오래된 침엽수의 하나이다(Florin, 1963; Arnold, 1983; Hara, 1986).

기존에 살던 나무가 사라지고 새로운 종이 출현하며 이들이 서로 연속 또는 격리되어 분포하는 데에는 기후, 토양, 지형 등의 요인이 작용한다. 하지만 과거에 나타났던 지각변동, 기후변화 등 자연사적인 요소가 매우 중요하다(Vidaković, 1991). 지질시대에 따라 살던 나무들이 사라지고 새로운 침엽수가 출현하는 변화

그림 2-8. 고생대 침엽수 코르다이테스 (충남 공주시 계 룡산자연사박물관)

그림 2-9. 소철 화석 (경기 포천시 국립수목원)

침엽수 사이언스 Ⅰ

가 꾸준히 이어졌기 때문이다. 구과강(침엽강)과 소철강의 화석(그림 2-9)은 거의 같은 시기부터 나타난다. 구과강은 중생대 쥐라기부터 현재까지 계속 나타난다.

고생대 말기부터 중생대 초중기에는 살았으나 지금은 사라진 화석 침엽수에는 레바키아과, 볼트지아과, 팔리쉬아과 등 3종류가 대표적이다. 이에 비해 일찍부터 등장한 침엽수인 나한송과, 아라우카리아과는 중생대 트라이아스기 말기부터 중생대 쥐라기, 백악기를 거쳐 신생대 제3기를 거쳐 아직도 일부 지역에 잔존한다(그림 2-10).

중생대 쥐라기 말기에 등장하여 백악기에 번성하다가 신생대 제3기와 제4기 플라이스토세를 거쳐 홀로세인 현재까지 분포하는 침엽수 종류는 소나무과, 금송과, 측백나무과, 주목과, 개비자나무과 등이다(그림 2-10).

2) 살아남은 침엽수

침엽수는 오래된 식물로 3억 년 전의 고생대 석탄기 지층에서도 몇몇의 침엽수 종류들이 화석으로 나타났다. 현재 살아 있는 침엽수 과들은 대부분 오래 전부터 살았던 종류이다. 아라우카리아과와 낙우송과의 기원은 1억 9,500만 년 전의 중생대 쥐라기로 거슬러 가고(그림 2-10, 2-11), 소나무과는 1억 3,500만 년 전의 중생대 백악기에도 나타났다(그림 2-10).

침엽수는 북반구와 남반구에 자라는 종류로 분명하게 구분된다. 적도를 중심으로 서로 갈라져 자라는 모습은 지질시대에 동서방향으로 펼쳐져 있던 테티스해(Tethys Sea)에 의해서 지구의 지형이 거대한 2개의 육지로 갈라졌던 시기에 만들어진 것으로 본다(그림 3-12).

지질시대에 있었던 생물의 대멸종(大滅種)도 서로 다른 침엽수들이 적도를 중심으로 격리되어 분포하는 데에 영향을 미쳤다. 중생대 쥐라기와 백악기 동안에는 아라우카리아과의 수종들이 유럽과 북반구의 다른 지역에도 살았다는 증거가 많다. 대부분의 침엽수들은 과거 한때에는 매우 넓은 지역에 분포했지만 지금은 좁은 지역에만 자란다. 예를 들어 세쿼이아(Sequoia)의 경우 과거에는 북반구에 넓게 자랐지만 지금은 북아메리카의 서해안 쪽에만 자란다(그림 2-6).

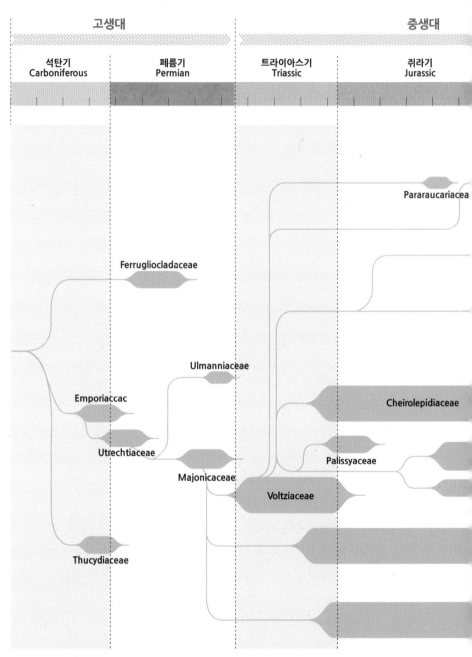

그림 2-10. 지질시대의 침엽수 변천사
(자료: Farjon, 2008)

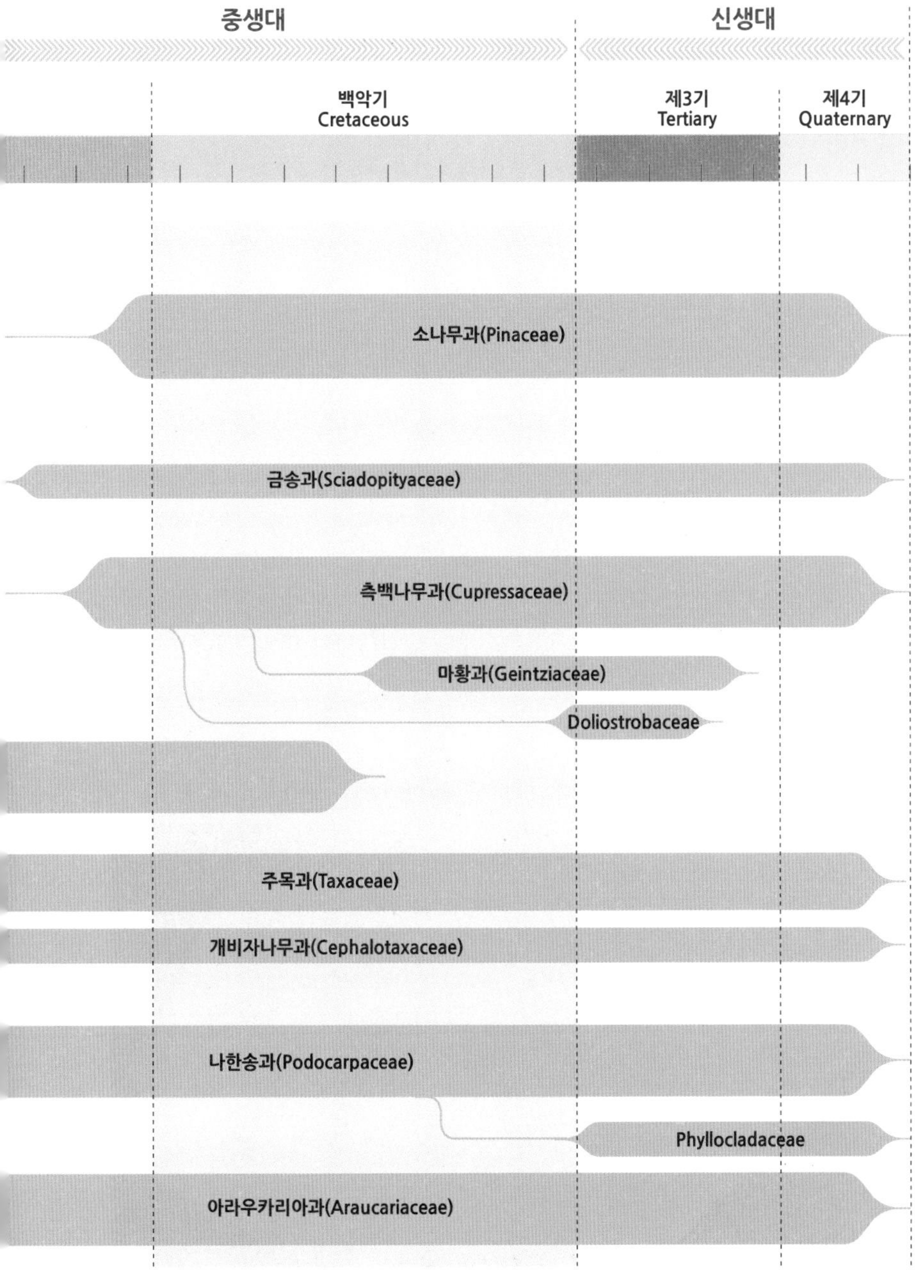

중생대		신생대	
백악기 Cretaceous		제3기 Tertiary	제4기 Quaternary

소나무과(Pinaceae)

금송과(Sciadopityaceae)

측백나무과(Cupressaceae)

마황과(Geintziaceae)

Doliostrobaceae

주목과(Taxaceae)

개비자나무과(Cephalotaxaceae)

나한송과(Podocarpaceae)

Phyllocladaceae

아라우카리아과(Araucariaceae)

대멸종 大滅種, mass extinction

이전에 살았던 많은 분류군의 생물이 지질학적으로 거의 동시에 절멸한 현상을 이르며 대량절멸(大量絕滅)이라고 한다. 가장 큰 규모의 멸종은 고생대 말기에 일어났으며, 당시에 생존하고 있던 해양생물 중에서 약 50%가 절멸한 것으로 본다. 또한 중생대 말에는 암모나이트 등의 해양생물뿐만 아니라 공룡류 등의 육상동물도 절멸하였다.
해수면이 높아지고 낮아지면서 발생한 해진(海進), 해퇴(海退) 등 수륙분포의 변화, 기온 저하 등 지구 규모의 기후변화, 활발한 화산활동 등 지구 내부의 맨틀 활동 외에 운석 등 지구 바깥에서 온 물질과의 충돌 등이 그 원인으로 알려졌다.

현재 동아시아에만 자라는 침엽수 가운데에는 과거에는 분포 지역이 넓었던 종들이 있다. 이들은 지난 255만 년 전부터 시작된 신생대 제4기 플라이스토세 빙기에 남쪽으로 밀려간 후 아직도 원래의 분포역을 회복하지 못하였다(Hora. 1990).

플라이스토세 빙기 동안 유럽 서북부, 유라시아 고위도 지역, 히말라야 등은 빙하로 덮였으나 동아시아는 기온이 낮은 반면 대기 중 수분이 부족하여 대륙빙하가 발달하지 않았다(그림 2-12). 대규모 빙하가 나타나지 않았던 동아시아는 북극권의 북방의 추위를 피해 남쪽으로 이동해 온 식물들에게 피난처를 제공하

그림 2-11. 중생대 낙우송 화석 (서울 동대문구 경희대학교 자연사박물관)

였다. 그 결과 한반도를 포함한 동아시아는 신생대 제3기 식물을 포함한 다양한 식물들이 분포하면서 생물다양성의 핵심 지역이 되었다.

피난처 避難處, refugium, 복수형 refugia
한때 널리 분포했던 동식물이 소규모로 일부만이 살아남아 있는 지역 또는 거주지를 이른다. 이들 장소는 해당 동식물이 계속해서 생존할 수 있었던 지형, 기후, 생태, 역사 등의 조건을 갖추고 있다. 한반도에 격리되어 잔존하는 북방계 극지고산식물들은 플라이스토세 빙기 때 우리나라가 이들에게 피난처였음을 나타낸다.

신생대 제3기 동안 아시아에는 너도밤나무속(*Fagus*), 참나무속(*Quercus*), 밤나무속(*Castanea*), 느릅나무속(*Ulmus*), 오리나무속(*Alnus*), 자작나무속(*Betula*), 개암나무속(*Corylus*), 사시나무속(*Populus*), 호두나무속(*Juglans*), 콤프토니아속(*Comptonia*), 마름속(*Trapa*) 등 낙엽활엽수가 주된 식생이었다(Kryshtofovich, 1929).

신생대에 들어 피자식물이 퍼져 나가면서 이전에 나자식물이 우점했던 지위를 차지하였고, 나자식물은 극지와 중위도의 흩어진 고산대의 좁고 서늘하며 건조한 피난처에 자리를 잡았다. 이들 서식처는 나자식물의 주된 분포 영역으로 남았다. 무성하게 퍼지는 피자식물 때문에 나자식물들이 그들을 피해 널리 퍼져 자라면서 소나무속은 여러 아절(subsection)로 나뉘었다.

피자식물이 확장하면서 나자식물이 감소하는 것은 지구 역사에 있어서 가장 중요한 식물지리적 변천 과정의 하나이다. 피자식물이 나타나기 시작한 것은 중생대 백악기 초기인 1억 2,000만 년 전으로 오늘날에는 25~30만 종이 분포하고 있다. 나자식물은 훨씬 이른 시기인 3억 6,500만 년 전의 데본기 중기부터 나타났지만 지금까지 수천 종 미만이 있었다(Stewart, 1983).

한편 새롭게 산이 만들어지는 활발한 조산활동(造山活動)에 의하여 지역의 기후가 바뀌는 등 서로 다른 환경이 만들어졌다. 그리고 동아시아와 멕시코 등 여러 지역으로 소나무 종류가 퍼져 나가면서 종의 다양화가 이루어져 생물상이 풍부해졌다. 열대환경에 적응된 피자식물은 신생대 제3기 에오세 말기의 기후가 추워지면서 중위도에서 급격히 감소하였고, 대신 침엽수가 이 자리를 차지하였다

(Richardson and Rundel, 1998).

    신생대 제4기 플라이스토세에 기온이 추워지면서 빙기가 되자 소나무 종들은 남쪽으로 옮겨 갔고, 간빙기에는 다시 북쪽으로 이동하였다(그림 2-12). 이와 같은 이동은 소나무의 유전적 다양성에 중요한 영향을 미쳤다. 동아시아에서는 기후가 변화를 거듭하면서 눈잣나무(*Pinus pumila*)와 시베리아소나무(*Pinus sibirica*)와 같이 가까운 종들이 빙기 동안 서로 분리되었다(그림 2-13). 그러나 소나무의 진화에는 플라이스토세보다 에오세가 더 중요하였다(Richardson and

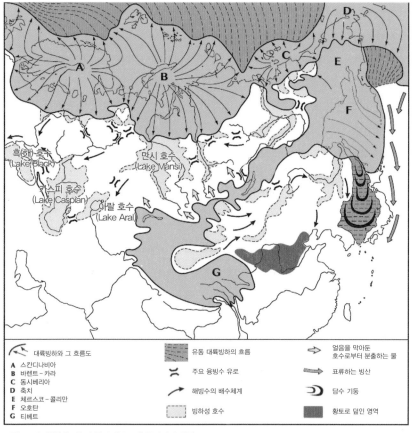

그림 2-12. 신생대 제4기 플라이스토세 유라시아 경관
(출처: http://donsmaps.com/images26/icesheetsnorthernhemisphere.jpg)

그림 2-13. 눈잣나무 (강원 속초시 설악산)

Rundel, 1998).

현재의 소나무 분포를 이해하기 위해서는 가장 가까운 과거인 지난 1만 2천
년 동안의 홀로세 시기 소나무속의 서식 범위와 다양도 그리고 확산 과정을 알
아야 한다. 이 시기 동안 소나무속의 1년 동안의 확산 속도는 북아메리카에서는
81~400m, 유럽에서는 1,500m 정도였다(MacDonald, 1993).

Florin(1963)은 소나무과와 소나무속이 중생대 쥐라기 동안 북반구에 출현한
것으로 보았지만, Miller(1977)는 소나무의 기원이 중생대 트라이아스기까지로
거슬러 올라갈 수 있다고 보았다. 소나무는 후에 잣나무아속(*Haploxylon* subgen.
Strobus)과 소나무아속(*Diploxylon* subgen. *Pinus*)으로 분화되었다. 중생대 쥐라
기의 소나무 구과 화석을 분석한 결과 온대 북부 기원의 소나무속은 중생대 백악
기 초기에 나타난 것으로 보았다(Axelrod, 1986).

04 침엽수의 형태와 산포

1) 소나무과 나무의 형태

나무의 형태(形態, morphology) 또는 생김새가 만들어 내는 생활형(生活型, life form)은 식물이 생육환경에 순응하여 만들어 낸 휴면형, 지하기관형, 산포기관형, 생육형 등의 모양과 기능을 유형화한 것이다(이우철, 1996a).

여기에서는 자생 침엽수의 외관형, 구화수가 달리는 시기, 구과 맺는 시기, 종자의 특징 등 생활형(도봉섭, 1988; 이우철, 1996a; Farjon, 1998)의 자료를 가지고 소나무속을 중심으로 분석하여 환경과의 관계를 살폈다.

소나무속은 소나무과 다른 속들(전나무속, 카타야속, 개잎갈나무속, 케텔레에리아속, 잎갈나무속, 노토쑤가속, 가문비나무속, 황금낙엽송속, 수도쑤가속, 솔송나무속)과 비슷한 모습이다. 그 중 가문비나무속, 카타야속(*Cathaya*)과 전체적인 형태에서 가장 비슷하다. 목재의 해부학적 특징과 종자, 구과 형태에서는 카타야속, 잎갈나무속, 가문비나무속과 가장 유사하다. 종자 단백질의 면역학적 비교에 따르면 소나무속과 가문비나무속은 소나무과 계통발생에서 비교적 아래쪽에 위치한다.

생태적으로 소나무속은 자주 함께 자라는 전나무속, 가문비나무속과 가장 비슷하며, 소나무속, 전나무속, 가문비나무속은 북반구에서 중요한 수종으로 자주 우점식생으로 발달한다. 그러나 간섭을 받은 곳에 공격적으로 침입하는 정도에 있어서는 소나무가 다른 나자식물과 피자식물 가운데 가장 뛰어나다.

신생대 제4기 홀로세에 소나무가 빠르게 이동하고 군락으로 발달한 것은 어릴 때부터 종자를 많이 생산하고, 간섭을 받은 뒤 바로 울창한 자매 식물 군락을 끌어오고, 종자의 산포에 있어서 장거리를 퍼져 갈 수 있는 효율적인 기작 덕분이다.

소나무속은 같은 종족끼리 되풀이 번식하는 동종교배(同種交配, in-and-in breeding)를 하고 고립된 나무에서도 후손을 생산하며, 오랜 시간에 걸쳐 이루어진 여러 간섭이 있는 조건에서 버티고, 척박한 토양에도 잘 견디는 능력이 있다.

이처럼 소나무를 비롯한 나자식물들은 발아, 생장, 수분, 결실, 산포 등에서 복잡한 생활사를 가지고 있다(그림 2-14). 소나무속이 주변 지역으로 잘 퍼져 나가고 장거리 산포도 잘 하는 능력은 소나무가 급격히 확산될 수 있게 한 요인이다.

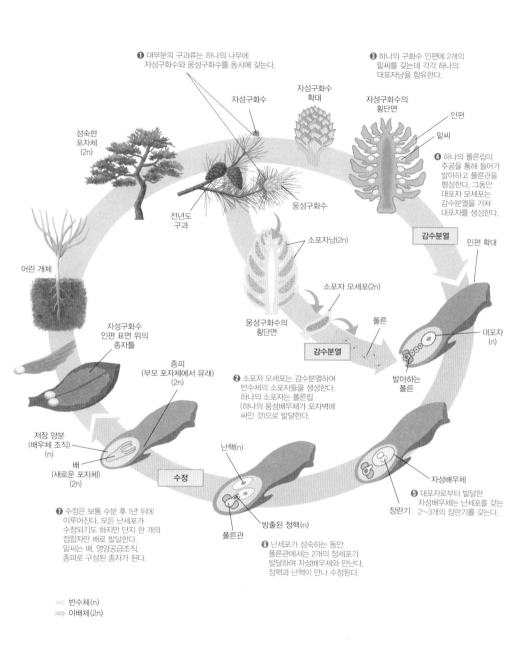

❶ 대부분의 구과류는 하나의 나무에
자성구화수와 웅성구화수를 동시에 갖는다.

❸ 하나의 구화수 인편에 2개의
밑씨를 갖는데 각각 하나의
대포자낭을 함유한다.

자성구화수

자성구화수
확대

자성구화수의
횡단면

인편

밑씨

성숙한
포자체
(2n)

❹ 하나의 폴른립이
주공을 통해 들어가
발아하고 폴른관을
형성한다. 그동안
대포자 모세포는
감수분열을 거쳐
대포자를 생성한다.

전년도
구과

웅성구화수

감수분열

인편 확대

소포자낭(2n)

어린 개체

소포자 모세포(2n)

대포자
(n)

자성구화수
인편 표면 위의
종자들

웅성구화수의
횡단면

폴른

감수분열

발아하는
폴른

종피
(부모 포자체에서 유래)
(2n)

❷ 소포자 모세포는 감수분열하여
반수체의 소포자들을 생성한다.
하나의 소포자는 폴른립
(하나의 웅성배우체가 포자벽에
싸인 것)으로 발달한다.

난핵(n)

저장 양분
(배우체 조직)
(n)

자성배우체

배
(새로운 포자체)
(n)

수정

❺ 대포자로부터 발달한
자성배우체는 난세포를 갖는
2~3개의 장란기를 갖는다.

장란기

❼ 수정은 보통 수분 후 1년 뒤에
이루어진다. 모든 난세포가
수정되기도 하지만 단지 한 개의
접합자만 배로 발달한다.
밑씨는 배, 영양공급조직,
종피로 구성된 종자가 된다.

폴른관

방출된 정핵(n)

❻ 난세포가 성숙하는 동안
폴른관에서는 2개의 정세포가
발달하여 자성배우체와 만난다.
정핵과 난핵이 만나 수정된다.

반수체(n)
이배체(2n)

그림 2-14. 소나무의 생활사
(자료: Pearson Educaion, Inc., 2008)

2) 바늘잎

(1) 바늘잎의 생김새

바늘잎 또는 침엽은 침엽수의 가장 특징적인 잎의 모습으로 은행나무를 제외한 모든 종류에서 볼 수 있다. 그러나 측백나무 등 일부 수종은 가시가 없는 부드러운 비늘인 인편(鱗片, scale)으로 덮인 잎이 있기도 하다. 은행나무에서 볼 수 있는, 활엽수처럼 보이는 넓은 잎은 나자식물에서는 예외적인 형태이다. 대부분의 침엽수 잎은 가지 주위에 빙빙 돌아가면서 나선형(螺旋形, spirally)으로 난다.

소나무속 바늘잎의 크기와 형태는 종에 따라 차이가 많다. 바늘잎은 묶음 또는 속(束, fascicle)으로 되어 있는데 한 묶음마다 나는 바늘잎의 수는 비교적 일정하여 종끼리를 구분할 수 있다. 대부분의 소나무속은 2, 3, 5개의 바늘잎이 있으나, 경우에 따라서는 1~8개가 나기도 한다. 미국 남서부에 자라는 일엽송(*Pinus monophylla*)은 1개의 바늘잎이 있는 대표적인 소나무이다(그림 2-15). 구대륙의 소나무아절에 포함된 19종의 소나무들에는 2개의 바늘잎이 있다. 스트로비아절(*Strobi*)의 소나무들은 산지에 자라며 5개의 바늘잎이 있다(Richardson and Rundel, 1998).

(2) 바늘잎의 유지 기간과 하는 일

침엽수가 바늘잎을 달고 있는 기간은 수종에 따라 다른데 낙엽침엽수는 1년이지만 어떤 전나무는 26년 간 잎이 유지된다. 대부분의 침엽수는 3~5년 간 잎을 달고 있다. 바늘잎의 큐티클층은 잎이 건조해지는 것을 막기 때문에 침엽수가 번성할 수 있게 된다. 침엽수의 잎에는 송진을 운반하기 위한 관이 있으며 기공으로부터 수분 증발을 막기 위해 밀랍(蜜蠟, beeswax)으로 덮여 있다(Ruthforth, 1987).

큐티클층 cuticle層
외부와 접촉하는 생물체의 바깥층으로 고등식물에서는 큐티클이 잎을 비롯한 여러 부분들의 표피세포를 덮고 있다. 물의 침투를 막는 보호층을 이루면서 물을 보전하는 일을 한다. 큐티클은 방수물질인 왁스성 큐틴이 식물세포들이 죽어가면서 만들어지는 코르크 조직의 세포벽에서 발견되는 수베린(suberin)이란 물질과 결합하면서 생겨난다.

그림 2-15. 일엽송 (강원 춘천시 제이드가든)

침엽수는 활엽수와는 다르게 수관(樹冠, crown)에서 탄소를 받아들여 이용하는 전략을 가지고 있다. 침엽수는 활엽수에 비하여 잎 면적당 탄소흡수율이 상대적으로 낮고 잎을 몇 년 동안이나 가지에 매달고 있다. 바늘잎이 뭉쳐 자라고 규칙적인 배열을 보이는 것은 탄소흡수율이 낮고 나이 든 바늘잎에 최대한의 햇빛을 주기 위해서이다. 그렇게 하여 총광합성에서 식물이 살아가면서 소비한 호흡량을 제외하고 남은 양을 이르는 침엽수림의 순일차생산(純一次生産, net primary production)은 커지고 같은 기후대에 있는 활엽수림보다도 많아진다.

소나무속은 다른 침엽수들과는 다른 전략을 가지고 있다. 소나무의 잎 면적지수는 m²당 2~4m²로 전나무속, 가문비나무속과 같이 그늘을 견디는 종류의 9~11m²에 비하여 매우 적다. 이처럼 소나무속의 잎 면적지수가 낮은 것은 다른 침엽수에 비해 짧은 기간 동안 바늘잎을 달고 있기 때문이다.

소나무속은 잎 면적지수가 낮고 그늘을 잘 견디지 못하지만, 그늘을 잘 견디는 전나무속, 가문비나무속은 잎 면적지수가 높다(그림 2-16). 바늘잎의 수명은 서식처의 수분과 영양분과의 관계 혹은 스트레스와 관계가 깊다. 온대 지방 삼림의

그림 2-16. 분비나무의 바늘잎과 구과 (강원 인제군 설악산)

소나무들은 4~6년 정도 잎이 달려 있다(Richardson and Rundel, 1998).

3) 구화수

(1) 구화수의 역할

침엽수에는 구과식물의 배우자체 생산을 하는 생식세포(生殖細胞, sex cell)인 구화수(毬花穗)가 있다. 대부분의 침엽수는 수술(male)이나 폴른이 있거나 암술(female)이나 종자를 품은 구과가 있다. 폴른을 받아들이는 구과는 그늘진 아래쪽 가지에 잘 발달하는 반면에 종자가 있는 구과는 햇빛을 많이 받는 가지 위쪽에 주로 자란다. 이것은 유전적으로 허약한 자손이 형성되는 자가수분(自家受粉, self-pollination)의 가능성을 줄이기 위한 방법이다.

침엽수의 생식은 정자세포(精子細胞, spermatid)가 있는 폴른이 바람에 의하여 운반되어 난세포(卵細胞, egg cell)를 가진 배주(胚珠, ovule)의 표면에 접촉하는 꽃가루받이에 의해 시작된다. 다음의 결정적인 단계는 난핵(卵核, egg nuclei)과 정자가 만나는 복잡한 발달 과정을 거치면서 배아(胚芽, embryo) 또는 새로운 묘목의 시초가 되는 종자를 만드는 수정이 이루어지는 것이다(그림 2-14).

(2) 구과와 폴른

폴른을 가진 소나무의 구과는 일시적이고, 속하는 종과 속에 따라 길이가 1.2~5cm로 아기 손가락 같은 모습을 띤다. 봄철에 어린 순으로부터 구과가 나오고 크게 자라면서 바람에 실려 폴른을 날려 보낼 준비를 한다. 폴른이 날리는 시기는 수백 개의 나선형의 짝으로 배열된 폴른 자루에 있는 수술의 구과가 건조해져 벌어지면서 시작된다.

폴른이 풍부하게 생산되는 해에는 작은 나무도 무수히 많고 밝은 노란색의 폴른을 만들기 때문에 연기와 같은 폴른 구름이 숲 속에서 피어오르기도 한다. 폴른을 만들어 낸 다음 웅성구화수는 시들어져 숲 바닥에 떨어진다.

웅성구화수는 짧은 시간을 살다 떨어지지만 종자를 가진 자성구화수는 오랫동안 나무에 매달려 있다(그림 2-17). 종자를 가진 자성구화수는 여름 동안 새순 속에서 만들어져 다음 해 봄철에 인편 속에 노출된 상태로 된 아주 작고 붉은색이나 자주색을 가진 작은 구과로 나타난다(그림 2-18). 폴른받이는 작은 구과가 닫히면서 바로 이루어진다.

소나무류의 나무들은 가문비나무나 전나무와는 달리 폴른 받이가 이루어진 지 일주일이면 수정이 이루어져 성숙한 종자는 한 해 지난 다음 해 이른 가을이면 구과로부터 떨어진다. 폴른받이가 된 작은 구과는 작게 자라지만 나무에 매달려 겨울을 지낸다. 다음 해 구과는 빠르게 자라고, 종자는 이년생 구과 속에서 가을에 성숙한다(Lanner, 1999).

(3) 폴른의 산포

침엽수의 웅성구화수는 매우 작은 많은 양의 폴른을 만들어 내며 폴른에는 작은 주머니가 2개 있어 바람에 쉽게 날아간다. 침엽수 가운데 어떤 종류도 곤충에 의하여 의도적으로 폴른받이가 되지는 않는다. 보통 가장 생장이 왕성하지만 잎을 만들지 않는 나뭇가지의 위쪽에 자성구화수가 주로 열린다. 침엽수의 구과는

그림 2-17. 소나무의 구과 형성 (충북 보은군 속리산)

그림 2-18. 섬잣나무 구과 (경북 울릉군 성인봉)

1~2년이 지나야 숙성되며 노간주나무속을 제외한 대부분의 구과는 다 익으면 딱딱해진다(Ruthforth, 1987).

소나무는 암수한그루이고 웅성구화수는 수관 아래의 오래된 가지에 나며, 자성구화수는 수관 위쪽의 보다 활동력이 있는 주된 가지에 자란다(Owns, 1991). 소나무가 바람에 꽃른을 날리는 시기는 국지적인 조건에 따라 달라지는데, 저위도나 저지에서는 1월부터 시작되고 고위도나 고산에서는 늦여름까지 계속된다(Young and Young, 1992).

4) 종자

(1) 자성구화수와 종자의 번식

침엽수는 자성구화수에 열린 종자로 번식한다. 어린 구과나 구화수는 암수 가운데 하나이다. 대부분의 종은 암수의 구화수가 같은 나무에 있으나, 주목과의 나무와 노간주나무속의 많은 종류는 암수가 다른 나무에 자란다(Ruthforth, 1987). 우리가 보통 볼 수 있는 다 자란 구과는 자성구화수이다.

소나무가 처음 번식을 하는 시기는 5~50년으로 차이가 크다(Strauss and Ledig, 1985). 보통 산불이 자주 발생하는 곳의 소나무가 다른 곳보다 일찍 번식을 시작한다. 반면 교목한계선의 소나무는 처음 번식하는 시기가 늦어진다(Keeley and Zedler, 1998). 강원 고성에서 소나무는 토양의 수분함량이 낮고 척박한 암석지에서 참나무류(Quercus spp.)와의 경쟁을 피해 자연분포하는 것으로 알려졌다(신문현 등, 2014).

구과의 생산 주기와 강도는 소나무 종에 따라 큰 차이가 있다. 많은 소나무 종류가 3~10년 주기로 구과 결실을 맺지만, 일부 종은 매년 비슷한 양의 구과를 생산한다(Fowells, 1965). 구과가 형성되는 시기에 기온이 높으면 2년 혹은 그 뒤 만들어지는 구과의 크기에, 수분 스트레스가 줄어들면 구과 생산량에 영향을 미친다(Keeley and Zedler, 1998).

(2) 종자의 생김새와 산포

소나무류 구과의 크기는 종에 따라 매우 차이가 크다. 어떤 소나무류는 구과를 둘러싼 비늘이 날카로운 바늘이나 발톱 모양의 뾰족한 모습을 하고 있기도 한다. 대부분의 소나무 구과들은 난자가 인편 표면의 위쪽에 있고 거기에서 종자가 만들어진다.

소나무 종자의 크기는 위도에 반비례한다(Lanner, 1998). 소나무의 종자는 빠르게 발달하고 익으며 6개월 뒤에는 퍼져 나간다. 소나무 구과의 크기는 2~50cm까지 종류에 따라 차이가 크다(Keeley and Zedler, 1998).

침엽수 구과는 종자가 성숙했을 때 인편을 펴서 종자가 바람에 실려 떨어지거나 동물에 의해 제거된다(그림 2-18). 종자 가운데 일부는 인편이 열려 종자가 빠져 나올 때까지 여러 해 동안 구과 속에 머물러 있다가 땅으로 떨어지기도 한다(Lanner, 1999).

소나무류의 열매가 열리는 최저 연령은 종에 따라 차이가 많은데, 종자를 맺는 데 10년 정도가 필요하다(Krugman and Jenkinson, 1974). 곰솔(*Pinus thunbergii*)은 종자를 맺는 데 10년 미만이 걸리는 종이고, 소나무(*Pinus densiflora*)와 잣나무(*Pinus koraiensis*)는 10~20년이 필요하다.

5) 줄기와 뿌리

(1) 줄기

모든 침엽수 줄기의 껍질은 뿌리와 나뭇가지 끝 사이에 물과 영양분을 운반하는 안쪽 껍질과 보호층 역할을 하는 바깥쪽 껍질로 이루어졌다. 침엽수의 목질부는 가늘고 긴 물레 가락처럼 생긴 방추(紡錘, spindle) 모양으로 뿌리로부터 물과 영양분을 전달하기 위해 만들어진 도관(導管, conduit) 또는 물관으로 되어 있으며 겨울에는 광합성에 의해 만들어진 물질을 저장하는 용도로 이용된다.

봄과 여름에 만들어지는 목재의 양은 그해의 기후와 이전 해 생육기의 기후에 의해 변화하기 때문에 이를 이용하여 연륜연대학(年輪年代學, Dendrochronology 또는 tree ring analysis)에서는 목재가 만들어진 시기의 기후를 측정하기도 한다(Ruthforth, 1987).

그림 2-19. 가문비나무 뿌리 (경남 함양군 지리산)

그림 2-20. 쓰러진 가문비나무 (경남 함양군 지리산)

(2) 뿌리

식물의 뿌리는 생장에 필요한 산소를 안정적으로 공급받을 수 있는 깊이까지 자란다. 침엽수는 종에 따라 뿌리의 발달이 다른데 가문비나무는 뿌리가 얕고(그림 2-19), 전나무는 일반적으로 뿌리가 깊다. 뿌리는 나무의 지상부를 지탱하기도 하고 토양으로부터 물과 영양분을 빨아들여 나무에 공급하기도 한다. 뿌리의 깊이는 일반적으로 50~90cm이다(Ruthforth, 1987).

가문비나무와 같은 침엽수가 고산의 토양층이 얕은 곳에서 뿌리를 얕게 내리고도 잘 자라는 이유는 주된 뿌리가 나무를 지탱하는 구실을 주로 하고 땅속에 발달하는 잔뿌리는 수분과 양분을 흡수하면서 버틸 수 있게 한다. 그러나 주된 뿌리가 땅속으로 깊게 발달하지 않는 천근성(淺根性, shallow rooted) 나무들은 표토가 유실되거나 태풍과 같은 강한 바람이 불면 쉽게 넘어진다(그림 2-20).

05 침엽수의 분포

한반도에 자라는 침엽수에는 어떤 종류가 있고, 종별로 어떤 특징을 가지며, 어느 산지 얼마나 높은 고도에 분포(分布, distribution)하는지를 알기 위해서는 먼저 문헌으로 조사하여 기본적인 현황을 파악한 뒤 현지답사를 통해 확인 조사하는 것이 바람직하다. 소나무과 식물의 종별 수평적 분포도와 수직적 분포도를 작성하고 어떤 분포 유형을 보이는지를 알면 소나무류의 분포 요인과 형성 과정을 보다 과학적으로 설명할 수 있게 된다.

소나무속을 포함한 침엽수는 중생대에 지구상에서 가장 번성하였고, 신생대인 지금도 전 세계적으로 가장 넓은 분포역을 갖는 식생의 하나이다. 침엽수의 세계적 주요 분포지는 아시아의 중국, 한반도, 일본에 이르는 지역과 유럽의 지중해 이베리아반도, 이탈리아반도, 발칸반도에 이르는 지역, 북아메리카 중부 내륙을 제외한 캘리포니아, 플로리다반도, 중앙아메리카 등 북반구이다(그림 2-21).

소나무 분포와 세분 연구(Critchfield and Little, 1966; Little and Critchfield, 1969; Critchfield, 1986)에 의하면 소나무속은 3아속(subgenera), 5절(section), 15

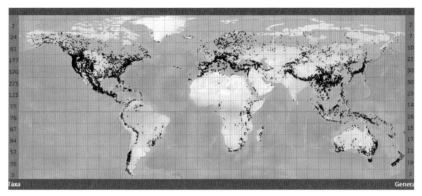

그림 2-21. 세계의 침엽수 분포
(출처: http://herbaria.plants.ox.ac.uk/bol/conifers)

아절(subsection), 94종으로 구성된다. 소나무과는 11속, 225종(+7 nothospecies, 24아종, 1 nothosubspecies, 87변종, 1품종)으로 구성된, 침엽수 가운데 가장 큰 그룹이다. 소나무과는 적도를 지나 수마트라 북부까지 자라는 수마트라소나무 (*Pinus merkusii*) 한 종을 제외하면 모두 북반구에만 분포한다(Farjon, 1998).

1) 소나무속의 분포

(1) 소나무속의 수평적 분포

소나무속은 북반구에만 자라는 침엽수로 남반구에서는 화석 기록이 나타나지 않는다. 현재는 수마트라소나무 한 종의 소나무만 적도를 지나 수마트라 북부에 자란다. 소나무속은 구대륙과 신대륙의 온대 북부 지역에 주로 자란다. 분포 지역은 남으로는 적도의 바로 남쪽에 위치한 말레이반도로부터 북으로는 북극권 가장자리에 있는 침엽수의 북한계선까지이다(Hora, 1990).

구대륙에서 소나무속은 유라시아대륙 서쪽 끝 대서양 연안의 스코틀랜드, 스페인, 카나리군도에서 동쪽 끝인 태평양 연안의 오호츠크해까지 경도상으로 159도까지 자란다. 위도상으로는 북위 72도의 노르웨이에서 남위 2도 6분의 수마트라에 이르기까지 위도 범위가 74도에 이른다.

신대륙에서 소나무속은 분포역이 다소 좁아 서경 62도의 노바스코샤에서 서경 137도의 유콘까지 75도를 차지하고, 위도상으로 북위 65도의 캐나다 매켄지 강에서 북위 11도 45분의 중앙아메리카 니카라과까지 52도의 범위에 걸쳐 분포한다. 그러나 신대륙에서는 북극권 북쪽이나 적도 남쪽에 소나무속이 나타나지 않았다(Mirov, 1967a).

소나무속은 소나무과 가운데 북반구에 가장 넓게 분포하는 수종으로 북아메리카와 유라시아의 북위 15도에서 66도 사이에 자란다. 신대륙에서 가장 남쪽에 자라는 소나무는 북위 12도의 니카라과에 분포한다(Farjon and Styles, 1997).

신생대 제3기 동안 소나무는 현재보다 북쪽으로 넓게 분포하였다. 동아시아의 소나무류는 잎이 2개인 소나무류 11종과 잎이 3~5개인 소나무류 13종을 포함한 24종이다. 동북아시아에 보다 많은 소나무류가 자라고 남쪽으로 갈수록 종 수가 줄어든다(Mirov, 1967a).

점점 서식지를 잃어가는 게 소나무의 현실이지만 오랜 세월 갖은 환경의 변화에도 살아남은 소나무와 비슷한 나무가 있다. 1994년에 오스트레일리아 블루마운틴 지역 내 울레미아 국립공원에서 100그루가 발견된 울레미소나무(*Wollemia nobilis*, wollemi pine)이다. 울레미소나무는 중생대 쥐라기 때에도 번성했던 화석(化石, fossil) 나무로 세계에서 가장 오래된 살아 있는 희귀 침엽수종의 하나이다. 2억 년 전의 화석에서만 존재가 확인돼 공룡과 함께 지구상에서 멸종된 것으로 알려졌다가 살아 있는 나무가 발견되어 큰 관심을 받고 있다.

울레미소나무는 구과목에 속하며 바늘잎의 형태가 소나무와 비슷하여 소나무라는 명칭이 붙어있다. 그러나 엄밀하게 말하면 울레미소나무는 소나무과에 속하는 나무가 아니고 아라우카리아과 또는 남양삼나무과에 속하는 침엽수이다(그림 2-22). 실제로 소나무속에 속하는 나무는 남반구에는 화석으로도 출현하지 않고, 남위 2도 부근의 수마트라에만 한 종이 자란다.

(2) 소나무속의 수직적 분포

소나무속은 주로 유라시아에서는 북위 72도의 노르웨이부터 남위 2도의 수마트라까지 자라며, 적도 이남에 자라는 종인 수마트라소나무(*Pinus merkusii*)도 있다. 수직적으로는 바닷가에 자라는 종부터 히말라야의 4,000m까지 자라는 부탄

그림 2-22. 울레미소나무 (영국 왕립큐가든) ⓒ황영심

그림 2-23. 부탄소나무 ⓒRobin Abraham

소나무(*Pinus wallichiana*)까지 다양하다(그림 2-23).

동아시아에서 소나무속의 종별로 수직적으로 자라는 분포역은 잣나무 (0~2,500m), 섬잣나무(0~2,500m), 백송(100~2,900m), 소나무(0~2,300m), 곰솔 (0~700m), 만주흑송(0~3,000m) 등이다(Mirov, 1967a).

2) 가문비나무속의 분포

(1) 가문비나무속의 수평적 분포

가문비나무속은 전 세계적으로 30여 종이 분포한다. 남쪽으로는 멕시코의 남회 귀선으로부터 북쪽으로는 북부 시베리아까지 습한 산림 지대에 분포하며, 수직 적으로는 바닷가로부터 히말라야의 해발 4,500m까지 자란다(Lanner, 1999). 가 문비나무속은 40~60여 종의 상록침엽수로 구성되며 북극권에서 남회귀선의 난 온대 고산 지역에 이르는 북반구에 널리 분포한다(Hora, 1990). 가문비나무속은 아프리카를 제외한 북반구에 널리 분포하는 종으로 50여 종이 있는 상록침엽수 이며(Leathart, 1977), 30종 이상이 북극 툰드라로부터 서늘한 산악 지대까지 자란 다(Ruthforth, 1987).

가문비나무는 북반구 북방림(北方林, boreal forest) 지대에서만 자라며, 분포상 북한계선에 자라는 종(*Picea abies* var. *obovata*)은 북위 72도의 시베리아 중부의 하탕가(Khatanga)강 일대까지 자란다. 가장 남쪽에 자라는 종은 북위 23도의 대 만의 춘양(Chunyang)산에 자라는 종(*Picea morrisonicola*)이 있고 멕시코에도 비 슷한 위도까지 가문비나무가 자란다. 그러나 대륙성 기후의 영향을 받는 오호츠 크해 일대에서는 북위 60도까지 자란다(Nimsch, 1995).

가문비나무속의 북한계선은 북위 72도 25분으로 하탕가강 하구에 이른다. 캄 차카반도에 격리되어 자라는 가문비나무를 제외하고는 시베리아 북동부에는 가 문비나무가 없다. 유라시아 동북부에서 가문비나무는 사할린이나 일본의 해안과 고산에 국한되어 나타난다(Farjon, 1990).

가문비나무속은 북반구 온대 북방 지역과 아열대 고산 지대에만 자란다. 분포 의 중심은 스칸디나비아, 러시아, 알래스카, 캐나다 등이며, 중국 서부와 일본의 산지에서 종 다양성이 가장 높다. 북위 72도의 시베리아 중부까지 자라는 종부터 북위 23도의 대만에 자라는 종까지 다양하다(Lanner, 1999).

또 다른 연구에 의하면 가문비나무속은 34종이 있고 북반구의 북방 지대와 온대 산악 지대에 자라며, 중국 서부와 히말라야 동부에서 가장 많은 종이 나타난다(공우석, 2004).

(2) 가문비나무속의 수직적 분포

가문비나무의 수직적 분포 범위는 티베트와 태평양 연안에서 4,800m에 이를 정도로 가장 높은 곳에 자라는 나무 가운데 하나이다(Nimsch, 1995; Lanner, 1999).

3) 잎갈나무속의 분포

(1) 잎갈나무속의 수평적 분포

잎갈나무속은 북방계 수종으로 히말라야 동부와 중국 남서부 고원 지대에서만 남쪽까지 자란다. 네팔과 부탄에서는 북위 26~27도까지 자란다. 일본에서는 북위 36도까지, 유럽에서는 44도까지 자란다. 북미에서는 북위 39도 미만에서는 자라지 않는다.

유라시아에서 잎갈나무속의 북한계선은 북위 73도 하탕가강 하구이다. 러시아의 타이미르반도 북위 75도에도 격리되어 분포하는 것으로 알려졌다. 북아메리카에서는 북위 69도 매켄지강 하구까지 분포한다. 잎갈나무속은 북방림 주변에 분포하며 유럽에서는 플라이스토세 빙기가 찾아오기 전인 플라이오세에는 보다 넓은 분포역을 가졌던 것으로 알려졌다(Farjon, 1990).

잎갈나무속은 시베리아 동부에서는 북위 73도까지 분포하여 침엽수 가운데 가장 북쪽까지 자란다. 한편 북아메리카에서 가장 북쪽에 있는 나무는 북위 69도까지 자란다(Farjon, 1998).

잎갈나무속은 12종으로 이루어진 낙엽침엽수로 중부와 북유럽, 북아메리카, 히말라야에서 시베리아 그리고 일본에 이르는 북반구의 차가운 산악 지대에 주로 자라며 일반적으로 빠르게 자란다(Hora, 1990).

러시아의 잎갈나무는 북쪽으로는 크라스노야르스크, 이르쿠츠크, 푸토라나산맥, 비팀강 일대에, 서쪽으로는 야쿠티아, 치타 등에 자라며, 북한계선은 북위 72

그림 2-24. 일본잎갈나무 조림지 (강원 평창군)

도 40분의 타이미르반도이다. 또한 아무르, 하바로브스크 일대에도 자라는데 여기에는 만주잎갈나무도 나타난다(Milyutin and Vishnevetskaia, 1995). 잎갈나무속은 북유럽, 시베리아에서 버마 북부에 이르는 아시아 그리고 북아메리카 북부에 분포하지만 일부 지역에 국한하여 주로 자란다(Ruthforth, 1987).

또 다른 연구에 의하면 잎갈나무속은 10종으로 된 낙엽침엽수로 북반구에 널리 분포한다(Leathart, 1977). 최초의 잎갈나무류 화석은 신생대 제3기부터 나타났다. 오늘날 잎갈나무는 북반구의 한랭한 지역에 분포한다. 가장 북쪽에 분포하는 잎갈나무(*Larix gmelinii*)는 북위 73도 노바야강까지 자라며, 남쪽으로는 중국과 히말라야의 북위 28도까지 자란다(Leathart, 1977; Lanner, 1999).

침엽수 사이언스 I

최근의 연구에 따르면 잎갈나무속에는 11종이 있고, 유라시아와 북아메리카의 북방 지대에 널리 자란다. 잎갈나무속은 시베리아 동부에서는 북위 73도까지 자라며 침엽수 가운데 가장 북쪽까지 분포한다(공우석, 2004).

한국은 1957년부터 1990년까지 60만ha 면적에 10억 8,000만 그루의 일본잎갈나무(낙엽송) 묘목을 심었다(그림 2-24). 이는 한국이 조림한 111억 400만 그루의 15~16%이다(Hong, 1995).

(2) 잎갈나무속의 수직적 분포

중국에는 잎갈나무속으로 해발 4,200m까지 자라는 홍삼나무(*Larix potaninii*)도 있다(Nimsch, 1995, Lanner, 1999). 잎갈나무속은 하천 계곡으로부터 해발 2,300~2,600m까지 자라며, 산 사면의 양지쪽에서는 4,600~4,800m까지 자랄 수 있다(Wang and Zhong, 1995).

잎갈나무속의 외관과 분포는 이창복(1982), Silva(1986), Gower and Richards(1990), Farjon(1990, 1998), Nimsch(1995), Vidaković(1991), Hong(1995), 공우석(2004) 등에 소개되었다.

4) 전나무속의 분포

(1) 전나무속의 수평적 분포

구대륙에서 전나무속이 분포하는 남북 범위는 북위 32도 30분의 북아프리카 모로코의 아틀라스산맥에서부터 북극권을 지나 북위 67도 40분에 있는 시베리아 프르강과 타즈강까지이다. 구대륙에서 동서 분포 범위는 서경 5도 28분의 모로코에서 동경 160도의 러시아 캄차카반도에 이른다(van Gelderen, 1996).

현재 전나무속은 북반구에만 자라며 아시아(18종), 북아메리카(14종), 유럽(5종), 북아프리카(3종) 등에서 자란다. 전나무속은 소나무속 다음으로 중요한 소나무과 나무로 동시베리아 해안 지대부터 사할린, 한반도, 일본열도에 이르는 지역에 자라며 캄차카반도에도 불연속적으로 분포한다. 북위 67도의 러시아 종(*Abies sibirica*)부터 북위 15도의 과테말라 종(*Abies guatemalensis*)까지 다양하다(Nimsch, 1995; Lanner, 1999).

전나무속은 북반구에서 불연속 분포를 보인다. 유라시아에서는 3개 지역에서 불연속적으로 나타난다. 가장 넓게 분포하는 지역은 동시베리아 해안 지대부터 사할린, 한반도, 일본열도에 이르는 시베리아 북방침엽수림대 지역이다. 캄차카반도에도 불연속적으로 분포하며, 중국에서 히말라야에 이르는 곳에는 17종의 전나무속 식물이 자란다.

전나무속에는 50여 종이 있는데, 북반구의 거의 대부분 지역에서 자라지만 동아시아와 북아메리카에 많고, 지중해 연안에도 몇 종이 난다(van Gelderen, 1996). 전나무속은 전형적인 북방, 온대, 한랭지 식물로 북반구에 분포한다. 전나무속 분포의 중심지는 지중해, 시베리아와 동아시아, 북아메리카, 멕시코와 과테말라 등 4지역이다(Liu, 1971).

또 다른 연구에 의하면 전나무속은 40~50종으로 구성되며 유럽 중부 및 남부, 히말라야에서 일본에 이르는 아시아 그리고 북아메리카 대부분의 지역 등 북반구의 산악 지대에 널리 분포한다(Hora, 1990).

전나무속은 소나무과에서 두번째 큰 속으로 북반구에서 약 55종이 자란다는 견해도 있다. 이에 따르면 아시아에서는 남회귀선상의 대만, 중국 남부로부터 북쪽으로는 북위 67도 40분까지 자란다. 한편 전나무는 한국과 중국 동북부가 원산지이다(Ruthforth, 1987).

(2) 전나무속의 수직적 분포

전나무속은 북방 지역에서는 해수면까지 자라며 고산대에서는 해발 4,700m까지 자란다(Liu, 1971). 수직적 분포 범위는 해수면에서 4,100m까지이지만 대부분 1,000~2,000m 사이에 자란다. 일부 종은 500년까지 산다(Nimsch, 1995).

전나무는 낮은 고도에서 자라는 종으로 분포 지역은 북위 49도의 서쪽의 홍안령산맥으로부터 동쪽의 시코테알린(Sikhote Alin)산맥까지 남쪽으로는 한반도의 북위 33도 30분의 제주도와 중국의 허베이까지 분포한다. 수직적으로는 다른 침엽수보다는 낮은 고도에 자라는데 해수면의 높이로부터 한국의 지리산에서는 1,500m까지 자라지만, 주로 600m 이하에서 자란다(Liu, 1971).

전나무는 남쪽에서 보다 흔하며 해발 1,500m 이상에서는 드물게 자라고, 습한

계곡에서는 500m 이하에서도 자란다(Liu, 1971). 전나무속은 수직적으로 4,100m 까지 자라지만 주로 1,000~2,000m에 분포한다(Lanner, 1999).

5) 솔송나무속의 분포

(1) 솔송나무속의 수평적 분포

솔송나무속은 북아메리카와 동아시아에서 겨울에 수분 스트레스가 적은 습윤한 기후에 자란다. 솔송나무는 북아메리카의 동부와 서부의 산림 지대, 히말라야, 동북아시아에 자라며 솔송나무의 학명은 일본어에서 유래하였다(Lanner, 1999). 솔송나무는 상록침엽수로 10여 종이 있으며 북아메리카, 일본, 중국, 대만 그리고 히말라야에 분포한다(Hora, 1990; Nimsch, 1995). 빙기 이전에는 영국을 포함한 유럽에도 분포하였지만, 오늘날 솔송나무속은 북아메리카와 히말라야 동쪽의 아시아에만 분포한다(Ruthforth, 1987).

현재 솔송나무속은 북아메리카, 아시아 등에 불연속적으로 분포한다. 아시아에서 솔송나무속은 홋카이도를 제외한 일본, 대만에서 자라며 중국의 동부, 중부, 서부에서 히말라야산맥을 거쳐 인도 북서부에 이르는 곳까지 불연속적으로 자란다. 일본의 혼슈, 시코쿠, 규슈, 야쿠시마의 높은 산지와 대만의 높은 산지에 흔히 자라지만, 중국의 동부와 중부에서는 드물게 나타난다. 중국의 남서부와 히말라야의 높은 곳에서는 흔하게 나타난다. 일본 혼슈 북부에서 솔송나무속은 북위 40도까지 분포한다. 분포의 남한계선은 북위 26도 30분의 중국 북서부 윈난성 리장과 북위 23도인 대만까지이다(Farjon, 1990). 한반도의 울릉도에도 분포한다.

(2) 솔송나무속의 수직적 분포

솔송나무속이 자라는 수직고도는 고위도 지방에서는 해안 근처, 동남아시아에서는 해발 2,000~3,500m까지이다(Farjon, 1990).

솔송나무속은 북아메리카, 아시아 등에 불연속 분포하는데, 아시아에서 한국, 일본, 중국, 대만, 히말라야에 자라며 히말라야 동부에서는 해발고도 3,000m까지 분포한다. 수직적으로 동남아시아서는 해발고도 2,000~3,500m까지 자라며, 멸종위기종은 아니다(Hora, 1990).

06 침엽수의 생태와 환경

침엽수는 지구상에 지질시대부터 등장한 나무로 오랜 시간에 걸쳐 주어진 물리적 및 생물적 환경(環境, environment)에 적응하면서 종마다 독특한 생태(生態, ecology)를 발전시켰다.

때로는 좋은 환경을 찾아, 때로는 환경에 적응하면서 침엽수가 분포하는 곳은 세계 여러 곳이지만 서식지를 아우르는 공통점이 있다. 수분이 어느 정도는 있어 생리적으로 스트레스를 견딜 수 있어야 하고, 물을 보전할 수 있는 곳이라는 점이다. 침엽수는 강수량이 적은 곳, 여름 기온이 높아 증발산량이 많은 곳, 춥고 건조한 겨울이 있는 곳 등에서 수분 스트레스를 받기 때문이다.

식물의 생장과 분포에 기온이 미치는 영향이 중요하다는 것은 잘 알려진 사실이다. 식물은 에너지 공급원인 열을 스스로 만들지 못하므로 생존을 위해서는 기온이 중요하다. 식물들은 종마다 좋아하는 기온적 범위와 견딜 수 있는 내성 범위(耐性範圍, tolerance range)가 있다(공우석, 2007).

표 2-3. 나무들이 동해를 견디는 온도 범위

지대 (Zone)	온도 범위	대상 나무와 최대 견디는 범위
1	−45.6℃ 이하	잎갈나무 −70℃, 눈잣나무 −90℃
2	−40 ~ −45.6℃	가문비나무 −70℃
3	−34.4 ~ 39.9℃	분비나무 −70℃, 잣나무 −90℃
4	−28.9 ~ 34.3℃	은행나무 −30℃, 향나무 −25℃
5	−23.3 ~ 28.8℃	전나무 −25℃, 구상나무와 백송 −30℃, 소나무 −60℃, 섬잣나무 −30℃
6	−17.8 ~ −23.2℃	편백 −30℃, 화백 −20℃, 삼나무 −25℃, 곰솔 −40℃, 주목, 솔송나무 −25℃
7	−12.2 ~ −17.7℃	어린개비자나무 −25℃

(자료: Bannister and Neuner, 2001)

그림 2-25. 한라산 구상나무와 눈 (제주 제주시)

Bannister and Neuner(2001)는 실험을 통해 나자식물의 종별로 잎이나 싹이 저온으로 어는 동해(凍害)를 견디는 최저온도를 결정하였다(표 2-3). 이에 따르면 -45.6℃ 이하인 zone 1에 자라는 종인 잎갈나무가 -70℃, 눈잣나무(*Pinus pumila*)가 -90℃까지 가장 낮은 온도를 견디었다. 잣나무는 -90℃, 가문비나무와 분비나무는 -70℃, 소나무는 -60℃, 곰솔은 -40℃, 구상나무(그림2-25), 백송, 섬잣나무는 -30℃, 전나무, 솔송나무는 -25℃의 저온을 견디었다(Bannister and Neuner, 2001).

chapter III

소나무과
(Pinaceae)

01 소나무과의 계통분류

소나무과에 속하는 나무들은 종 다양성이 풍부하고 분포하는 범위도 넓어 많은 종을 체계적으로 구분할 수 있는 계통수(系統樹, genealogical tree or family tree) 또는 갈래로 나누는 것이 쉽지 않다. 한반도에 분포하는 소나무과에 속하는 나무들을 중심으로 살펴본 주요 연구자들의 식물분류체계는 학자들마다 서로 다르다.

1) 피츠페트릭(FitzPatrick, 1965)에 의한 분류

바늘잎의 개수와 가지에 붙어 있는 모습 등 형태적인 기준을 바탕으로 침엽수를 구분하였다. 그 가운데 한반도에 자생하는 종류의 분류는 다음과 같다.

- **바늘잎이 가지에 나선형으로 나는 종류;**
  가지가 둘째 해에 딱딱해지고 바늘잎이 직선인 종류이다.
- **하나의 바늘잎을 가진 종류;**
  전나무속(*Abies*): 전나무속의 바늘잎은 아래쪽으로만 뒤집히며, 바늘잎이 떨어지면 가지에 둥근 흔적을 남긴다.
  가문비나무속(*Picea*): 바늘잎이 가지에 나무못처럼 돌출되어 솟아난다.
  솔송나무속(*Tsuga*): 바늘잎이 가지 반대쪽으로 눌려 펴지는 가느다란 줄기로 나온다.
- **바늘잎이 2, 3, 4, 5개의 묶음으로 나는 종류;**
  소나무속(*Pinus*): 바늘잎이 길고 뾰족하다.

- 바늘잎이 짧고 돌출한 나뭇가지에 15~60개 묶음으로 나며, 자라면 긴 어린가지에 따로 흩어져 자라는 종류;

잎갈나무속(*Larix*): 바늘잎이 매끄럽고 매년 새로 나며 가을에는 떨어진다. 돌출한 가지는 계속 붙어 있는 비늘이 없이 짧다. 새싹은 짧은 비늘로 덮여 있다.

2) 크뤼스만(Krüssmann, 1985)에 의한 분류

소나무의 소나무속은 바늘잎이 5개인 잣나무아속(*Haploxylon* subgenus)이 상대적으로 한랭한 기후에 잘 적응한 나무로 켐브라절(*Cembra* section)에 잣나무(*Pinus koraiensis*), 눈잣나무(*Pinus pumila*)가 있다. 절(節, section)은 아속과 종 사이를 추가적으로 분류할 때 사용하는 단위이다. 잣나무아속은 바늘잎이 5개씩 모여서 나고 짧은 가지에 붙은 비늘조각이 일찍 떨어지며 잎 횡단면의 관다발이 1개 있다. 스트로부스절(*Strobus* section)에는 섬잣나무(*Pinus parviflora*)가 있다. 파라켐브라절(*Paracembra* section)의 게라르디아나아절(*Gerardiana* subsection)에는 중국에 자라는 백송(*Pinus bungeana*)이 있다.

소나무아속(*Diploxylon* subgenus)은 바늘잎이 2개인 짧은 가지 위에 비늘조각이 떨어지지 않으며 잎 횡단면에 관다발이 2개 있다. 상대적으로 온난한 기후에서 경쟁력이 높은 종류로 에우피티스절(*Eupitys* section)에 소나무(*Pinus densiflora*), 만주흑송(*Pinus tabulaeformis*), 곰솔 또는 해송(*Pinus thunbergii*)이 있다(그림 3-1).

가문비나무속은 가문비나무절(*Picea* section)의 풍산가문비나무(*Picea pungsanensis*), 카식타절(*Casicta* section)의 가문비나무(*Picea jezoensis*)가 있다(그림 3-2).

전나무속은 사피누스아속(*Sapinus* subgenus) 픽타절(*Pichta* section)에 구상나무(*Abies koreana*), 분비나무(*Abies nephrolepis*)가 있고, 모미절(*Momi* section)에 전나무(*Abies holophylla*)가 있다(Krüssmann, 1985).

그림 3-1. 소나무 (충북 보은군 속리산)

그림 3-2. 가문비나무 (전북 무주군 덕유산)

3) 비다코빅(Vidaković, 1991)의 분류

침엽수의 형태와 변이에 대하여 쓴 저서에서 소나무과의 계통분류를 다음과 같이 제시하였다.

구과식물문(Pinophyta)
　침엽아문(Coniperophytina)
　　소나무강(Pinatae)
　　　소나무아강(Pinidae)
　　　　소나무과(Pinaceae)
　　　　　전나무아과(Abietoideae):
　　　　　　전나무속, 케텔레에리아속(*Keteleeria*), 카타야속(*Cathaya*),
　　　　　　수도쑤가속(*Pseudotsuga*), 솔송나무속, 가문비나무속
　　　　　잎갈나무아과(Laricoideae):
　　　　　　황금낙엽송속(*Pseudolarix*), 잎갈나무속, 개잎갈나무속
　　　　　소나무아과(Pinoideae):
　　　　　　소나무속

4) 화존(Farjon, 1990)에 의한 분류

소나무과(Pinaceae)를 소나무아과의 소나무속, 가문비나무아과(Piceoideae)의 가문비나무속, 잎갈나무아과(Laricoideae)의 카타야속, 수도쑤가속, 잎갈나무속, 전나무아과(Abietoideae)의 개잎갈나무속, 전나무속의 황금낙엽송속, 케텔레에리아속, 노토쑤가속(*Nothotsuga*), 솔송나무속으로 나누었다.

　소나무과에는 전나무속 46종, 카타야속 1종, 개잎갈나무속 4종, 케텔레에리아속 3종, 잎갈나무속 10종, 노토쑤가속 1종, 가문비나무속 34종, 소나무속 약 100종, 황금낙엽송속 1종, 수도쑤가속 4종, 솔송나무속 9종 등 11속으로 이루어졌다 (Farjon, 1990).

　Farjon(1990)의 침엽수 계통분류체계에 따른 기준을 기본적으로 적용한 한반도에 분포하는 소나무과 나무들의 계통은 표 3-1과 같다.

표 3-1. 한반도 소나무과의 계통분류

아과 (Subfamily)	속 (Genus)	아속 (Subgenus)	절 (Section)	아절 (Subsection)	종 (Species)
소나무아과 (Pinoideae)	소나무속 (Pinus)	소나무아속 (Diploxylon)	소나무절 (Pinus)	실베스트레스 아절 Sylvestres	소나무(Pinus densiflora) 곰솔(Pinus thunbergii)
		잣나무아속 (Haploxylon)	스트로부스절 (Strobus)	스트로비아절 Strobi	섬잣나무(Pinus parviflora)
				켐브라이아절 Cembrae	잣나무(Pinus koraiensis) 눈잣나무(Pinus pumila)
가문비나무아과 (Piceoideae)	가문비나무속 (Picea)	–	카식타절 (Casicta)	–	가문비나무(Picea jezoensis)
			에우피케아절 (Eupicea)		종비나무(Picea koraiensis) 풍산가문비나무 (Picea pungsanensis)
잎갈나무아과 (Laricoideae)	잎갈나무속 (Larix)	–	파우케리알리 스절 (Paucerialisa)	–	잎갈나무(Larix olgensis var. koreana) 만주잎갈나무(Larix olgensis var. amurensis)
전나무아과 (Abietoideae)	전나무속 (Abies)	–	모미절 (Momi)	홀로필라이아절 Holophyllae	전나무(Abies holophylla)
			발사메아절 (Balsamea)	메디아나이아절 Medianae	구상나무(Abies koreana) 분비나무(Abies nephrolepis)
	솔송나무속 (Tsuga)	–	미크로페우케절 (Micropeuce)	–	솔송나무(Tsuga sieboldii)

(자료: Krüssmann, 1985, Frankis, 1989, Farjon, 1990, Vidaković, 1991, Nimsch, 1995, www.conifers.org를 기초로 공우석 작성)

5) 프라이스(Price et al., 1998)에 의한 분류

프라이스는 소나무속을 아래와 같이 분류하였다.

소나무속(Pinus)

　소나무아속(Diploxylon subgenus 또는 강한소나무)

　　소나무절(Pinus section)

　　　소나무아절(Pinus subsection): 유라시아, 북아프리카, 북동 북아메리카, 쿠바 등

　　　　지에 분포

그림 3-3. 소나무숲 (경북 예천군 금당실)

소나무(그림 3-3), 만주흑송, 곰솔 등

잣나무아속(*Strobus* subgenus 또는 연한소나무)

파뤼아절(*Parrya* section)

게라르디아나아절(*Gerardiana* subsection): 동아시아, 히말라야 등지에 분포

백송(*Pinus bungeana*): 중국에 자생

스트로부스절(*Strobus* section)

스트로비아절(*Strobi* subsection): 중앙아메리카 북부, 아시아 동부와 남부, 유럽 남
동부 등지에 분포

섬잣나무(*Pinus parviflora*): 한국의 울릉도와 일본열도에 분포

캠브라이아절(*Cembrae* subsection)

잣나무(*Pinus koraiensis*), 눈잣나무(*Pinus pumila*)

02 소나무과의 다양성

1) 소나무속

소나무 분포와 분류체계 연구(Critchfield and Little, 1966; Little and Critchfield, 1969; Critchfield, 1986)에 의하면 소나무속은 3아속, 5절, 15아절, 94종으로 구성된다.

이 책의 소나무속의 식물지리학적 정보는 Ohwi(1965), Mirov(1967a), 이창복(1982), Pravdin and Iroshnikov(1982), Farjon(1984, 1990, 1998, 2008), Vidaković(1991), Chun(1994), Schmidt(1994), Iwatsuki *et al.*(1995), Nimsch(1995), Richardson and Rundel(1998), Price *et al.*(1998), Wu and Raven(1999), 공우석(2004), Farjon and Filer(2013) 등에 기초하였다.

(1) 소나무속의 다양성

피누스(*Pinus*)라는 용어는 라틴어로 가문비나무나 소나무를 뜻하는 pinus나 그리스어 pitys(가문비나무)에서 기원하였다. 소나무속은 중생대 백악기부터 나타나며, 학자들의 견해에 따라 다르나 일반적으로 100여 종이 지구상에 분포한다. 소나무속은 북반구에 자라는 종류로 남반구의 나한송속(*Podocarpus*)에 대비된다 (Nimsch, 1995).

소나무속은 108종(+ 3 nothospecies, 12아종, 1 nothosubspecies, 1품종)이 있으며 침엽수 가운데 가장 종 수가 많고 형태도 다양하다.

종간잡종(種間雜種) nothospecies

다른 잡종(雜種, hybrid)들과 관계되지 않고 두 종 사이에 직접적인 잡종화를 거쳐 만들어진 잡종이다.

100종 이상으로 이루어진 소나무속은 침엽수 가운데 가장 종 수가 많고 북반구에서 분포 범위도 넓은 수종이다. 극지로부터 유라시아와 북아메리카의 아북극, 중앙아메리카와 아시아의 아열대와 열대에 분포하며, 적도를 지나 수마트라까지 자라는 종(*Pinus merkusii*)도 있다. 소나무속의 분포 중심은 북아메리카와 중앙아메리카로 70여 종이 멕시코, 캘리포니아, 미국 동남부에 분포하고, 아시

그림 3-4. 멕시코의 우는소나무 (멕시코 과달라하라)

아에는 25종이 자라며(Price et al., 1998), 바늘잎이 처지는 멕시코의 우는소나무 (Pinus patula) 등이 있다(그림 3-4).

소나무속의 다양성은 북위 36도 일대에서 39종으로 가장 높고, 남쪽으로 갈수록 서서히 줄어들다가 북위 20도에서 급격히 감소한다. 구대륙에서 소나무속의 다양도가 가장 높은 곳은 북위 40~41도이다. 소나무속은 수직적으로 해안에서 고산대까지 분포하지만 절반 정도는 중간 고도에 자란다. 소나무속은 신생대 제4기 동안 광활한 삼림을 이루었다. 중생대 백악기 이래 기후변화가 심하지 않은 곳에서는 소나무가 큰 삼림을 이루지 못하고 흩어져 자란다(Mirov, 1967a).

또 다른 연구에 의하면 소나무류는 세계적으로 널리 분포하는 종류로 약 105종이 자라고 있다. 소나무류가 주로 분포하는 곳은 북반구로 북유럽, 북아메리카와 중앙아메리카, 바하마, 온두라스, 북아프리카의 아열대 지역, 카나리아군도, 아프가니스탄, 파키스탄, 인도, 미얀마, 필리핀 그리고 적도를 건너 인도네시아까지 분포한다(Maheshwari and Konar, 1971). 소나무속은 108종이 있어 침엽수 가운데 가장 종 수가 많고 형태도 다양하다. 소나무속은 북반구에만 자라는 침엽수

그림 3-5. 바늘잎이 2개인 소나무와 5개인 잣나무 (경기 포천시 국립수목원)

로 남반구에서의 화석 기록은 없다(공우석, 2004).

한반도에 자생하는 소나무속은 하나의 속 또는 묶음에 바늘잎이 2개인 것과 5개인 것으로 나뉜다. 소나무속은 5개의 바늘잎을 가지며 연한 목재인 잣나무아속과 2개의 바늘잎으로 되어 있고 강한 목재인 소나무아속으로 나뉜다(그림 3-5). 잣나무아속은 바늘잎이 뭉쳐 있는 한 묶음 또는 속에 바늘잎이 보통 5개이고 가시가 없는 부드러운 비늘인 인편(鱗片, scale)을 가지고 있다. 어릴 때 나무의 표면은 매끄럽다.

소나무아속은 바늘잎이 보통 2개이지만 3~4개를 보이기도 하며 어떤 종은 10개의 바늘잎이 난다. 소나무아속은 딱딱한 구과를 가지며 어린 나무의 표면은 거칠다. 소나무류의 구과는 불에 의해 벌어져 종자가 나올 때까지 닫혀 있는 경우가 많다(Farjon, 1984).

(2) 소나무속의 갈래

소나무속은 계통분류학적으로 따지면 식물계(Plantae) 구과식물문(Pinophyta) 구

침엽수 사이언스 1

그림 3-6. 백송 (천연기념물 제8호, 서울 종로구 재동) ⓒ김영환

과강(Pinopsida) 구과목(Pinales) 소나무과(Pinaceae)에 속한다. 소나무속은 두 캄포피누스아속(*Ducampopinus* subgenus), 스트로부스아속(*Strobus* subgenus), 소나무아속(*Pinus* subgenus) 등 3개 아속으로 이루어졌다(Little and Critchfield, 1969).

한반도에는 소나무속 두캄포피누스아속에 속하는 종은 없다. 스트로부스아속 은 한 속에 5개의 바늘잎이 나며 종자는 날개가 없거나 있어도 떨어지는 작은 날 개를 가진다. 3개의 절과 5개의 아절, 31종이나 그보다 많은 종이 있다. 스트로부 스아속은 잣나무아속이라고도 불리고 하나의 섬유질 관속이 있는 묶음으로 이루 어지며 보통 5개의 잎을 가지고 있으나, 1~4개가 나기도 한다. 스트로부스아속은 캠브라이아절과 스트로비아절로 이루어진다. 스트로비아절에는 섬잣나무, 스트 로브잣나무(*Pinus strobus*) 등이 포함된다. 구과는 약간 연하며 목질이 아니다.

스트로부스절의 캠브라이아절은 바늘잎이 5개로 되어 있으며, 구과가 종자를 퍼트리기 위해 열리지 않고 구과 전체가 땅 위에 떨어져 작은 동물들에 의해 쪼 개진 뒤 종자가 퍼진다. 종자의 날개는 거의 남아 있지 않다. 우리나라에는 잣나무, 눈잣나무 등이 있다. 스트로부스절의 스트로비아절은 한 속에 5개의 바늘잎이 나고 종자는 길고 떨어지는 날개를 갖거나 발육이 잘 되지 않은 날개를 가지고 있으며, 우리나라에는 섬잣나무가 있다.

파뤼아절의 게라르디아나아절(*Gerardianae* subsection)은 한 속에 3개의 바늘잎이 나며 종자는 짧고 떨어지는 날개를 가지며 아시아 남부와 동부에 2종이 자라며, 우리나라에는 중국에서 도입한 백송(*Pinus bungeana*) 등이 있다(그림 3-6).

소나무아속은 전체 속의 5분의 3을 차지하며 바늘잎은 한 속에 2~3개이지만 4~5개, 드물지만 많게는 6~8개가 나기도 한다. 종자는 길고 떨어지는 날개를 가지고 있다. 2개의 절과 9개 아절 62종이나 많은 종이 주로 북반구 온대와 열대 산악지에 분포한다. 그 가운데 실베스트레스아절(*Sylvestres* subsection)은 한 속에 2개의 바늘잎이 나며 가장 많은 종이 있는 아절로 19종 정도가 유라시아에 분포한다. 소나무, 곰솔, 만주흑송(*Pinus tabulaeformis*) 등이 있다.

(3) 소나무속의 나무

소나무속은 스트로부스아속과 소나무아속으로 분류된다. 소나무속에 속하는 60개 분류군 가운데 소나무아속에는 42종이 있다(Farjon and Styles, 1997). 상록침엽수인 소나무속은 112여 종이 북반구에 자라는데 남반구에 분포하는 나한송속(*Podocarpus*)에 대비된다(Farjon, 1990).

소나무속은 소나무과 소나무아과에 속하며 소나무아속 소나무절 실베스트레스아절에는 소나무, 곰솔, 만주흑송이 있다(Ruthforth, 1987).

소나무속의 잣나무아속 스트로부스절 스트로비아절에는 섬잣나무가 있다. 캠브라이아절에는 잣나무, 눈잣나무가 있다(표 3-1, 그림 3-7).

2) 가문비나무속

(1) 가문비나무속의 다양성

피케아(*Picea*)는 라틴어로 송진을 채취하는 나무를 의미한다. 가문비나무속에는 현재 30~50여 종이 알려졌다.

가문비나무속에는 40종이 있으며 그 가운데 절반 정도는 중국에 난다. 가문비

그림 3-7. 잣나무 구과 (경기 가평군 축령산)

나무속은 유럽, 북아메리카, 일본, 중국, 시베리아, 코카서스, 히말라야, 소아시아, 북극에 분포한다(Liu, 1971). 가문비나무속은 50여 종으로 이루어진 상록침엽수로 아프리카와 서남아시아를 제외한 북반구의 대부분의 지역에 분포하는 종류로 북방침엽수림의 구성종의 하나이다(van Gelderen,1996).

또 다른 연구에 의하면 가문비나무속은 34종(+3 nothospecies, 3아종, 15변종)이 있는데 북반구의 북방 지대와 온대 산악 지대에 자라며, 중국 서부와 히말라야 동부에서 가장 많은 종이 나타난다(Farjon, 1998).

오늘날의 가문비나무와 비슷한 최초의 나무로는 프로토피케오실론 야베이(*Protopiceoxylon yabei*)가 있다. 중국 만주의 중생대 쥐라기 중기층에서 발견된 화석은 가문비나무가 동아시아에서 기원하였음을 나타낸다. 가문비나무속의 화석은 중생대 백악기 후기층에서 나타났다. 많은 화석이 신생대 제3기층에서 출토되었다. 살아 있는 가장 오래된 가문비나무숲은 일본의 야츠가 다케(Yatsuga-take)로 알려졌다(Nimsch, 1995).

그러나 최근에 노르웨이와 스웨덴 국경에 있는 달라르나(Dalarna) 산악 지대 해발고도 910m에서 발견된 가문비나무는 탄소연대측정 결과 나이가 9,000살이

그림 3-8. 세상에서 가장 나이가 많은 가문비나무 (스웨덴 달라르나 산악 지대) ⓒKarl Brodowsky

넘는 것으로 알려졌다. 이 가문비나무는 줄기 부분의 수명이 600년 정도인 것으로 보아 뿌리를 통해 9,000년 간 살아온 것이다(그림 3-8). 줄기가 죽자마자 새로운 줄기가 생겨나는 식으로 생명을 유지해 왔기 때문에 외관만으로는 그 나이를 짐작하기 어렵다.

(2) 가문비나무속의 갈래

가문비나무속은 식물계 구과식물문 구과강 구과목 소나무과 가문비나무아과에 포함된다. 가문비나무속 가문비나무절(*Picea* section) 가문비나무아절(*Picea* subsection) 가문비나무시리즈(*Picea* series)에는 종비나무(*Picea koraiensis*)가 포함된다. 가문비나무속 카식타절(*Casicta* section), 싯켄세스아절(*Sitchenses* subsection)에는 가문비나무(*Picea jezoensis*)가 있다(Farjon, 1990).

(3) 가문비나무속의 나무

가문비나무속은 소나무과 가문비나무아과에 속하며 33여 종이 있고, 소나무속과 가깝다(Farjon, 1990; Sigurgeirsson and Szmidt, 1993). 가문비나무는 종비나무와 잡종을 만든다(Hoffmann and Kleinschmit, 1979).

한반도의 가문비나무속 수종으로 소나무과 가문비나무아과 가문비나무속의 카식타절에는 가문비나무(*Picea jezoensis*)가 있고, 유피케아절(*Eupicea* subsection)에 종비나무, 풍산가문비나무가 있다(표 3-1).

3) 잎갈나무속

(1) 잎갈나무속의 다양성

라릭스(*Larix*)라는 말은 잎갈나무 또는 이깔나무를 의미하는 라틴어나 그리스어 larix에서 왔다(Nimsch, 1995).

잎갈나무속은 소나무과 수목 4종류 가운데 매우 넓은 분포역을 가진 나무이지만 종 수는 많지 않아 10종으로만 이루어졌다. 잎갈나무속 3종은 북반구 침엽수림대의 비교적 낮은 곳에 널리 분포한다(Farjon, 1990).

잎갈나무는 북아메리카, 아시아, 유럽에 널리 분포하며 북방림, 산지림, 아고산림에 중요한 종이다. 잎갈나무는 10종이 있는데 3종은 북아메리카 특산종이고 7종은 아시아와 유럽에 자란다(LePage and Basinger, 1995).

또 다른 연구에 의하면 잎갈나무속에는 11종(+ 9변종)이 있으며, 유라시아와 북아메리카의 북방 지대에 널리 자란다. 대부분의 종은 산지 침엽수림대에 자란다. 히말라야, 중국 쓰촨의 산지, 북아메리카 서부 산악 지대 등 고위도 지역에서는 순림을 이루며 자란다. 잎갈나무속의 모든 종은 낙엽침엽수이며 시베리아 동부의 북극 교목한계선에서는 가문비나무 대신 나지만 구부러져 자란다(Farjon, 1998).

잎갈나무속은 동시베리아로부터 스칸디나비아를 제외한 유라시아, 그리고 캐나다와 미국을 지나 알래스카까지 분포한다. 위도상으로는 북위 75도의 북방 저지에서 북위 25도의 높은 산악 지대 사이에 자라지만 북방의 저지로부터 아고산대 위쪽까지 다양한 생태적 조건과 지역에 나타난다. 2만km에 이르는 분포역 내에서 잎갈나무속은 10종과 수많은 변종과 잡종으로 나뉜다(Schmidt, 1995).

(2) 잎갈나무속의 갈래

잎갈나무속은 식물계 구과식물문 구과강 구과목 소나무과에 속한다. 잎갈나무속은 잎갈나무절(*Larix* section)과 물티세리알리스절(*Multiserialis* section)로 구분되며 잎갈나무(*Larix olgensis* var. *koreana*)는 잎갈나무절에 속한다.

(3) 잎갈나무속의 나무

한반도의 잎갈나무속에 해당되는 나무는 소나무과 잎갈나무아과(Laricoideae) 잎갈나무속 파우케리알리스절(*Paucerialis* section)의 잎갈나무와 만주잎갈나무(*Larix olgensis* var. *amurensis*)가 있다(표 3-1).

잎갈나무는 기후가 한랭한 북한의 산지에 주로 자란다. 남한에 자라는 낙엽침엽수인 잎갈나무속 나무는 거의 모두가 일본에서 도입하여 식재한 일본잎갈나무 또는 낙엽송(*Larix kaempferi*)이다(그림 3-9).

그림 3-9. 일본잎갈나무숲 (일본 마에차우스산) ©Σ64

4) 전나무속

(1) 전나무속의 다양성

아비에스(*Abies*)는 라틴어로 abies 또는 그리스어로 전나무나 가문비나무를 뜻하는 abin에서 기원한 것으로 본다(Nimsch, 1995).

전나무속 나무는 구대륙에는 25종, 19변종, 7잡종이 자라며, 지역별로는 지중해 일대가 8종, 5변종, 7잡종, 시베리아와 동아시아에 17종, 14변종, 2잡종이 자란다. 전나무속의 분포역이 넓은 정도는 시베리아전나무(*Abies sibirica*), 발잠전나무(*A. balsamea*), 라시오카르파전나무(*A. lasiocarpa*) 순이다(Liu, 1971). 전나무속 분포지는 북반구의 아프리카 북단, 베트남 북부에 이르는 아시아, 유럽, 북아메리카, 온두라스에 이르는 중앙아메리카 북쪽과 온대 지역 등이다.

(2) 전나무속의 갈래

전나무속은 식물계 구과식물문 구과강 구과목 소나무과 전나무아과에 속하며, 전나무속은 소나무과에서 소나무속에 이어 두번째로 중요한 속이다. 소나무속은

100여 종이 있고 전나무속은 46종으로 구성된다. 전나무는 모미절(*Momi* section) 홀로퓔라이아절(*Holophyllae* subsection)에 속한다. 구상나무, 분비나무는 발사메아절(*Balsamea* section) 메디아나이아절(*Medianae* subsection)에 포함된다(Farjon, 1990).

다른 분류체계에 따르면 전나무속의 픽타절(*Pichta* section)은 동아시아에 나는 것으로 구상나무와 일본전나무(*Abies veitchii*)가 있고, 모미절은 세 개의 시리즈(series)로 다시 나뉘는데, 그 가운데 호몰레피데스시리즈(*Homolepides* series)에는 전나무(*Abies holophylla*), 호몰레피스전나무(*A. homolepis*), 마리에시전나무(*A. mariesii*)가 있다(van Gelderen, 1996).

전나무속의 전나무아속 호몰레피데스절에는 전나무, 엘라테절(*Elate* section)에는 구상나무, 분비나무가 있다(Liu, 1971).

(3) 전나무속의 나무

전나무속에는 39종 23변종(8잡종 포함)이 자라는 것으로 보고되었으나(Liu, 1971),

그림 3-10. 전나무의 수형 (경기 포천시 국립수목원) ©황영심

침엽수 사이언스 I

현재는 북반구의 아시아(18종), 북아메리카(14종), 유럽(5종), 북아프리카(3종)에 40여 종이 자라는 것으로 본다(Farjon, 1990).

또 다른 연구에 의하면 전나무속은 49종(+1 nothospecies, 7아종, 23변종)으로 구성되었으며 북반구의 아프리카 북단, 베트남 북부에 이르는 아시아, 유럽, 북아메리카, 온두라스에 이르는 중앙아메리카까지의 북방과 온대 지역에 자란다. 주로 산지, 아고산대의 침엽수와 활엽수가 섞여 자라는 혼합림대에 분포한다.

전나무속의 종들은 소나무과의 다른 수종들과는 다르게 영양분이 풍부한 토양에서 자란다. 환경 조건이 적당하면 전나무속의 나무들은 크게 자라 숲을 이루며 (그림 3-10), 일부 종은 아시아와 북아메리카에서 아고산대의 교목한계선을 이루기도 한다(Farjon, 1998).

한반도의 전나무속은 소나무과 전나무아과 전나무속, 모미절, 홀로필라이아절의 전나무와 발사메아절 메디아나이아절의 구상나무, 분비나무가 있다(표 3-1).

전나무속은 현재 북부 고산 지대로부터 남부의 고산이나 낮은 산지까지 비교적 넓은 분포역을 가지고 있으며 구상나무는 우리나라 특산종이다. 구상나무는 전나무에 비해 한반도 높은 산을 비롯하여 동아시아 북부 산악 지대에 자라는 분비나무와 유전적으로 가까운 것으로 알려졌다(Kormutak *et al.*, 2004).

5) 솔송나무속

(1) 솔송나무속의 다양성

쑤가(*Tsuga*)라는 말은 일본어 tsuga(솔송나무)에서 기원하였다(Nimsch, 1995). 솔송나무속은 9종(+1아종, 3변종)이 있으며 북아메리카(동부에 2종, 서부에 1종)와 히말라야에서 중국을 지나 일본과 대만에 격리되어 분포하는 수종이다(Farjon, 1998; Leathart, 1977).

또 다른 연구에 의하면 솔송나무속은 16종으로 구성되며 북아메리카, 히말라야에서 중국, 일본에 이르는 곳에 자라는 키 큰 상록침엽수이다(van Gelderen, 1996).

(2) 솔송나무속의 갈래

솔송나무속은 식물계 구과식물문 구과강 구과목 소나무과 전나무아과에 포함된다. 솔송나무속은 솔송나무절(*Tsuga* section)과 헤스페로페우케절(*Hesperopeuce* section)로 나뉘며 솔송나무(*Tsuga sieboldii*)는 솔송나무절에 속한다(Farjon, 1990).

(3) 솔송나무속의 나무

한반도의 솔송나무속은 소나무과 전나무아과 솔송나무속 미크로피우케절(*Micropeuce*)에 솔송나무(*Tsuga sieboldii*)가 있다(표 3-1, 그림 3-11).

그림 3-11. 솔송나무 (경북 울릉군 성인봉)

03 소나무과의 자연사

1) 소나무과의 자연사

(1) 중생대의 소나무과 나무

일반적으로 소나무과가 기원한 시기를 중생대로 보는 데에는 의견이 같다. 그러나 중생대 내 정확한 시기에 대해서는 학자들 사이에 의견 차이가 있다. 소나무과의 기원 시기를 트라이아스기(Miller, 1977), 쥐라기(Florin, 1963; Taylor, 1976; Richardson and Rundel, 1998), 백악기 초기(Richardson and Rundel, 1998), 백악기(Mirov, 1967a; Maheshwari and Konar, 1971; Axelrod, 1986; Millar, 1993, Miller, 1998) 등으로 각각 다르게 보았다.

침엽수 가운데 소나무과에 속하는 소나무속의 꽃가루 화석은 일찍부터 출현하여 시베리아에서는 중생대 트라이아스기층에서 발견되었다. 소나무의 거대 화석은 프랑스와 노르웨이 스피츠베르겐 등 북서유럽, 동유럽, 시베리아에서 중생대 쥐라기층에서 나타났다.

중생대 말기에 소나무속은 잣나무아속 또는 연한 소나무로 불리는 바늘잎에 하나의 섬유유관속 다발을 갖는 스트로부스아속과 강한 소나무로 불리는 바늘잎 하나에 2개의 섬유유관속 다발을 갖는 소나무아속으로 분화되어 오늘날까지 살아 있다. 소나무속의 여러 아절(*Australes*, *Canarienses*, *Cembroides*, *Gerardiana*, *Pineae*, *Pinus*, *Ponderosae*, *Strobi*)도 이때 진화하였다(Millar and Kinloch, 1991).

분화 分化, speciation
하나의 종으로부터 새로운 종이 생겨나는 과정이다. 공통의 조상에서 갈라진 두 집단이 서로 다른 환경에서 자연선택을 받게 되면 시간이 지남에 따라 두 집단의 형질 차이가 점점 커져 각각 새로운 종으로 진화하게 된다.

중생대 말기에 초대륙 또는 판게아(Pangaea)를 이루는 로라시아(Laurasia)는 북반구 중위도에 걸쳐 이동하였다. 백악기 초기인 1억 3,000년에서 9,000만 년 전의 환경적 변화는 중위도에 걸쳐 피자식물 분화와 급격한 확산을 가져와 육상 생태계의 근본적인 변화를 일으켰다(Crane *et al.*, 1995)(그림 3-12).

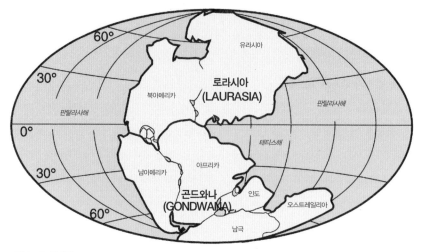

그림 3-12. 초대륙
(출처: https://s-media-cache-ak0.pinimg.com/736x/18/49/d2/1849d21a16a32353a3ac84b9934c2923.jpg)

초대륙 超大陸, Pangaea

약 2억 5,000만 년 전에 지구의 모습인 초대륙은 고생대 말기에서 중생대 초기까지 하나의 대륙으로 연결되어 있었고, 적도 오른쪽 부근이 오목한 C자 모양을 하였다. 초대륙 주위는 커다란 대양(大洋)인 판탈라사(Panthalassa)로 둘러싸여 있었다. 초대륙 동쪽 적도 부근에는 테티스해(Tethys Sea)가 있었다.

중생대 쥐라기부터 크게 2개의 대륙인 북반구의 로라시아대륙과 남반구의 곤드와나(Gondwana)대륙으로 갈라졌다. 그 뒤에 유라시아, 북아메리카, 아프리카, 남아메리카, 남극대륙, 오스트레일리아 등 여러 개의 대륙으로 갈라져서 현재는 여섯 개의 대륙으로 나뉘어 있다(그림 3-12).

　　소나무는 동북아시아에서 기원한 것으로 보이며, 러시아와 미국 알래스카 사이의 베링기아(Beringia)를 지나 북아메리카로 전파되었다(Farjon, 1984).

베링기아 Beringia

베링연륙교라고도 한다. 플라이스토세 빙기(氷期, glacial period)에 현재보다 해수면이 낮았을 때 유라시아 북동쪽 끝의 시베리아 추코트카반도 또는 추크치반도와 북서아메리카 알래스카 스워드반도 사이 베링해(Bering Sea)에 있었던 수면 위로 노출된 연륙교(連陸橋, land bridge)이다. 현재 베링기아는 바다 속에 잠긴 땅이지만, 지난 빙기에는 유라시아와 아메리카를 연결했던 이 베링기아를 통해 동식물과 인류가 이동하였다(그림 3-13).

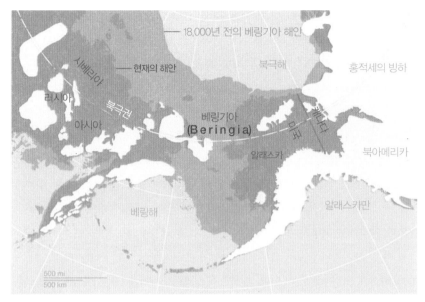

그림 3-13. 베링기아
(출처: http://news.nationalgeographic.com/content/dam/news/photos/000/770/77096.
ngsversion.1422286158226.adapt.768.1.jpg)

　　북반구 소나무속에는 100여 종이 있는데, 소나무의 휘발성 기름(turpentine)의
화학적 성분을 비교 분석한 결과 아메리카 서부와 동아시아의 것이 서로 같거나
거의 비슷하였다. 이는 소나무속의 기원 중심지가 지금은 존재하지 않는 대륙인
베링기아인 것을 나타낸다고 보았다(Mirov, 1959).

　　중생대와 신생대 제3기 동안 소나무는 우점하던 식물상을 이루던 작은 구성종
으로 국지적으로 나타났다. 소나무들은 높은 산지와 산 사면에 분포했고 주로 숲
가장자리에 나타났다(Mirov, 1967a).

　　중생대 쥐라기와 백악기에 소나무는 이미 북아메리카와 북아시아에서 태평
양 양쪽으로 퍼져 나갔다. 신생대 제3기 동안 소나무는 더욱 확산되었다. 동아시
아에서는 중생대 백악기부터 신생대 제3기까지 점차 소나무가 발달하였다. 동아
시아에서 소나무의 서식처는 백악기와 제3기를 거치는 동안 크게 달라지지 않았
다. 소나무는 울창한 삼림을 이루지는 못했지만 활엽수림과 함께 어우러져 자랐

다. 신생대 제3기 동안 아시아에서 소나무는 대륙의 동남쪽으로 퍼져 나갔다. 소나무는 동남아시아와 아메리카를 거쳐 남쪽으로 퍼져 나갔다(Mirov, 1967a).

중생대에 소나무가 나타난 이후 차츰 북반구에 널리 퍼졌고 한 종 수마트라소나무(Pinus merkusii)는 적도 남쪽에도 분포하고 있다. 그러나 신생대 제3기 말까지 소나무는 우점하는 식생으로 발달하지 못했고 다른 수종과는 섞여 자랐다.

지금까지 알려진 가장 오래된 소나무 화석은 중생대 쥐라기의 것이고, 이때 소나무는 이미 잣나무아속과 소나무아속으로 나뉘었다. 이처럼 소나무가 두 그룹으로 분리되었다는 것은 쥐라기 이전에 소나무가 발달하였다는 것을 뜻한다(Mirov, 1967a). 백악기 초기부터 건조해지고 계절 간 차이가 커지면서 소나무는 건조한 환경에도 적응하였다(Mirov, 1967a; Axelrod, 1986).

오래 전부터 소나무속의 기원지로 러시아 추크치반도 또는 추코트카반도와 미국 알래스카 스워드반도 사이에 있었던 베링기아(Beringia)가 유력하였다(Mirov, 1959, 1967b). 그러나 요즘은 중위도 온대 지역을 소나무속의 기원지로 본다(Richardson and Rundel, 1998; Millar, 1998).

소나무속의 진화는 환경에 따른 유전자의 돌연변이와 널리 퍼져 있는 잡종 형성에 의한 것이다. 소나무류는 중생대에 출현한 이래 2억 년에 걸쳐 북쪽의 기원 중심지에서 멀게는 적도 남쪽의 수마트라까지 이동하였다. 소나무류들이 남쪽에 성공적으로 정착할 수 있었던 것은 유전적으로 변화하였기 때문이다(Mirov, 1967b).

돌연변이 突然變異, mutation
유전 물질인 DNA상에 일어나는 모든 변화를 뜻한다. DNA를 복제할 때 실수가 일어나 자연적으로 발생하거나 자외선, 방사선, 여러 화학 물질 등에 의해 인위적으로 발생할 수 있다. 생식세포를 만드는 과정에서 돌연변이가 일어나면 돌연변이 유전자가 후손에게 전달되므로 새로운 형질을 갖는 후손이 태어나 유전적 다양성이 증가한다.

(2) 신생대의 소나무과 나무

신생대 제3기(第3紀, Tertiary)에 소나무는 북위 32도 이북에 자랐다(Mirov, 1967b). 동북아시아에서 소나무과 나무들이 출현한 시기와 장소에 대해 소나무와 곰솔은 제3기 에오세 말기에 중국 동부나 일본(Millar, 1993, 1998)에서 나타난 것으로 알려졌다. 눈잣나무는 제3기(Mirov, 1967a)나 제4기 플라이스토세 빙기(Kremenetski *et al.*, 1998), 섬잣나무는 플라이오세(Pliocene)와 플라이스토세(Miki, 1957)를 기원시기로 본다.

플라이오세 Pliocene Epoch
신생대 제3기의 마지막 시기로 약 530만 년 전에서 250만 년 전까지이다. 기후는 비교적 온난했으나 말기에는 점차 한랭해졌다. 이 시대는 조개류, 소형 유공충(有孔蟲, Foraminifera) 등 동물화석이 많이 남아 있고, 식물화석과 말, 코끼리, 사슴 등 젖먹이동물의 조상형인 화석이 많아 진화의 역사를 알 수 있다.

소나무속의 화석이 중생대 백악기 초기부터 있었지만 현대의 소나무과에 속하는 수종들은 백악기 말기나 제3기 초기까지 종이 분화되지 않았던 것으로 알려졌다. 소나무과는 백악기 초기 이전부터 생육했으며 쥐라기 말기나 그 이전부터 분포했던 것으로 추정된다. 현대 소나무과에 포함되는 속들은 올리고세 말기에 진화한 것으로 보인다(Miller, 1976).

신생대 제4기 플라이스토세의 기후변화에 따라 일부 침엽수는 멸종되거나 유전적 변이를 잃었으나 나머지는 되풀이되는 지리적 격리(地理的 隔離)와 잡종화(雜種化)를 겪으며 진화하였다. 기후변화에 따라 소나무속은 남북과 산지 위와 아래로 이동하면서 유전적 구조가 달라졌다(Critchfield, 1984; Kinloch *et al.*, 1986; Millar, 1989). 침엽수는 기후변화에 따른 이질적인 환경에 적응해가면서 미진화(微進化)하였다(Rehfeldt, 1984).

지리적 격리 地理的 隔離, geographical isolation
지리적 또는 생태적 변화에 의해 생기는 격리로 인해 하나의 종에 속하는 개체군이 상호 교배할 수 없게 되는 것을 말한다. 같은 종이면서도 분리되어 있기 때문에 서로 다른 변이(變異, variation)가 생기게 되고, 갈라파고스제도의 핀치(Finch) 또는 방울새류나 오스트레일리아대륙의 캥거루와 오리너구리(Platypus) 등처럼 서로 교배가 이루어지지 않으므로 나중에는 서로 다른 종으로 진화한다.

신생대 제3기 기후변화에 따라 소나무속은 소나무절과 스트로부스절로 갈라졌다. 제3기 말기에 소나무절에 실베스트레스아절이 생겼고, 스트로부스절에 스트로비아절과 켐브라이아절이 나타났다. 스트로부스절 소나무들은 종자에 날개가 없고 종자가 익어도 다음 해 7월까지 구과가 펴지지 않는다(Farjon, 1984).

(3) 소나무과 나무의 자연사

소나무과 가운데 가장 오래된 종류는 중생대 백악기 초기에 나타난다. 소나무를 제외한 소나무과 식물은 신생대가 시작되면서 나타났다(그림 3-14). 잎갈나무속과 같은 종류는 신생대 제3기 말까지 알려지지 않았다(Miller, 1998).

소나무는 1억 5,000만 년 전의 중생대 백악기부터 화석으로 나타나고 600만 년 전의 신생대 제3기에 분포의 절정을 이루었던 것으로 보인다. 백악기 전기인 1억 2,500만 년 전에 연한 소나무인 잣나무아속과 강한 소나무인 소나무아속으로 나뉘었다(Maheshwari and Konar, 1971).

침엽수 화석 자료에 따르면 소나무과의 조상은 중생대 쥐라기 중기, 소나무속은 백악기 초기에 기원하였다(Richardson and Rundel, 1998). Kawasaki(1926)는 한국 남부에서 백악기의 것으로 보이는 소나무 화석을 찾아 보고하였다. 아마도 잎갈나무속은 신생대 제3기 이전부터 나타났으나, 소나무과의 다른 종류들은 제

그림 3-14. 소나무의 종자, 날개와 잎 화석 (서울 동대문구 경희대학교 자연사박물관)

침엽수 사이언스 Ⅰ

3기 초기나 이후에 나타났다(Stewart, 1983).

소나무과의 출현 시기를 중생대 트라이아스기(Miller, 1977; Millar, 1998), 중생대 쥐라기(Florin, 1963; Taylor, 1976), 백악기(Kawasaki, 1926; Mirov, 1967a; Mirov and Hasbrouck, 1976; Maheshwari and Konar, 1971; Axelrod, 1986; Millar, 1993)로 학자에 따라 다르게 보았다.

소나무과는 중생대 쥐라기 한 시기에 소나무와 같은 조상을 가지는 나무로부터 진화된 것으로 보인다. 소나무속은 중생대 백악기가 시작될 때 이미 존재했던 것으로 알려졌다. 스트로부스속(*Strobus*)의 화석은 백악기부터 나타났다(Farjon and Styles, 1997).

(4) 소나무속 나무의 자연사

소나무가 건조한 환경을 좋아하는 특징을 갖도록 진화되고 발전한 것은 중생대 백악기 초기부터 건조해지고 계절의 차이가 심해지면서 생긴 것으로 보인다(Mirov, 1967a; Axelrod, 1986). 소나무과에 속하는 식물 가운데 잎갈나무속은 신생대 제3기 이전부터 나타났으나, 소나무과의 다른 종류들은 제3기 초기나 이후에 나타났다(Stewart, 1983).

중생대 말기에 소나무속은 잎이 5개인 잣나무속 또는 연한소나무(Haploxylon)로 불리는 바늘잎에 하나의 유관속 다발이 있는 스트로부스아속과 잎이 2개인 소나무속 또는 강한소나무(Diploxylon)로 불리는 바늘잎 하나에 2개의 유관속 다발이 있는 소나무아속으로 나뉘어 오늘날까지 살아 있다(Millar and Kinloch, 1991; Richardson and Rundel, 1998).

신생대 제3기 에오세 말기의 기후변화에 따라 소나무아속 소나무의 분포역이 확장되었다(Millar, 1998). 소나무와 곰솔은 에오세에 피난처인 중위도 중국 동부나 일본에서 기원하였다(Millar, 1993). 잣나무아속의 눈잣나무는 제3기에 나타났고(Mirov, 1967a), 섬잣나무는 플라이오세와 플라이스토세층에 등장하였다(Miki, 1957)(그림 3-15).

섬잣나무는 신생대 제3기 플라이오세와 제4기 플라이스토세층에서 자주 나타난다(Mirov, 1967). 섬잣나무는 잣나무와 함께 일본의 아고산대 종으로 플라이스

그림 3-15. 섬잣나무 (경북 울릉군 성인봉)

토세에는 혼슈 해안 지대에도 자랐다(Kremenetski *et al.*, 1998).

Miki(1957)는 잣나무가 신생대 제3기 마이오세 동안 북쪽으로부터 유입된 것으로 보았다. 잣나무는 산지에서 자랐는데, 플라이스토세에는 낮은 곳까지 내려왔다. 잣나무는 오호츠크 지역 남쪽의 고린강 유역에서 발견되었는데, 이는 제3기 동안 잣나무 등이 현재보다 훨씬 북동쪽까지 분포하였다는 것을 나타낸다(Mirov, 1967). 반면에 잣나무가 러시아의 극동 지방에서 신생대 제3기 유존종이라는 증거가 없고 신생대 제4기 후빙기에 들어왔다는 주장도 있다. 플라이스토세에 잣나무는 현재의 러시아 국경 남쪽에서만 자랐다(Mirov, 1967a).

유존종 遺存種, relict species
과거 지구상에서 번성했던 생물이 빙하기와 같은 환경 변화로 거의 멸종할 뻔했으나 아직도 특별한 환경 속에서만 생존하고 있는 종으로 '살아 있는 화석' 또는 잔존종(殘存種)이라고도 한다.

신생대 제4기 플라이스토세 동안 기후가 변화하면서 소나무속의 분포는 위도상 남과 북으로 이동하였고, 고도상으로 산 아래와 위로 이동했으며 소나무의 유전적 구조도 바뀌어 갔다. 또한 군락이 확장되고 축소되는 과정에 유전자의 변이가 나타나고 새로운 종과 잡종을 이루기도 하였다(Critchfield, 1984; Kinloch and Westfall, 1986; Millar, 1989).

소나무의 기원지에 대하여 처음에는 북쪽의 베링기아(Mirov, 1959, 1967a)가 거론되었으나 근래에는 중위도 온대 지역을 소나무속의 기원지로 보는 의견(Richardson and Rundel, 1998; Millar, 1998)도 많다.

한랭한 기후에 자라는 눈잣나무와 시베리아소나무의 분리는 신생대 제4기 플라이스토세 빙기 중에 일어났다. 빙기 동안 일본 홋카이도에는 눈잣나무가 자랐고, 혼슈에는 잣나무, 섬잣나무가 분포했던 것으로 추정된다(Kremenetski et al., 1998).

캄차카반도에서 눈잣나무는 신생대 제3기 동안 자랐고, 신생대 제4기 플라이스토세 동안에 소나무들은 저지의 피난처에 살았다. 빙기가 끝나면서 눈잣나무는 고산 지대로 이동하였다(Mirov, 1967).

플라이스토세 최후빙기 동안 국지적으로 토양과 미기후가 적당할 때 눈잣나무는 현재 고립되어 분포하는 지역까지 연속적으로 분포했으나 후빙기에 들어 분포역이 분리되었다. 중국, 한국, 일본의 산지에 분포하는 눈잣나무는 마지막 빙기의 유존종으로 본다. 바이칼호수 일대, 레나강 일대, 사할린, 캄차카에는 홀로세 동안에도 눈잣나무가 자랐다(Kremenetski et al., 1998).

신생대 제4기 플라이스토세 빙기 동안에는 혹독한 추위를 피해서 북방의 식물들이 해안, 섬, 산지, 풍혈(風穴) 등에 피난하여 추위를 피하여 생존한 경우가 있다. 빙기가 끝난 뒤에는 한반도의 고산에는 눈잣나무, 눈향나무(*Juniperus chinensis* var. *sargentii*), 돌매화나무(*Diapensia lapponica* var. *obovata*), 시로미(*Empetrum nigrum* var. *japonicum*) 등이 격리되어 잔존한다(공우석, 2002). 특수한 지형인 풍혈은 월귤(*Vaccinium vitis-idaea*) 등 북방계 한대성 식물들의 피난처가 되어 생물종 다양성을 유지하기도 하였다(그림 3-16).

특히 풍혈은 지난 플라이스토세 빙기를 거쳐 홀로세에 이르면서 여름 고온에 민감한 극지·고산식물 등 북방계식물(北方系植物, boreal element)이 주된 분포 범위 밖에서 유존종으로 격리 분포(隔離 分布, disjunctive distribution)하는 공간이다. 따라서 풍혈에 분포하는 식물은 한반도가 겪어 온 자연사를 복원하고, 변화하는 기후환경에서 생물종 다양성을 유지 보전하는 측면에서도 중요한 자연경관이다(공우석 등, 2008, 2011, 2012, 2013; 오승환 등, 2013; Gavin et al., 2014).

풍혈 風穴, air hole, wind hole
지역에 따라 어름골, 어름굴, 빙혈(氷穴), 빙계(氷溪), 바람골, 하계동결현상지(夏季凍結現象地) 등 여러 가지 이름으로 부른다. 풍혈은 크고 작은 바위들이 사면에 흘러내려 만들어진 애추, 암괴원, 암괴류 등 빙하가 발달한 과거 주빙하(周氷河, periglacial) 환경에서 지형 발달 과정을 거쳐 암설이 퇴적된 사면에 나타난다(그림 3-17). 제주도의 선흘리 곶자왈 등 일부는 풍혈의 기능을 한다.
풍혈에서는 여름철에는 찬 공기가 나오거나 얼음이 얼고, 겨울철이면 따뜻한 바람이 불어 나오는 바람구멍이나 바위틈으로 국소적으로 미기상학적 현상이 일어난다. 월귤 등 한대성 식물이 주요 서식지에 멀리 격리되어 분포하는 피난처이다(공우석 등, 2011).

눈잣나무는 동아시아의 대륙성 기후에 적응한 나무로 신생대 제3기에 나타난 것으로 본다(Khomentovsky, 1994). Critchfield and Little(1966)는 눈잣나무를 섬잣나무에 가까운 것으로 보았으나, Richardson and Rundel(1998)은 플라이스토세 빙기에 기후변화에 따라 동아시아에서 눈잣나무와 시베리아소나무 등이 분리된 것으로 보았다.

유전분석(Krutovskii et al., 1994)에 따르면 눈잣나무는 잣나무에 비해 유전적 변이성이 높아 여러 환경과 기후변화에 잘 적응한다. 곰솔은 소나무, 윈난소나무와 함께 신생대 제3기 중기에 중앙아시아 난온대 피난처에서 살았으며, 서아시아의 흑송과 가까운 것으로 알려졌다(Hiller, 1972). 일본에서는 신생대 제4기 플라이스토세층에서 소나무, 플라이오세와 플라이스토세층에서 곰솔이 나타난 것으로 알려졌다(Mirov, 1967a).

소나무류는 지난 2억 년 동안 북반구에서 진화를 거듭하여 분포역을 넓히고 종의 분화를 이루었으며, 다양한 생태적 환경에 적응하였다. 그 결과 소나무류는 멕시코 연안의 습기가 많은 습한 아열대 기후부터 건조한 사막과 같은 미국 콜로라도고원과 캘리포니아 시에라네바다산맥의 교목한계선인 3,500m까지 자란다(Farjon, 1984).

그림 3-16. 풍혈과 월귤 (강원 홍천군)

그림 3-17. 암괴원 (경남 밀양시 재약산 얼음골)

(5) 가문비나무속 나무의 자연사

가문비나무속은 상록침엽수로 중생대 쥐라기에 동아시아에서 기원한 뒤 중생대 백악기와 신생대 제3기에도 나타난다. 가문비나무속은 여러 차례의 이동 과정을 거쳐 대륙이 갈라지기 이전인 중생대 백악기에 북아메리카에 이르렀다(Wright, 1955; Nienstaedt and Teich, 1972). 가문비나무속의 가장 오래된 화석은 중생대 백악기 초기로 거슬러 간다(Arnold, 1947; Liu, 1971).

한반도에서 가문비나무속은 신생대 제3기 마이오세, 제4기 플라이스토세, 홀로세에 나타났으며, 지금은 주로 북한에 자라며 남한에서는 내륙의 높은 산지에 불연속적으로 분포한다(그림 3-18).

(6) 잎갈나무속 나무의 자연사

낙엽침엽수로 신생대 제3기부터 나타나고 현재 11종이 있다(Farjon, 1990; Nimsch, 1995). 잎갈나무속의 출현 시기는 신생대 제3기 이전(Stewart, 1983), 제3기 말(Miller, 1998)로 보기도 하지만, LePage and Basinger(1995)는 잎갈나무속

그림 3-18. 가문비나무숲 (경남 함양군 지리산)

의 출현시기와 장소를 신생대 제3기 에오세(북아메리카), 올리고세(러시아), 마이오세(러시아, 일본, 북아메리카), 플라이오세(유럽), 제4기 플라이스토세(일본) 등으로 각각 다르게 보았다. 전반적으로 잎갈나무속의 나무들이 에오세의 공통 조상으로부터 진화한 것으로 보았다. 잎갈나무속은 올리고세부터 홀로세까지 북아메리카, 유럽, 아시아에 분포하였다(Schmidt, 1995).

한반도에서 잎갈나무속은 신생대 제3기 마이오세와 제4기 플라이스토세에 일부 지역에서 출현하였다.

(7) 전나무속 나무의 자연사

전나무속은 북반구에서 신생대 제3기 에오세 중기에 나타났으며, 제3기 후기로 가면서 흔하게 나타났다. 일본에서 전나무속 화석은 신생대 제3기 마이오세 중기, 플라이오세, 플라이스토세에 나타났다(Liu, 1971). 전나무속 화석이 나타난 시기는 중생대 백악기 초기까지로 거슬러 간다(Arnold, 1947). 전나무속은 상록침엽수로 신생대 제3기부터 나타났다(Farjon, 1990). 전나무속의 화석은 5,000~4,000만 년 전의 신생대 제3기부터 나타났다(Nimsch, 1995).

전나무속의 기원은 백악기 초기(Arnold, 1947)로 보기도 하나, 신생대 제3기 에오세 중기에 나타나, 제3기 후기로 가면서 흔했던 것으로 본다(Liu, 1971). 전나무속의 진화는 동아시아로부터의 베링기아를 통해 북아메리카로 이동하면서 생긴 것으로 본다. 전나무속에 대한 화석 기록은 충분하지 않지만 신생대 제3기 흔적이 미국 서부, 유럽, 일본에서 나타났다(Farjon, 1990).

전나무속은 49종(+1 nothospecies, 7아종, 23변종)으로 된 종류로 북반구의 아프리카 북단, 베트남 북부에 이르는 아시아, 유럽, 북아메리카, 온두라스에 이르는 중앙아메리카까지의 북방과 온대 지역에 자라는데 주로 산지, 아고산대의 침엽수와 활엽수가 섞여 자라는 혼합림대가 분포한다.

한반도의 전나무속은, 신생대 제3기 마이오세, 제4기 플라이스토세, 홀로세에 나타나는 종류이다. 전나무속은 현재 북부 고산 지대로부터 남부의 고산이나 낮은 산지까지 비교적 넓은 분포역을 가지고 있으며 구상나무는 우리나라 특산종이다.

(8) 솔송나무속 나무의 자연사

솔송나무속은 상록침엽수로 신생대 제3기부터 나타나며(Farjon, 1990; Nimsch, 1995), 오늘날에는 분포역이 줄어들어 일부 지역에 드문드문 자라는 불연속 분포를 보인다. 유라시아에서 솔송나무속 화석은 신생대 제3기 에오세부터 플라이오세에 걸쳐 나타났다. 플라이오세에 솔송나무속은 유럽 중부와 서부, 러시아 남부, 시베리아 서부와 동부, 일본에까지 분포하였다(Florin, 1963). 에오세에 솔송나무속은 시베리아 동부 해안에 자랐고, 올리고세~마이오세~플라이오세에는 유럽, 일본, 북아메리카 서부에 솔송나무속이 분포하였다(Farjon, 1998).

솔송나무는 10~18종이 있으며, 최초의 화석은 신생대 제3기부터 나타났다. 현재와 같이 솔송나무속이 불연속 분포하는 것은 지질시대에 보다 넓게 분포하던 것이 줄어든 결과이다(Nimsch, 1995).

한반도에서 솔송나무속은 신생대 제3기 마이오세부터 플라이스토세까지 한반도 본토에 나타났으나 지금은 울릉도와 일본에만 나타난다.

(9) 소나무와 기후변화

소나무과는 아시아에서 기원했으며 중생대 쥐라기 화석이 아시아쪽 러시아, 프랑스 서부 해안, 미국 등에 나타난다. 백악기에 소나무속은 바늘잎이 5개인 잣나무아속과 바늘잎이 2개인 소나무아속으로 나뉘었고 북반구에 널리 자랐다.

소나무속은 유럽 소나무류, 동북아시아 소나무류(곰솔, 만주흑송), 남중국과 열대아시아 소나무류, 북아메리카 소나무류로 구분된다. 소나무속은 중생대 트라이아스기~쥐라기 쯤에 생겨난 것으로 본다. 중생대 백악기 후기에 계통분류 장에서 설명할 세부 분류그룹에 속하는 파뤼아절이 갈라져 나와 아절의 소나무류가 많이 나타난다. 이들은 현재 살아 있는 절의 조상으로 많은 종류가 그 이후에 사라졌다.

신생대 제3기에는 기후가 급격하게 바뀌면서 여러 종으로 발전하였다. 제3기 말기에는 기후의 급격한 변화가 있어 소나무도 여러 그룹으로 갈라졌다. 산지에서 소나무숲은 기후변화에 따라 사면을 따라 위로 올라갔다 아래로 내려오는 것을 반복하였다.

그림 3-19. 구상나무 (전북 무주군 덕유산)

기후변화에 따라 일부 나무들은 산정이나 일부 장소에 마치 섬과 같이 고립되어 격리 효과를 받으면서 지역의 특이한 환경에 적응하여 특산종이 등장하였다. 한반도 특산종인 구상나무도 기후변화에 따라 남북으로 이동하다가 주로 남부 산정에 격리되어 분비나무로부터 분리된 것으로 볼 수 있다(그림 3-19).

소나무속에서 신종이 등장한 과정을 보면 온난기에 산에서 만들어진 형질이 기후가 추워지면서 아래쪽으로 내려와서 다른 개체군과 유전자를 교환하면서 스트로부스절 스트로비아절에 섬잣나무, 소나무절 실베스트레스아절에 만주흑송 등 새로운 종이 출현하였다.

중생대에는 파뤄아절이 형성되었고, 신생대 제3기에는 스트로부스절, 소나무

그림 3-20. 알래스카의 식생 경관 (미국 알래스카 디날리국립공원)

절 등이 만들어졌다. 제3기 말기에는 스트로부스절이 켐브라이아절, 스트로비아절로 나누어졌다. 소나무절에는 실베스트레스아절이 만들어졌다.

소나무속 가운데 소나무절의 실베스트레스아절에는 곰솔, 소나무 등이 있다. 스트로부스절 스트로비아절에는 섬잣나무가 있다. 스트로부스절 켐브라이아절에는 잣나무, 눈잣나무가 포함된다(Farjon, 1984).

2) 소나무속의 시대별 자연사

(1) 소나무속의 출현

소나무속 화석은 중생대 트라이아스기, 쥐라기에 나타나고 백악기에는 더욱 빈번하게 출현하였다. 중생대 소나무속 화석은 주로 북위 31~50도 사이에 나타나기 때문에 소나무속이 극지방 주변 지역인 주극지역(周極地域, circumpolar region)에서 기원했다는 주장은 설득력이 적고, 중위도에서 기원한 것으로 보는

것이 일반적이다. 중생대 초기와 중기에 서로 가까이 있었던 미국 북동부와 서유
럽이나 동아시아가 소나무속 기원지로 현재로는 유력하다(Millar, 1998).

(2) 중생대 백악기 후기의 소나무 분포와 기후

중생대 백악기 말기에 소나무속은 로라시아의 동쪽과 서쪽 가장자리에 도착했으
며, 중위도의 몇 군데에도 소나무속은 분포하였다. 당시에 로라시아에 소나무속
이 널리 분포하였다는 사실은 중위도 어디선가 소나무속이 기원했다는 것을 뜻
하고 이들의 이동 통로가 동서 방향이었음을 의미한다(그림 3-12). 이는 남북 방
향으로 소나무속이 이동하였다는 Mirov(1967a)의 주장과는 다르다.

소나무가 동서로 이동했다는 것은 중생대 말기에 로라시아대륙이 북아메리카
와 유럽으로 갈라지기 시작한 때까지 이동이 가능했음을 뜻한다. 시베리아와 알
래스카 사이의 베링해에도 베링기아라는 연륙교가 있어 온대 기후에 적응한 식
물들이 아시아의 시베리아로부터 알래스카를 거쳐 북아메리카로 이동하였다(그
림 3-20).

백악기 말기의 기후는 변화가 없고 한결같았다. 판게아가 분열되기 시작했으
나 중위도와 고위도의 고기후는 현재보다 10~20℃ 따뜻하였다. 당시 피자식물들
의 잎의 형태로 볼 때 강수량은 지역적으로 차이가 있었다.

현재보다 위도상으로 10도 정도 북쪽에 위치했던 과거 적도에는 습한 기후가
나타났고, 저위도와 중위도에는 건조 지대가, 북위 45도 부근에는 강수량이 많았
던 것으로 보인다. 당시에는 위도에 따른 기온 차이가 현재의 절반이나 3분의 1
정도였다. 기온과 강수량은 매년 안정적이었고 북위 45도 이남에서는 계절적인
차이가 크지 않았다. 이때까지도 북반구의 주요 산맥들은 발달하지 않았거나 저
위도에만 위치하였다. 화산활동도 적었기 때문에 지형 발달에 따른 기후의 지역
적 차이는 적었다.

잣나무아속과 소나무아속은 중생대 말기에 스트로부스아속과 소나무아속으로
나뉘어 오늘날까지 살아 있다(Millar and Kinloch, 1991; Richardson and Rundel,
1998).

(3) 신생대 제3기의 소나무

신생대 제3기 초기에 기후가 바뀌면서 식생도 변화를 겪었다(Wolfe, 1990). 제3기 초기 팔레오세에 들어 평균기온은 상승하고 강수량도 증가하였고, 이러한 경향은 에오세까지 계속되어 에오세 초기가 가장 따뜻하였다. 이때의 평균기온은 백악기 말기보다 5~7℃ 증가하였고(Savin, 1977; Miller et al., 1987), 열대와 아열대 기후가 중위도나 고위도에서 북위 70~80도까지 확장되었다(Wolfe, 1985; McGowran, 1990). 그러나 고온과 다습한 조건은 에오세에 오래 유지되지 못하였다.

신생대 제4기 팔레오세 후기와 에오세 전기가 가장 따뜻하고 습한 기간이었지만 4,600만~4,200만 년 전 사이와 3,600만~3,400만 년 전 사이에 두 번의 따뜻한 시기가 있었고, 그 사이에 같은 기간 정도의 한랭한 시기가 있었다. 에오세의 따뜻한 시기와 한랭한 시기의 기온 차이는 7~10℃였다.

저위도 지역은 상대적으로 온난하고 계절적으로 건조했으며, 중위도에서는 온난 다습했고 고위도에서는 한랭 건조하였다. 온난 다습한 지역은 북아메리카와 서유럽에 넓었으며, 중앙아시아와 동아시아에서는 좁았다.

신생대 제3기의 전반부로 팔레오세, 에오세, 올리고세를 포함하는 고제3기(古第3紀, Palaegene)인 6,500만~3,400만 년 전 동안에는 현재의 열대우림과 비슷한 온난 다습한 환경에 맞게 식생이 적응하였다. 침엽수 중에는 글립토스트로부스(Glyptostrobus), 낙우송(Taxodium), 세쿼이아(Sequoia) 등이 자랐다(그림 3-21).

신생대 제3기 팔레오세 동안에 소나무속은 나타나지 않았고, 소나무속 화석은 에오세부터 시작되었다. 에오세 초기의 소나무속 화석은 북아메리카 북위 65~80도의 고위도뿐만 아니라 아시아 북위 2도 정도의 저위도에서도 나타났다.

신생대 제3기 에오세 중기부터 소나무속 화석은 고위도와 저위도에 계속 나타나지만 제3기에 처음으로 북아메리카와 유라시아에도 나타났다. 에오세 후기에 들어 기온이 한랭한 시기에 소나무 화석이 나타나는 곳은 북아메리카와 시베리아 서부, 일본, 중국, 보르네오 등이다.

에오세 말기부터 올리고세 초기는 제3기 동안 가장 큰 기후변화가 나타난 시기이다. 에오세 동안의 기후 변동은 에오세 말기의 기온 하강에 비하여 적었다. 3,500만 년 전부터 산소 동위원소 비율이 급격하게 변화했는데 이는 바다의 온

그림 3-21. 낙우송 수형 ©국립수목원

도가 급격히 하강했음을 뜻한다. 어떤 장소에서는 100만 년 동안 연평균기온이 10~14℃까지 떨어졌다. 평균기온이 떨어지면서 강수량도 줄어들고 계절도 분명해졌다.

에오세 동안의 기온의 연간 변동값은 3~5℃이었으나, 올리고세 초기에는 25℃로 현재보다 2배 정도 컸다. 세계 여러 곳에 대륙성 기후가 처음으로 나타났고 대륙성 빙하도 나타났다. 집중적인 화산활동과 조산운동에 의하여 히말라야 산맥, 로키산맥 등이 만들어지면서 국지적인 기후도 형성되었다.

이처럼 에오세 말기에 기후가 급격하게 변한 원인에 대하여 이론이 많이 있으며, 지구의 수륙의 분포가 변화한 것이 기후에 영향을 미쳐 기온을 낮게 한 것으로 본다. 제3기 동안 소나무속은 중위도에서 올리고세에 처음으로 나타나 중생대 동안 번성했던 장소를 다시 차지하였다. 올리고세 동안 소나무속 화석은 북아메리카에서 널리 자랐으며, 아시아에서는 코카서스 일대와 중국 북서부, 일본, 보르네오 등에 나타났다(그림 3-22).

올리고세 초기에는 기후가 한랭했으나 올리고세 후기와 마이오세에는 기후가 온난해졌다. 마이오세는 소나무속이 북아메리카, 유럽, 아시아에 흔하게 나타났고, 현대 소나무속의 조상들도 마이오세 소나무들로 거슬러 간다.

(4) 소나무 진화와 신생대 제3기 에오세 피난처

중생대의 온난한 기후 아래 소나무속이 기원하였고 로라시아의 동쪽과 서쪽으로 확산되었다. 이처럼 중생대에 소나무가 퍼져 가면서 번성할 수 있었던 것은 기후 조건이 좋아서일 뿐만 아니라 고위도와 중위도에 경쟁할 피자식물이 없었던 것도 중요한 요인이다.

피자식물도 소나무속과 마찬가지로 중생대 백악기 초기에 출현하였지만 (Taylor and Hickey, 1990) 백악기 후기까지 중위도에서 우점하는 식생으로 발달하지 못하였다.

신생대 제3기 초기에 중위도가 온난 다습한 기후로 바뀌면서 소나무를 밀어내고 피자식물이 이동하고 퍼져 나갔다. 소나무는 다양한 기후와 토양 조건을 견

그림 3-22. 조경수로 가꾼 일본의 소나무 (일본 가나자와 겐로쿠엔)

침엽수 사이언스 I

디지만 고온 다습한 조건에서는 살지 못하거나 잘 자라지 못한다(Mirov, 1967a; Bond, 1989). 고온 다습한 조건에서 소나무들은 어린 나무의 정착, 수고 성장, 번식에서 피자식물과 경쟁이 되지 않는다. 침엽수는 피자식물과의 경쟁이 적은 산불이 난 곳, 추운 곳, 영양분이 부족한 곳에서 우점한다(Bond, 1989).

고온 다습한 기후 때문에 중위도 저지에서 소나무는 대부분 사라졌으며, 소나무가 살기에 적당한 남은 지역은 팔레오세에서 올리고세에 이르는 제3기 초기 동안 소나무의 피난처로 기능하였다. 대표적인 피난처는 주극지역, 유라시아와 북아메리카의 저위도 지역, 북아메리카와 동아시아의 중위도 지역 등 3곳이다(그림 3-23).

제3기 초기의 지체구조운동과 이에 따른 소나무속의 이동은 여러 개의 새로운 소나무의 진화를 낳았고 소나무의 다양성 중심지를 이루었다. 중생대부터 팔레오세까지 지구는 비교적 조용하고 육지의 고도도 일반적으로 낮았으나, 에오세 말기에 있었던 활발한 구조운동과 그 후에 있었던 화산활동과 조산운동으로 환

그림 3-23. 타호호수(Lake Tahoe)의 소나무 (미국 캘리포니아)

경의 차이가 나타났다. 조산운동이 활발하고 고제3기(古第三紀) 소나무들의 피난처였던 곳들이 소나무가 퍼져 진화하는 중심지가 되었다.

산이 만들어지면서 고도에 따른 국지적인 기후가 형성되며, 토양이 다양해지고, 화산활동으로 새로 간섭 받은 지역이 생겨났다. 산의 생성으로 식물들의 이동과 유전자 교환이 장애를 받으면서 소나무의 분포지가 쪼개지고 고립되었다. 이와 같은 조건들은 소나무속이 갈라지는 분기와 종의 분화를 도왔다.

분기 分岐, divergence
생물의 진화에 있어서 계통이 나누어지고 형질의 차이가 커지는 현상이다. 분류군들 가운데 어떠한 형질이 조상형이고 어떠한 형질이 파생형인지를 결정하는 것이다. 분류군 내에서 조상형의 조건들을 지니고 있는 가장 먼저 분화된 분류군을 찾아내 한눈에 알아보기 쉽도록 분기도(分岐圖, cladogram)를 만들기도 한다(그림 3-24).

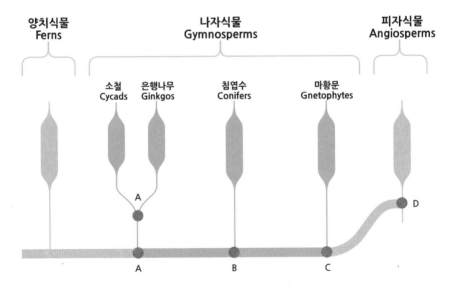

그림 3-24. 나자식물의 분기도

　　　　　　　　　　　　　　　　　　　　　　　　　　　침엽수 사이언스 ǀ

에오세 동안의 기후가 급변함에 따라 소나무속들은 피난처로부터 분포역을 넓히거나 줄여 갔으며, 에오세와 올리고세 경계에 있었던 기후 한랭기에 피난처로부터 나와 이동하였다. 그리고 이때가 중위도에서 소나무속들이 광범위하게 나타나는 시기였다. 이와 같은 이동으로 소나무속들은 종의 분기를 이룰 수 있었다.

새로운 환경에 노출되면서 유전적인 고립이 발생하고, 창시자 효과에 의한 유전적 표류가 나타났으며, 예전에 고립되었던 줄기에서 잡종화가 나타났다.

창시자 효과 創始者 效果, founder effect
창립자 효과라고도 부르며 소수의 개체로부터 발달한 집단에서 관찰되는 적은 양의 유전변이와 이의 확률적 변동을 말한다. 원래의 개체군으로부터 아주 적은 수의 개체가 떨어져 나와 새롭게 개체군을 만드는 경우에 일어나며 이때 새 개체군의 대립유전자 빈도는 원래의 것과 다르게 된다. 그럴 경우 이전에는 드물던 유전자가 창시자 개체군의 자손 중에서 흔하게 나타날 수 있다.

고제3기 말에는 캠브리아이아절을 제외한 소나무속 모든 주요한 아절의 진화가 일어났다(Axelrod, 1986; Millar and Kinloch, 1991). 제3기 초기에 소나무속 아절의 생물지리 특징이 상당 부분 이루어졌다.

유라시아에서도 소나무속의 여러 아절이 에오세에 북부 피난처와 남부 피난처로 갈라졌다. 소나무속의 소나무와 곰솔을 제외한 14종은 남부의 피난처와 연계된다. 소나무, 곰솔, 윈난소나무 등은 중위도의 피난처와 관계가 있다. 스트로비아절의 피난처는 테티스해를 따라 있었다(그림 3-12). 스트로비아절의 8종 가운데 섬잣나무만이 북부의 피난처와 관련된다.

에오세 동안에는 소나무속 분포의 중심지에 큰 영향을 미쳐 분포지가 둘로 쪼개져 격리되는 결과를 가져 왔다. 제3기 초기에 산지는 열악한 기후조건에 노출된 소나무속에게 피난처를 제공하지 않았다. 그 결과 많은 소나무류가 제3기 초기에 멸종되었다(Kremenetski et al., 1998).

(5) 소나무 진화와 신생대 제4기 플라이스토세

신생대 제4기 플라이스토세는 에오세와 여러모로 비슷하였다. 플라이스토세는 기후의 변화가 심한 시기였는데, 전체적으로는 온대 기후로부터 빙기로 바뀌어 갔다. 반면 에오세는 열대 기후로 바뀌어 갔다. 플라이스토세 동안의 기온 변동 폭은 5~10℃(Bowen, 1979)로 에오세와 비슷하였다. 플라이스토세가 약 2백만 년 동안 지속된 데 비하여 에오세는 2,000만 년 동안 계속되었다.

플라이스토세 동안 기후가 변화하면서 소나무속의 분포도 크게 영향을 받아 남북과 상하로 이동했으며 소나무의 유전적 구조도 바뀌어 갔다. 또한 군락이 확장되고 축소되는 과정에 유전자의 변이가 나타나고 새로운 종과 잡종을 이루기도 하였다(Critchfield, 1984; Kinloch et al., 1986; Millar, 1989).

일반적으로 플라이스토세는 에오세만큼 소나무속을 완전히 흔들어 놓지는 않았고 신생대 제3기 패턴을 유지하게 했으며, 그때까지의 진화적 결과도 남아 있게 하였다. 플라이스토세 동안 기후가 오르내림에 따라 위도상으로 남과 북으로, 산지에서는 위와 아래로 소나무속의 이동이 거듭되었다.

(6) 동아시아 소나무속의 자연사

동아시아에는 20여 종의 소나무가 자란다. 북아시아는 적어도 중생대 백악기부터 다양한 소나무속 화석이 나타났으며(Millar, 1993), 소나무속의 기원지 가운데 하나로 알려졌다(Mirov, 1967a; Millar, 1993).

신생대 제3기 에오세 동안 기후가 바뀌자 북아시아는 더운 기후와 피자식물과의 경쟁을 피해 남쪽으로부터 이동해온 소나무들의 피난처가 되었다. 동아시아 중위도 등지에서 나타난 소나무속은 소나무속의 진화에 매우 중요하다. 소나무와 곰솔은 에오세 피난처인 중위도 중국 동부나 일본에서 기원한 것으로 본다(Millar, 1993).

북아시아는 북아메리카나 유럽과 같은 플라이스토세의 거대한 빙하의 영향을 받지는 않으나 빙기와 간빙기의 교차에 따른 영향을 크게 받았다(Velichko et al., 1984). 이와 같은 기후변화는 소나무속을 포함한 식생을 크게 변화시켰다. 밀접하게 연관되어 있는 눈잣나무(Pinus pumila)와 시베리아소나무(Pinus sibirica)의 분리가 플라이스토세 빙기 중에 일어났는데, 이는 플라이스토세의 기후변화가 종의 분화와 독특한 유전형의 보전에 중요한 영향을 미쳤음을 의미한다. 오늘날 소나무속의 지리적 분포와 종 다양성은 마지막 빙기 이후 나타난 것으로 본다.

소나무속 폴른은 스트로부스절과 소나무절까지 구분된다. 소나무속 폴른은 일반적으로 식생에서 실제 차지하는 비율보다 더 많은 것으로 나타난다. 그 이유는 소나무가 폴른을 많이 생산하고, 소나무 폴른이 바람에 멀리 날아가고, 단단한 조직을 가지고 있어 보존성이 좋기 때문이다.

3) 한반도 소나무과의 자연사

한반도 소나무과 나무의 자연사는 식물화석 자료로 남한과 북한에서 알려진 식물의 거대화석과 미세화석에 기초한 연구 결과(김봉균, 1959; 김준민, 1980; Yasuda et al., 1980; 박희현, 1984; 조화룡, 1987, 1990; 한창균, 1990, 1995; 김봉균 등, 1992; 장기홍, 1984; 이하영, 1987; 림경호 등, 1992, 1994; 양승영, 1997; 양승영 등, 2003; 윤철수, 2001; Huzioka, 1943, 1951, 1972) 등을 주로 참조하였다.

식물화석 자료를 식물지리학적으로 분석한 한반도 식생사 연구(공우석, 1995, 1996, 1997, 2001, 2003, 2007, 2014a, b; Kong, 1992, 1994, 2000; Kong and Watts, 1993; Kong et al., 2014)는 침엽수의 식생사를 복원하고 이해하는 데 유용하다.

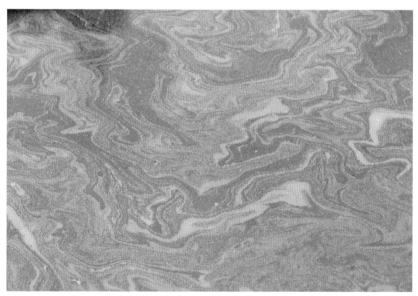

그림 3-25. 빗물 웅덩이에 떠 있는 소나무 폴른 (부산 남구 부산시수목전시원)

식생사 분석에 활용하는 식물화석은 눈으로도 볼 수 있는 거대화석인 고식물의 화석의 잎, 가지, 열매 등과 미세화석인 화분 또는 폴른 등이다(그림 3-25). 그러나 우리나라에서 발견된 식물화석들의 대부분은 속 단위에서 동정되었고 종 단위까지 구분된 경우는 매우 드물다.

(1) 고생대의 침엽수

고생대는 지금으로부터 약 5억 4,200만~2억 2,500만 년 전까지 시기로 전기 고생대(캄브리아기, 오르도비스기, 실루리아기)와 후기 고생대(데본기, 석탄기, 페름기)로 나뉜다(표 1-1).

한반도에 생육했던 육상의 고등식물 가운데 가장 오래된 것은 사동층에서 화석으로 발견된 고생대 후기의 것으로 보이는 뉴롭터리스속(*Neuropteris*)으로 지금은 멸종하였다.

침엽수 가운데 가장 오래된 화석은 지금은 멸종한 수종으로 고생대 후기 페름기의 퇴적층인 사동층, 중생대 트라이아스기 고방산층, 쥐라기 대동층에서 발견된 엘라토클라두스속(*Elatocladus*)과 고생대 페름기 사동층에서 나온 울마니아속(*Ullmannia*), 왈치아속(*Walchia*) 등이다(그림 3-26).

한반도에서 발견된 가장 오래된 침엽수는 고생대 페름기의 엘라토클라두스속, 울마니아속, 왈치아속 등이며, 엘라토클라두스속만이 중생대 트라이아스기에도 나타났다(표 3-2).

(2) 중생대의 침엽수

중생대는 지난 약 2억 2,500만~6,500만 년 전까지의 기간이며 트라이아스기, 쥐라기, 백악기로 세분된다. 중생대 동안 한반도에는 아라우카리츠속(*Araucarites*), 팔리쉬아속(*Palissya*), 피치오필룸속(*Pityophyllum*), 스테노라치스속(*Stenorachis*), 스키졸레피스속(*Schizolepis*), 스웨덴보르기아속(*Swedenborgia*), 브라키필룸속(*Brachyphyllum*), 퀴파리시디움속(*Cyparissidium*), 크제카노우스키아속(*Czekanowskia*), 세쿼이아속(*Sequoia*), 크세녹쉴론속(*Xenoxylon*), 프레놀렙시스속(*Frenolepsis*), 소나무속 등 13개 속의 침엽수가 분포하였다(표 3-2).

그림 3-26. 멸종한 중생대 침엽수 왈치아 (충남 공주시 계룡산자연사박물관)

중생대에 나타난 침엽수 가운데 아라우카리츠속, 팔리쉬아속, 피치오필룸속, 스테노라치스속, 스키졸레피스속, 스웨덴보르기아속 등은 중생대 쥐라기층인 대동에, 브라키필룸속은 중생대 백악기층인 낙동, 영동, 진안, 사리원에 나타났다. 퀴파리시디움속과 크제카노우스키아속은 중생대 백악기층인 낙동, 세쿼이아는 중생대 백악기층인 낙동, 신생대 제3기 마이오세층인 장기, 연일, 회령에서 발견된다. 크세녹쉴론속은 중생대 백악기층인 낙동, 프레놀렙시스속은 중생대 백악기층인 영동, 진안, 사리원에 난다. 한편 중생대 침엽수 가운데 세쿼이아속과 소나무속을 제외한 다른 침엽수는 중생대를 넘기지 못하고 멸종하였다.

중생대 때 한반도에 살았던 침엽수 가운데 지금도 살아 있는 상록침엽수는 소나무속뿐이다. 소나무속이 발견된 층은 중생대 백악기의 진안, 사리원, 신생대 제3기 마이오세의 장기, 감포, 연일, 북평, 통천, 회령, 제4기 플라이스토세의 화성, 해상, 새별, 용곡, 금야, 화대, 두루봉, 점말용굴, 영양, 가조, 석장리, 영랑호 그리고 홀로세의 영랑호, 포항, 익산, 일산, 방어진, 시흥, 대암산, 예안, 무안 등지이다(그림 3-27).

한반도에서 지질시대별로 분포했던 소나무과 나무들의 속별 화석과 출현 시기는 표 3-3과 같다.

중생대에는 한반도에 13속의 침엽수가 출현했으나 세쿼이아속과 소나무속만이 신생대에도 출현한다. 소나무과에 속하는 나무 가운데 소나무속은 중생대 백악기층에서 출현한 이래 오늘날까지 명맥이 유지되고 있다.

소나무속은 한반도에 현재 자생하는 침엽수 가운데 가장 일찍 등장한 수종으로 중생대 백악기에 전북 진안, 황해도 사리원에서 화석으로 나타났다. 소나무속은 신생대 제3기 마이오세, 제4기 플라이스토세와 홀로세를 거쳐 오늘날까지 살아남은 생존력이 강한 나무이며 이 땅의 토종 주인 나무이다. 한반도에 신생대 제3기 팔레오세, 에오세, 올리고세에 어떤 침엽수가 살았는지는 화석정보가 알려지지 않았다.

소나무속은 오늘날에도 침엽수 가운데 다양한 종으로 진화하여 발달하였고, 분포역도 북한의 가장 북쪽 산악 지역으로부터 제주도 서귀포, 우도와 마라도의 해안까지 전국에 가장 넓게 분포하는 수종이다(그림 3-28).

그림 3-28. 제주도의 곰솔숲 (제주 제주시 우도)

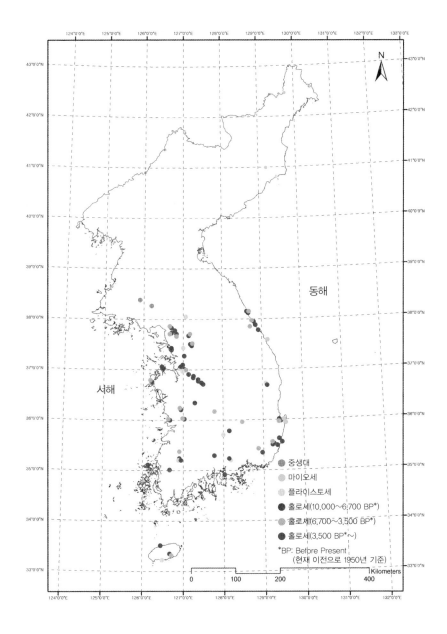

그림 3-27. 소나무속의 지질시대 분포도
(출처: Kong et al., 2015)

표 3-2. 한반도에 출현했던 지질시대별 침엽수 화석

침엽수 \ 시기	고생대	중생대			신생대							국명(속명)
	페름기	트라이아스기	쥐라기	백악기	팔레오세	에오세	올리고세	마이오세	플라이스토세	홀로세	현재	
Walchia	O											왈치아
Ullmannia	O											울마니아
Elatocladus	O	O										엘라토클라두스
Araucarites		O	O									아라우카리츠
Palissya			O									팔리쉬아
Pityophyllum			O									피치오필룸
Stenorachis			O									스테노라치스
Schizolepis			O									스키졸레피스
Swedenborgia			O									스웨덴보르기아
Brachyphyllum				O								브라키필룸
Cyparissidium				O								퀴파리시디움
Czekanowskia				O								크제카노우스키아
Sequoia				O			O					세쿼이아
Xenoxylon				O								크세녹실론
Frenolepsis				O								프레놀렙시스
*Pinus**				O				O	O	O	O	소나무
*Abies**								O	O	O	O	전나무
Pseudotsuga								O	O			수도쑤가
Glyptostrobus								O				글립토스트로부스
Metasequoia								O	O		O—	메타세쿼이아
Sciadopitys								O	O		O—	금송
Taxodium								O	O		O—	낙우송
Keteleeria								O				케텔레에리아
Calocedrus								O				칼로케드루스
cf. *Thujopsis*								O			O—	투욥시스

Araucaria			o			아라우카리아
Cryptomeria			o	o	o—	삼나무
Cupressus			o			쿠프레수스
Libocedrus			o			리보케드루스
Pseudolarix			o			황금낙엽송
Cedrus			o		o—	개잎갈나무
Podocarpus			o			나한송
Dacrydium			o			다크뤼디움
Picea*			o	o	o	o	가문비나무
Tsuga*			o	o		o	솔송나무
Juniperus*			o	o	o	o	노간주나무
Larix*			o	o		o	잎갈나무
Cephalotaxus*		o	o			o	개비자나무
Taxus*				o		o	주목
Thuja*				o		o	눈측백
Pinus(Haplo)*				o		o	오엽송

(자료: 공우석, 1995)

* : 한반도에서 자생하는 종류
o : 그 시대에 분포한 종류
o— : 재래종 또는 도입한 종류

(3) 신생대 제3기 이후의 침엽수

멸종한 침엽수

신생대 제3기 마이오세에 나타나 제4기에 이르기 전에 한반도에서 사라진 침엽수는 글립토스트로부스속, 케텔레에리아속, 칼로케드루스속(*Calocedrus*), 투욥시스속(*Thujopsis*), 아라우카리아속(*Araucaria*), 쿠프레수스속(*Cupressus*), 리보케드루스속(*Libocedrus*), 황금낙엽송속(*Pseudolarix*), 개잎갈나무속, 나한송속, 다크뤼디움속(*Dacrydium*) 등 11개 속이다(표 3-2).

글립토스트로부스속이 나타난 층은 신생대 제3기 마이오세의 장기, 북평, 용동, 통천, 회령, 고건원, 함진동 등이다. 케텔레에리아속은 신생대 제3기 마이오세의 장기, 연일, 북평, 고건원에, 칼로케드루스속과 투웁시스속은 신생대 제3기 마이오세층인 고건원에, 아라우카리아속은 신생대 제3기 마이오세층인 장기, 감포, 연일에, 쿠프레수스속은 신생대 제3기 마이오세층인 장기, 연일에 리보케드루스속은 신생대 제3기 마이오세층인 장기, 감포, 연일에, 황금낙엽송속은 신생대 제3기 마이오세층인 장기, 연일, 북평에, 개잎갈나무속은 신생대 제3기 마이오세층인 장기, 감포, 연일, 북평에, 나한송속은 신생대 제3기 마이오세층인 감포, 연일, 북평에, 다크뤼디움속은 신생대 제3기 마이오세층인 연일에 각각 분포하였다.

오늘날 외래수종으로 취급하는 나무들 가운데 일부는 과거 한때 한반도에 살았다가 멸종한 뒤 다시 도입하여 심은 수종이다. 삼나무속(*Cryptomeria*)(그림 3-29), 금송속(*Sciadopitys*)은 일본에서, 메타세쿼이아속(*Metasequoia*)은 중국에서, 낙우송속(*Taxodium*)은 미국에서 들여와 심은 나무이다(표 3-2).

삼나무속은 신생대 제3기 마이오세층인 장기와 감포, 제4기 플라이스토세층인 용곡에 출현했다. 메타세쿼이아속은 신생대 제3기 마이오세층인 장기, 연일, 북평, 용동, 통천, 회령, 고건원, 함진동, 제4기 플라이스토세층인 용곡에 나타났다(그림 3-30). 낙우송속은 신생대 제3기 마이오세층인 장기, 감포, 연일, 회령에서 분포하였다. 금송속은 신생대 제3기 마이오세층인 장기, 감포, 연일, 회령, 고건원, 제4기 플라이스토세인 화성에서 출현하였다. 낙우송과(Taxodiaceae)는 신생대 제4기 플라이스토세층인 해상, 새별, 용곡에 살았다(표 3-2).

신생대 제3기 마이오세부터 제4기 플라이스토세까지 살았으나 지금은 멸종한 침엽수는 수도쑤가속(*Pseudotsuga*), 메타세쿼이아속, 금송속, 낙우송속, 삼나무속 등 5속이다(표 3-2).

수도쑤가속은 신생대 제3기 마이오세층인 장기, 연일, 고건원, 제4기 플라이스토세층인 점말용굴에 나타났다. 측백나무과는 신생대 제4기 플라이스토세층인 해상, 새별, 용곡, 점말용굴에 자란다. 소나무과는 신생대 제4기 플라이스토세층인 용곡에 분포하였다.

그림 3-29. 외래종 침엽수 일본삼나무 (제주 서귀포시)

그림 3-30. 메타세쿼이아 화석 (충남 공주시 계룡산자연사박물관)

지금도 살아 있는 소나무과 나무

신생대에 출현한 침엽수 가운데 현재도 분포하는 소나무과 나무는 앞에 소개한 소나무속과 함께 전나무속, 가문비나무속, 솔송나무속, 잎갈나무속 등이다.

전나무속이 출현한 층은 신생대 제3기 마이오세의 장기, 감포, 연일, 북평, 제4기 플라이스토세의 용곡, 금야, 화대, 두루봉, 점말용굴, 영양, 가조, 석장리, 영랑호, 홀로세의 영랑호, 포항, 방어진, 대암산, 예안 등이다.

가문비나무속이 살았던 층은 신생대 제3기 마이오세의 장기, 감포, 북평, 용동, 회령, 함진동, 제4기 플라이스토세의 새별, 용곡, 금야, 화대, 점말용굴, 가조, 영랑호, 홀로세의 대암산, 예안 등이다.

솔송나무속이 나타난 층은 신생대 제3기 마이오세의 장기, 감포, 연일, 북평, 제4기 플라이스토세의 화성, 새별, 용곡이다.

낙엽침엽수인 잎갈나무속이 분포하는 층은 신생대 제3기 마이오세의 장기, 감포, 연일, 북평, 제4기 플라이스토세의 해상, 용곡, 금야, 화대, 두루봉, 점말용굴, 영양, 가조, 영랑호 등이다. 정확한 속명이 알려지지 않은 소나무과는 신생대 제4기 플라이스토세층인 용곡에서 화석이 나타났다.

신생대 제4기 플라이스토세의 소나무과 나무

신생대 제4기 플라이스토세에 남한과 북한에서는 시기와 장소에 따라 각기 다른 소나무과 나무들이 자랐다. 북한에서는 플라이스토세 초기에 함북 화성과 어랑, 강원 회양과 세포 일대에서 소나무과 나무 가운데 솔송나무속, 소나무속 등이 자랐다. 같은 시기에 황해도 평산 해상동굴 퇴적층에서는 소나무과의 소나무속, 잎갈나무속 등이 분포하였다(표 3-2).

플라이스토세 중기로 보이는 함북 새별층에서는 소나무과의 소나무속, 가문비나무속, 솔송나무속 등이 나타났다. 플라이스토세 후기에 평양 용곡 지역에서는 소나무과의 솔송나무속, 소나무속, 가문비나무속, 소나무과, 전나무속, 잎갈나무속 등이 발견되었다. 함남 금야에서도 소나무과의 가문비나무속, 잎갈나무속, 소나무속, 전나무속 등 한대성 침엽수가 많이 등장했다. 평남 덕천 승리산 동굴층에서는 소나무과의 소나무속, 잎갈나무속, 전나무속, 가문비나무속 등이 분포하

침엽수 사이언스 1

였다. 함북 화대에서 발견된 소나무과의 눈잣나무, 시베리아소나무, 전나무속, 가문비나무속, 잎갈나무속 등은 플라이스토세 후기에 들어와 기온 한랭화가 뚜렷했음을 나타낸다(표 3-2).

남한에서는 충북 청원 두루봉 동굴 II층에서 전나무속, 잎갈나무속, 소나무속이 주된 소나무과의 침엽수였다. 충북 단양 점말용굴에서는 전나무속, 솔송나무속, 가문비나무속, 잎갈나무속, 소나무속 등 한랭한 기후에 적응한 소나무과 침엽수가 주종을 이루었다.

경북 영양 일대에서는 5만 7,000~1만 7,940년 전까지 소나무과의 가문비나무속, 소나무속, 전나무속, 잎갈나무속이 주종을 이루었다. 2만 9,000년 전의 것으로 추정되는 충남 공주 석장리에서도 소나무과의 전나무속, 소나무속이 관찰되었다. 1만 7,000~1만 5,000년 전까지 강원 속초 영랑호 일대에서는 소나무과의 가문비나무속, 잎갈나무속, 전나무속, 오엽소나무와 함께 이엽소나무도 나타났다 (공우석, 1995).

표 3-3. 한반도에 살았던 대표적인 소나무과 나무들

시대 나무	중생대 백악기	제3기			제4기			학명
		팔레오세	에오세	올리고세	마이오세	플라이스토세	홀로세	현재	
소나무속(2엽)	o			o	o	o	o	*Pinus* (Diplo.)
전나무속				o	o	o	o	*Abies*
가문비나무속				o	o	o	o	*Picea*
솔송나무속				o	o	o	o	*Tsuga*
잎갈나무속				o	o			*Larix*
소나무속(5엽)				o			o	*Pinus* (Haplo.)

(자료: 공우석, 1995)

신생대 제3기 마이오세에 출현하여 제4기 플라이스토세와 홀로세까지 분포가 지속되는 소나무과 침엽수는 소나무속, 가문비나무속, 전나무속 등이다. 신생대 제3기 마이오세부터 제4기 플라이스토세에는 나타났으나 홀로세에는 출현하지 않는 소나무과 침엽수는 솔송나무속, 잎갈나무속 등이다. 신생대 제4기 플라이스토세층에서만 알려진 소나무과 침엽수는 잎이 5개인 잣나무속 나무들이다(표 3-3).

신생대 제3기 마이오세부터 제4기까지 연속적으로 출현했으나 홀로세 이전에 한반도에서 멸종된 침엽수는 수도쏘가, 금송(그림 3-31), 낙우송, 메타세쿼이아, 삼나무 등이다(표 3-2). 이들은 제4기 플라이스토세 후반의 기온 한랭화에 따른 환경 변화에 적응하지 못하고 소멸한 것으로 보인다.

반면에 소나무과의 소나무속, 전나무속, 가문비나무속 등은 3속은 신생대 제3기 이래 제4기 후기까지 계속 출현한다(표 3-3). 특히 소나무과의 가문비나무속,

그림 3-31. 도산서원의 금송 (경북 안동시)

소나무속, 전나무속, 잎갈나무속 등 6속은 제4기 플라이스토세 후기에 분포역이 확장되었는데, 이는 플라이스토세 빙기 동안의 기온 한랭화와 관련이 깊은 것으로 판단된다.

한반도에서 홀로세에 자랐던 소나무과 수종은 소나무속, 가문비나무속, 전나무속 등이다.

한반도 소나무과의 속별 자연사

오늘날 한반도에 분포하는 침엽수 가운데 소나무속은 한반도에서 중생대 백악기에 출현하여 신생대 제3기 마이오세를 거쳐 제4기 플라이스토세와 홀로세까지 연속적으로 나타나는 주된 수종으로 오늘날에도 난온대에서 한대 고산 지대에 이르는 가장 넓은 분포역을 가지는 침엽수이다. 소나무속에 속하는 나무는 한랭한 북부 고산 지대부터 온난한 제주도의 해안가에 이르기까지 다양한 생태적 범위에 걸쳐 넓게 분포하고 있다.

가문비나무속도 신생대 제3기 마이오세 이래 홀로세까지 계속되는 침엽수로 오늘날에도 온대에서 한대 고산 지대까지 비교적 넓은 분포역을 가진다. 가문비나무속은 신생대 제3기 이래 한반도에서의 환경 변화에 성공적으로 적응한 종류로 주로 북한에 자라며 남한에서는 내륙의 높은 산지에 자란다.

전나무속은 신생대 제3기 마이오세 이래 한반도에서 거의 연속적으로 출현하며 오늘날에도 온대에서 한대 고산 지대까지에 분포한다. 전나무속의 3종은 북부 고산 지대로부터 남부의 고산이나 낮은 산지까지 비교적 분포역이 넓다.

잎갈나무속은 신생대 제3기 마이오세 이래 한반도에서 거의 연속적으로 출현하며 오늘날에도 온대에서 한대 고산 지대까지에 분포한다. 잎갈나무속의 나무는 주로 한랭한 기후인 중북부의 산지에 자란다.

솔송나무속은 신생대 제3기 마이오세 이후에 한반도에 나타났으며 지금은 난온대와 온대 지역에만 나타난다. 솔송나무속은 국지적이고 드물게 자연 분포한다(그림 3-32).

플라이스토세 빙기가 찾아오면서 추위에 적응한 소나무속, 가문비나무속, 잎갈나무속 등은 살아남아 분포역을 넓히고 종이 분화되면서 적응해 왔지만, 솔송

그림 3-32. 솔송나무 (경북 울릉군)

나무속과 같은 난온대성 수종의 분포역은 축소되었다.

신생대 제3기 마이오세의 침엽수인 세쿼이아속, 수도쑤가속, 글립토스트로부스속, 메타세쿼이아속, 금송속, 낙우송속, 케텔레에리아속, 칼로케두루스속, 투옵시스속, 아라우카리아속, 삼나무속, 쿠프레수스속, 리보케드루스속, 황금낙엽송속, 개잎갈나무속, 나한송속, 다크뤼디움속 등이 한반도에서 멸종된 것도 플라이스토세의 기후가 한랭해지는 변화에 의한 것으로 판단된다.

지질시대 동안 한반도의 식생 변화를 살펴보면 고생대 페름기부터 중생대 쥐라기 동안 활엽수는 없었고 침엽수만 넓게 분포하였다. 중생대 백악기에도 침엽수가 화석의 60% 이상을 차지하였다.

그러나 신생대에는 침엽수가 쇠퇴하고 활엽수가 우점하였다. 특히 신생대 제3기 올리고세에는 활엽수만 화석으로 나타나고, 마이오세에도 활엽수가 화석의 65~81%에 이르렀다. 신생대 제4기 플라이스토세에도 활엽수가 화석의 50~81%를 차지하였는데, 이러한 경향은 홀로세까지 계속되어 화석에서 활엽수가 차지하는 비율이 91%에 이르렀다. 활엽수의 우점은 신생대 제3기 올리고세부터 홀로세까지 계속되었다.

지질시대 동안 식생의 멸종율은 올리고세(17%), 마이오세(32~44%), 플라이스토세(16%), 홀로세(6%)로 가면서 빠르게 낮아졌다. 이는 신생대 동안에는 기후변화에 따라 식생이 변화를 겪었지만 멸종할 정도의 급격한 환경 변화는 없었음을 뜻한다.

침엽수를 중심으로 한반도의 식생사를 요약하면 다음과 같다. 한반도의 침엽수는 고생대 페름기부터 본격적으로 나타났으나 당시의 침엽수는 지금은 모두 멸종하였다. 중생대 백악기부터 신생대 마이오세에 이르는 빠른 지질시대에 등장한 소나무속, 전나무속, 가문비나무속 등은 종 다양성이 높고 지리적으로 넓게 분포한다.

플라이스토세 중기부터는 잣나무아속, 전나무속, 가문비나무속, 잎갈나무속 등 한대성 침엽수들이 플라이스토세 빙기 동안 분포지역을 넓히며 번성하였다. 그러나 홀로세부터 본격화된 기후온난화에 따라 오엽송, 가문비나무속, 전나무속, 잎갈나무속 등 한대성 침엽수들은 쇠퇴하였다. 신생대의 늦은 시기에 등장한 솔송나무속, 잎갈나무속 등은 종 다양성이 낮고 분포역도 좁았다. 솔송나무 등 난온대성 침엽수는 빙기를 거치면서 분포 범위가 좁아졌다.

4) 한반도 침엽수의 분포역 변화

(1) 지질시대별 분포역 변화

고생대와 중생대의 침엽수

한반도에 분포했던 고생대의 침엽수 가운데 고생대 페름기, 중생대 트라이아스기, 중생대 쥐라기에 나타났던 엘라토클라두스속, 고생대 페름기에 자랐던 울마니아속, 왈치아속은 지구상에서 멸종되어 이제는 분포하지 않는다. 중생대 트라이아스기 침엽수인 아라우카리츠속과 엘라토클라두스속과 중생대 쥐라기에 분포했던 침엽수인 아라우카리츠속, 팔리쉬아속, 피치오필룸속, 스테노라치스속, 스키졸레피스속, 스웨덴보르기아속 등도 멸종한 종류이다. 중생대 백악기의 침엽수인 브라키필룸속, 퀴파리시디움속, 크제카노우스키아속도 오늘날 모두 사라졌다.

중생대 백악기, 신생대 제3기 마이오세에 살았던 세쿼이아와 중생대 백악기에 나타났던 크세녹쉴론속, 프레놀렙시스속도 멸종한 침엽수이다. 중생대 백악기에 분포했던 침엽수 가운데 브라키필룸속, 쿼파리시디움속, 크제카노우스키아속, 세쿼이아속, 크세녹쉴론속, 프레놀렙시스속 등은 자연상태에서는 멸종하였다.

한반도에 분포했던 중생대의 침엽수 가운데 소나무속을 제외한 다른 침엽수는 모두 멸종하였고, 중생대 백악기, 신생대 제3기 마이오세, 제4기 플라이스토세, 홀로세까지 연속적으로 자란 소나무속은 지금도 한반도에서 가장 널리 분포하는 나무의 하나이다.

신생대의 침엽수

신생대 제3기 마이오세 초기에 생육했던 소나무과 식생 가운데 현재도 살아 있는 종류는 소나무속, 전나무속, 가문비나무속, 솔송나무속, 노간주나무속, 잎갈나무속, 개비자나무속 등이다. 반면에 지금은 멸종한 침엽수는 글립토스트로부스속, 메타세쿼이아속, 수도쑤가속, 케텔레에리아속, 황금낙엽송속, 개잎갈나무, 아라우카리아속, 나한송속, 삼나무속, 금송속, 세쿼이아속, 낙우송속, 쿠프레수스속, 리보케드루스속 등 14종류이다.

마이오세 중기의 소나무과 식생은 소나무속, 가문비나무속 등이 대표적이다. 당시에 살았으나 지금은 멸종한 침엽수는 글립토스트로부스속, 메타세쿼이아속, 세쿼이아속, 낙우송속, 금송속, 개잎갈나무속, 케텔레에리아속, 수도쑤가속, 아라우카리아속, 나한송속, 다크뤼디움속, 쿠프레수스속, 리보케드루스속, 황금낙엽송속, 칼로케드루스속, 투욥시스속 등 16종류이다.

마이오세 후기의 대표적인 소나무과 나무는 소나무속, 전나무속 등이다. 그러나 메타세쿼이아, 개잎갈나무, 황금낙엽송, 케텔레에리아, 나한송 등은 한반도에서 멸종한 종류이다.

플라이스토세 초기 식생으로 대표적인 소나무과 수종은 소나무속, 잎갈나무속 등이다. 그 가운데 금송은 멸종하였다. 플라이스토세 중기에 생육했던 10종류 모두가 아직도 살아 있으며, 대표적인 소나무과 종류는 소나무속, 가문비나무속 등이다. 플라이스토세 후기의 식생으로 대표적인 종류는 소나무속, 가문비나무속,

잎갈나무속 등이다. 멸종한 종류는 삼나무, 메타세쿼이아속, 수도쑤가속 등이다.

신생대부터 한반도에 나타난 29종류의 침엽수 가운데 케텔레에리아속, 칼로케드루스속, 투욥시스속, 아라우카리아속, 리보케드루스속, 개잎갈나무속, 황금낙엽송속, 나한송속, 다크뤼디움속, 쿠프레수스속, 삼나무속, 금송속, 수도쑤가속 등은 오늘날 한반도에서는 사라진 상록침엽수이다.

신생대에는 분포했으나 오늘날 한반도에서 사라진 상록침엽수의 시기별로 분포하는 모습을 살펴보면 다음과 같다.

케텔레에리아속은 신생대 제3기 마이오세에, 칼로케드루스속과 투욥시스속은 신생대 제3기 마이오세에, 아라우카리아속은 신생대 제3기 마이오세층인 장기, 감포, 연일에, 리보케드루스속은 신생대 제3기 마이오세층인 장기, 감포, 연일에, 개잎갈나무속은 신생대 제3기 마이오세층인 장기, 감포, 연일, 북평에, 나한송속은 신생대 제3기 마이오세층인 감포, 연일, 북평에, 다크뤼디움속은 신생대 제3기 마이오세층인 연일에, 쿠프레수스속은 신생대 제3기 마이오세층인 장기, 연일, 감포에 각각 분포한다. 수도쑤가속은 신생대 제3기 마이오세층인 장기, 연일, 고건원, 제4기 플라이스토세층인 점말용굴에 분포하였다.

일본에서 도입해 심은 외래수종으로 세간에 논란이 되고 있는 삼나무속은 신생대 제3기 마이오세층인 장기, 감포와 제4기 플라이스토세층인 용곡에 나타났다(그림 3-33). 역시 일본 원산으로 알려진 금송속도 신생대 제3기 마이오세층인 장기, 감포, 연일, 회령, 고건원, 제4기 플라이스토세층인 화성에 자랐다.

신생대에는 분포했으나 오늘날 한반도에서 사라진 낙엽침엽수로는 글립토스트로부스, 황금낙엽송, 메타세쿼이아, 낙우송, 낙우송과 등이 있다. 글립토스트로부스는 신생대 제3기 마이오세층에, 황금낙엽송은 신생대 제3기 마이오세층인 장기, 연일, 북평에, 메타세쿼이아는 신생대 제3기 마이오세층인 장기, 북평, 용동, 통천, 회령, 고건원, 함진동, 제4기 플라이스토세층인 용곡에 나타났다. 낙우송과는 신생대 제3기 마이오세층인 장기, 감포, 연일, 회령에서 발견되었다. 이어서 신생대 제4기 플라이스토세층인 해상, 새별, 용곡에 분포하였다.

중생대 백악기부터 출현하여 신생대의 대부분의 시기를 거쳐 아직도 널리 분포하는 터줏대감과 같은 침엽수는 소나무속이다. 신생대 제3기 마이오세부터 분

그림 3-33. 일본삼나무 구과 ⓒ국립수목원

포했던 소나무과 상록침엽수로 지금도 자생하는 종류는 전나무속, 가문비나무속, 솔송나무속 등이 있고, 낙엽침엽수로는 잎갈나무속이 있다.

신생대 제3기 마이오세에 출현하여 제4기 플라이스토세와 홀로세까지 분포가 지속된 소나무과 상록침엽수는 중생대 때부터 나타난 소나무속과 함께 가문비나무속, 전나무속 등이다. 신생대 마이오세에 한반도 전역에 광범위하게 분포했던 소나무과 침엽수는 가문비나무속, 소나무속 등이다. 남한에는 전나무속, 잎갈나무속, 솔송나무속 등의 소나무과 송백류가 나타났으나, 북한의 자료는 확보하지 못하였다.

신생대 제3기 마이오세부터 제4기 플라이스토세에는 나타났으나 홀로세에는 출현하지 않는 침엽수는 솔송나무속, 잎갈나무속 등이다. 신생대 제4기 플라이스토세층에서만 알려진 소나무과의 나무는 잎이 5개를 가진 잣나무속에 속하는 소나무 종류이다.

신생대 제3기 마이오세부터 제4기까지 연속적으로 출현했으나 홀로세에 한반도에서 멸종된 침엽수는 금송, 메타세쿼이아, 삼나무, 낙우송과 등이다. 이들은 제4기 플라이스토세 후반의 기온 한랭화에 따른 환경 변화에 적응하지 못하고

침엽수 사이언스 ı

멸종한 것으로 보인다.

반면에 소나무과의 소나무속, 전나무속, 가문비나무속 등은 신생대 제3기 이래 제4기 후기까지 계속 나타난다. 특히 소나무과의 가문비나무속, 소나무속, 전나무속, 잎갈나무속 등 4종류는 제4기 플라이스토세 후기에 분포역이 넓어졌는데, 이는 플라이스토세에 기후가 한랭해진 것과 관련이 깊은 것으로 본다. 신생대 제4기 홀로세의 식생으로 대표적인 소나무과 수종은 소나무속, 전나무속, 가문비나무속 등이다.

(2) 한반도 침엽수 분포역 변화 유형

한반도에는 한때 분포했으나 멸종한 침엽수와 지금도 살아 있는 소나무과 침엽수가 있다. 한반도 내 침엽수의 분포역 변화 유형은 멸종한 그룹, 한반도에 넓게 분포하였던 그룹, 북부 지방에 협소하게 분포했던 그룹, 주로 중부 이북에 분포했던 그룹 등 4가지 유형으로 구분된다(표 3-4).

멸종한 침엽수 그룹

한반도에 지질시대에는 분포했으나 지금은 멸종하여 찾아볼 수 없는 침엽수는 모두 33속에 이른다(표3-4). 고생대에 살았던 침엽수이지만 지금은 한반도에서 사라진 종류는 엘라토클라두스속, 울마니아속, 왈치아속 등 3종류이다.

중생대에 자랐으나 지금은 우리나라에서 멸종한 종류는 엘라토클라두스속, 아라우카리츠속, 팔리쉬아속, 피치오필룸속, 스테노라치스속, 스키졸레피스속, 스웨덴보르기아속, 브라키필룸속, 퀴파리시디움속, 크제카노우스키아속, 세쿼이아속(그림 3-34), 크세녹쉴론속, 프레놀렙시스속 등 13종류이다.

신생대 제3기 마이오세에 살았던 침엽수이지만 지금은 이 땅에서 멸종한 종류는 세쿼이아속, 수도쑤가속, 글립토스트로부스속, 메타쉐쿼이아속, 금송속, 낙우송속, 케텔레에리아속, 칼로케드루스속, 투욥시스속, 아라우카리아속, 삼나무속, 리보케드루스속, 황금낙엽송속, 개잎갈나무속, 나한송속, 다크뤼디움속, 쿠프레수스속 17속 등이다(표3-4).

표 3-4. 한반도 침엽수 분포역 변화 유형

대상	분포역 변화 유형	시대(나무 종류)
침엽수	멸종한 그룹	고생대: 엘라토클라두스속, 울마니아속, 왈치아속 등 3속
		중생대: 엘라토클라두스속, 아라우카리츠속, 팔리쉬아속, 피치오필룸속, 스테노라치스속, 스키졸레피스속, 스웨덴보르기아속, 브라키필룸속, 쿼파리시디움속, 크제카노우스키아속, 세쿼이아속, 크세녹쉴론속, 프레놀렙시스속 등 13속
		신생대 세쿼이아속, 수도쑤가속, 글립토스트로부스속, 메타세쿼이아속, 금송속, 낙우송속, 케텔레에리아속, 칼로케드루스속, 투욥시스속, 아라우카리아속, 삼나무속, 리보케드루스속, 황금낙엽송속, 개잎갈나무속, 나한송속, 다크뤼디움속, 쿠프레수스속 등 17속
소나무과 나무	한반도에 넓게 분포했던 그룹	소나무속, 전나무속, 잎갈나무속, 솔송나무속 등 4속
	북부 지방에 협소하게 분포했던 그룹	소나무과
	주로 중부 이북에 분포했던 그룹	가문비나무속

(자료: Kong et al., 2015)

그림 3-34. 세쿼이아 (미국 캘리포니아 뮤어우즈국립공원) ⓒAllie_Caulfield

한반도에 넓게 분포했던 그룹

한반도에 넓게 분포했던 그룹은 소나무과의 소나무속, 전나무속, 잎갈나무속, 솔송나무속 등 4속이다(표3-4).

소나무속은 중생대 백악기, 신생대 제3기 마이오세, 제4기 플라이스토세, 홀로세에 함북 새별에서 전남 무안까지 남·북한 28곳에 지속적으로 분포하였다. 전나무속은 신생대 제3기 마이오세, 제4기 플라이스토세, 홀로세에 함북 화대에서 경남 예안까지 남·북한 17곳에 꾸준히 나타났다. 잎갈나무속은 신생대 제3기 마이오세, 제4기 플라이스토세에 함북 화대에서 경남 가조에 이르는 남·북한 13곳에 분포하였다. 솔송나무속은 신생대 제3기 마이오세, 제4기 플라이스토세에 함북 새별에서 경북 감포까지 남·북한 7곳에 자랐다.

한반도에 널리 분포하였던 침엽수 가운데 분포역이 가장 넓고 오랫동안 분포가 이어진 종류는 소나무속이다.

북부 지방에 협소하게 분포했던 그룹

한반도 북부 지방에 협소하게 분포했던 그룹은 소나무과로 신생대 제4기 플라이스토세에 평양 용곡에 나타났다.

주로 중부 이북에 분포했던 그룹

한반도 중부 이북에 주로 분포했던 소나무과 침엽수는 가문비나무속이다. 가문비나무속은 신생대 제3기 마이오세, 제4기 플라이스토세, 홀로세에 함북 새별에서 경남 예안까지 남·북한 15곳에 자랐다.

5) 동아시아 국가별 소나무의 자연사

(1) 중국의 소나무

중국에는 22종의 소나무속 나무들이 있는데, 스트로부스절이 12종, 소나무절에 10종이다. 중국에서 소나무속은 열대의 계절성 몬순 지역인 윈난, 광동, 하이난, 대만에서 북쪽의 타이가 지역에까지 분포한다. 서쪽으로는 내몽골 남동부, 티베트의 남동부에까지 자란다. 수직적으로는 해안으로부터 쓰촨과 티베트 남동부에서는 3,600m까지 자란다.

중국 북부의 니히완 플라이스토세 초기 퇴적층에는 목본식물의 40~80%를 소나무속 폴른이 차지하여 빙기 동안 소나무가 중요한 수종이었음을 지시한다(Liu, 1988). 이 퇴적층에서 같이 출토된 폴른은 전나무속, 가문비나무속과 제3기의 유존 식물인 나한송속, 다크뤼디움속, 케텔레에리아속, 솔송나무속 등이었다.

중국 동북부에서는 최후빙기 이전에 소나무속과 가문비나무속, 전나무속이 섞여 자라는 침엽수림이 자랐다. Wang과 Sun(1994)에 의하면 지금의 중국 북동부에 나타나는 온대 활엽수 혼합림은 최후빙기 때에는 한랭 건조한 기후 아래 드문드문 숲이 자라는 쑥속(Artemisia) 종류로 덮인 스텝이었다. 이때 백두산을 비롯한 산지는 소나무속에게 피난처를 제공한 것으로 본다. 그러나 빙기 동안 소나무는 자작나무가 우점하는 숲에 소수로 남아 있었던 것으로 보인다.

최후빙기 最後氷期, LGM(Last Glacial Maximum)
최종빙기(最終氷期)라고도 하며 지금으로부터 11만 년 전쯤 시작하여 2만 6,500~1만 9,000년 전인 플라이스토세 마지막 빙기가 가장 추웠다. 이때 두께 3,000m까지 이르는 대륙빙하(大陸氷河, continental ice sheet)가 아시아 북부, 북부유럽 북서부, 북아메리카에 넓게 발달한 시기이다. 대륙빙하는 지구의 기후시스템에 큰 영향을 미쳐, 지역에 따라 기온은 지금보다 4~10℃ 낮았고, 해수면이 오늘날에 비해 100m 내외로 낮았다(그림 2–12).

신생대 제4기 홀로세에 들어서도 소나무속은 좁은 지역에만 나타났으나, 5,000~4,000년 전부터 중국 동북부에서 급격하게 확산되었다. 반면 낙엽활엽수들은 현저하게 감소하였다. 홀로세 후기에 중국 동북부에서 소나무가 확장한 것은 기후가 추워졌기 때문으로 잣나무(Pinus koraiensis)와 같은 온대성 소나무속 등이 퍼진 것으로 본다(Millar, 1993; Kremenetski et al., 1998).

(2) 일본의 소나무

일본의 대표적 소나무속은 고산대의 눈잣나무, 아고산대의 잣나무, 섬잣나무, 온대와 해안 지역에 소나무, 곰솔 등이다.

빙기 동안 홋카이도에는 눈잣나무가, 혼슈에는 잣나무, 섬잣나무가 분포했던 것으로 추정된다. 일본 혼슈 중부에서 눈잣나무가 감소한 것은 1만 6,000~1만

5,000년 전으로 빙기가 서서히 후퇴하였음을 알 수 있다. 1만 3,000~1만 년 전 사이에 소나무는 더욱 감소하였다.

1만 년 전부터는 활엽수의 중요성이 점차 커지고 7,000~4,000년 전 사이에도 기온이 따뜻해지면서 소나무의 비중은 갈수록 감소하였다. 2,500~2,000년 전에 기온이 추워지면서 눈잣나무가 홋카이도에서 증가하였다. 홀로세 후기에 혼슈, 시코쿠, 규슈에서 잎이 2개인 소나무는 급격하게 증가하였다. 이는 농경을 위하여 벌채된 지역에 소나무가 천이하면서 나타난 결과로 본다(Tsukada, 1988). 소나무 폴른이 많이 나타나는 것은 인위적인 활동의 유물이다(Millar, 1993).

동아시아의 러시아, 몽골, 중국, 한국, 일본, 대만은 지리적으로 가까워서 과거 기후변화에 따라 식물들이 자유롭게 교류하였던 지역이다. 특히 동아시아는 신생대 제4기 동안 유럽이나 북아메리카와는 달리 대륙빙하가 발달하지 않아 제3기 식물상을 유지하고 있는 지역이다(그림 2-12). 그 결과 동아시아는 온대 지역 내에서 생물종 다양성 보고(biodiversity hot spot)의 하나로 알려졌다. 동아시아는 지구상에서 침엽수의 종 다양성이 가장 높은 핵심지역 가운데 하나이고, 나라마다 고유한 자연환경을 반영하여 특산속과 특산종이 출현하고 있다.

동아시아는 최근에 기온의 온난화 추세가 가장 가파르게 상승하는 곳 가운데 하나이다. 이에 따라 우리나라 산림청 국립수목원이 주축이 되어 러시아, 몽골, 중국, 한국, 일본 등 지역 내 국가들의 연구기관 전문가들이 기후변화에 대응하여 생물종 다양성을 공동으로 조사 연구하는 동아시아생물다양성네트워크(EABCN, East Asia Biodiversity Conservation Network)를 결성하여 지역 내 협력을 시작하였다. 역사적으로 경쟁과 갈등으로 분란이 끊이지 않았던 동아시아 국가들의 상생과 통합을 위한 의미 있는 발걸음이 되기를 기대한다.

04 소나무과의 형태와 산포

1) 소나무속

소나무는 매우 오래 전부터 나타났는데, 그 기원이 백악기 초기인 1억 3,000만

년 전으로 거슬러 올라가기도 한다. 소나무과의 다른 나무들도 소나무의 방계자
손으로부터 갈라져 나온 것으로 보인다. 소나무과 나무의 대부분은 바람에 의해
서 전파되도록 적응되어 작지만 날개가 있는 종자를 가지고 있다. 그러나 소나무
의 일부는 새에 의하여 전파될 수 있도록 생태적으로 적응하였다.

방계자손 傍系子孫, collateral descent
방계가족이라고도 부르며 자기와 같은 계통에서 갈라져 나간 다른 계통의 가족이다. 같은 부모로부
터 갈라져 나간 형제자매나 조카, 같은 조부모로부터 갈라져 나간 백숙부모, 종형제자매 등과 같은
관계를 이른다.

소나무과 나무들의 바늘잎은 서로 촘촘히 자라 하나의 묶음을 만든다. 이들 묶
음에 나타나는 바늘잎의 수는 종 내에서는 일정하지만 경우에 따라서는 달라지
기도 한다.

전 세계 소나무류의 3분의 1은 스트로부스(*Strobus*)라는 아속명을 갖는 종류
로 여름에 자란 나이테가 적어 연하고 하얀 목재를 나오는 소나무류로 알려져 있
다. 연한소나무류는 보통 5개의 바늘잎을 가진다. 반면에 나머지 3분의 2는 소나
무속(*Pinus*)이라는 아속명을 갖는 종류로 여름에 자란 나이테가 많아 강하고 노
란 소나무류이다. 강한소나무류는 보통 2개나 3개의 바늘잎을 가진다(Lanner,
1999).

소나무속은 대부분 높이가 높고, 2, 3, 5개의 긴 바늘잎이 하나의 묶음 또는 속
에서 나온다는 것이 다른 침엽수와 다르다. 딱딱한 구과는 여러 모양을 하며 둘
째 해에 익는데 종자가 날아간 뒤에도 남아 있다. 일반적으로 소나무속은 건조하
고 배수가 좋은 땅을 좋아한다(Leathart, 1977).

소나무속은 두 가지 형태의 바늘잎으로 구분된다. 소나무속의 가장 분명한 특
징은 한 속(束) 또는 묶음에 2~5개의 잎이 있는데 경우에 따라서는 1개일 경우도
있고 6~8개의 바늘잎이 한 속을 이루기도 한다. 소나무속 바늘잎의 두번째 특징
은 작은 삼각형의 갈색 인편으로 하나씩 나며 나선형으로 가지에 난다.

소나무속의 어린가지는 어린잎을 만들어 낸다. 웅성구화수는 그해 자란 가지
밑부분에서 바늘잎 대신 나며, 폴른을 날려 보낸 뒤에는 갈색으로 변하고 가지의

침엽수 사이언스 1

아랫부분은 헐벗은 상태로 남는다. 폴른은 이른 여름에 날리며 자성구화수에 도달하면 수정되는데 보통 다음 해 이른 여름에 수정된 뒤 가을이나 겨울에 숙성된다. 구과는 딱딱하며 나선형으로 된 인편으로 이루어지며, 수정된 다음해에 크기가 빠르게 커진다.

소나무속의 일부 종의 종자는 제법 커서 먹을 수 있다. 소나무속의 종자는 효과적으로 퍼져 갈 수 있는 날개를 가지고 있거나 날개 흔적만이 있기도 하다. 날알은 딱딱한 껍질로 둘러싸이며 싹은 땅속에서 솟아 자란다(Ruthforth, 1987).

소나무속은 거의 대부분 피라미드형의 모습을 가지고 있으나 일부 종은 관목 형태를 보인다. 다 자란 소나무의 잎은 포엽과 성숙한 잎이다. 소나무의 잎은 보통 2~5개의 바늘잎을 가지며 성숙한 잎은 5년 이상 유지된다.

포엽 苞葉, bract
식물의 싹이나 봉오리를 싸서 보호하는 작은 잎이다.

소나무의 구과는 같은 나무에 암수로 구분되어 있다. 폴른을 생산하는 웅성구화수는 짧고 원형이며, 구과를 맺는 자성구화수는 나사 모양으로 배열된 포엽 인편을 가진 중심축을 가지고 있다.

소나무의 폴른받이(pollination)는 바람에 의해서 이루어지며, 폴른의 생산량이 많아 눈으로 확인할 수 있을 정도이다. 소나무의 폴른은 표면에 있는 두 개의 칼날 같은 날개가 있어 멀리 날아갈 수 있다. 봄에 폴른받이가 되어 수정되는데 적어도 1년이 걸리며, 그동안 자성구화수의 크기는 작다(그림 2-4).

수정된 후에 구과는 빠르게 자라 커지는데, 처음에 녹색이던 구과는 갈색으로 변하며 종자는 다음 해 가을에는 완전히 익는다. 그러나 어떤 소나무 종류는 3년째 종자가 숙성하기도 한다. 대부분의 종자는 날개를 가지고 있는데 대부분 날개의 길이가 종자의 크기보다 길다(Hora, 1990).

2) 가문비나무속

가문비나무속의 바늘잎은 긴 가지에만 달린다. 구과는 가장 높은 가지에만 열려 그해에 익지만 그대로 매달려 있다가 인편이 열리면 종자가 빠져 나온다. 가문비나무 구과는 꽃눈받이를 할 때에는 곧게 서 있으나 수정 후에는 아래를 향해 매달려 있다(Ruthforth, 1987).

가문비나무속의 잎은 전나무와 비슷한데 뾰쪽하고 굳은 바늘잎을 가지고 있고, 구과는 가지 끝에 달리는데 익으면 매달려 있다는 점이 다르다. 가문비나무는 중요한 목재를 생산하는 수종이다(Leathart, 1977).

가문비나무속 나무의 외관은 불규칙적인 가지가 수평적으로 퍼져 있는 원추형에 가까우며 적갈색의 주름이 깊게 파여 있는 수피를 가지고 있다. 작은 가지는 잎이 줄기를 따라 아래로 뻗은 나무못 같은 모습을 하고 있다. 나무의 겨울눈은 나무진이 있기도 하고 없을 경우도 있다. 가문비나무의 잎은 바늘과 같고 잔가지 주위에 이중으로 수평으로 자란다.

가문비나무의 자성구화수와 웅성구화수는 같은 나무에 따로 열린다. 어린 자성구화수는 녹색이나 보라색이며 각각의 구과는 수많은 인편으로 덮여 있고 인편의 아래 끝에는 2개의 난자가 있다. 일단 수정이 되면 구과는 일년 이내에 숙성하며 나뭇가지에 매달려 있고 완전히 숙성되기 전에 구과는 열리지 않는다.

가문비나무의 종자는 날개가 있고 납작한 형태를 하고 있다. 번식은 주로 종자에 의해서 이루어지며, 어린가지는 늦은 봄철에 서리의 피해를 쉽게 받는다. 가문비나무류는 녹병균(*Chrysomyxa rhododendri*)의 공격에 쉽게 피해를 받는다(Hora, 1990).

가문비나무는 수관의 높은 곳에 흔들리는 구과를 맺는다. 구과가 가을에 숙성하면 가볍고 날개가 달린 열매는 재빠르게 퍼져 나간다. 가문비나무의 잎은 바늘잎과 같은 끝을 가지고 있으며 바늘잎이 떨어져도 단단한 작은 가지는 나무줄기에 남아 있다(Lanner, 1999).

3) 잎갈나무속

잎갈나무의 바늘잎은 가지에 여러 개의 잎이 나선형으로 모여서 나며, 구과는 작고 부드럽고 곧게 서며 종자를 떨어뜨린 후에도 몇 년 동안 가지에 붙어 있다(Leathart, 1977).

잎갈나무속은 낙엽침엽수 가운데 가장 큰 속이다. 잎갈나무속의 바늘잎은 봄에 싹이 터서 가을에 노란색으로 단풍이 들고 길거나 짧으며 구과는 짧은 가지에만 열린다(그림 3-35). 구과는 곧게 서며 첫해의 늦여름에 익지만 오랫동안 나무에 매달려 있다(Ruthforth, 1987).

잎갈나무는 나선형으로 불규칙적으로 퍼져 있는 가지가 피라미드처럼 자라는 나무이다. 바늘잎은 긴 나뭇가지에 나선형으로 자라며 짧은 가지 끝에 바늘잎이 촘촘하게 자란다. 자성구화수의 구과는 나중에는 곧게 일어서며 어릴 때는 매우 아름답다. 구과는 1년 이내에 숙성하며 익으면 연한 갈색으로 변하고 종자를 퍼트린 뒤에도 남아 있다. 성숙한 구과는 종을 동정하는 데 필수적으로 필요하다(Hora, 1990).

그림 3-35. 일본잎갈나무의 가을 모습 (강원 홍천군)

4) 전나무속

전나무는 높이 30~50m, 흉고직경이 1.2m까지 자란다. 나무의 줄기는 짧고 가냘 프며 비교적 단단한 수평으로 퍼지거나 약간 위로 치켜 올라간 가지에 짙은 녹색 의 잎이 나서 전체적으로 피라미드와 같은 수관을 하고 있다.

전나무의 수피는 갈색이나 회갈색으로 약간 쪼개져 있으며 나이 든 나무의 수 피는 갈라져 벗겨진다. 어린가지는 처음에 부드러운 솜털을 가지나 곧 털이 없어 지며 색깔은 황회색을 띠며 빛난다. 잎이 떨어지면 둥글고 가장자리가 흑갈색인 테두리가 남는다.

전나무의 겨울눈은 비교적 크고 달걀형이며 뾰족한 편이고 5~6겹의 비늘로 싸여 있으며 나무의 진이 약간 있거나 거의 없다. 전나무의 바늘잎은 납작하고 뻣뻣하며 길고 길이는 2~4.5cm, 너비는 2~2.5cm로 끝이 뾰족하다. 웅성구화수 는 길이 10mm로 모여서 노란색으로 피고 자성구화수는 짙은 자주색이다. 종자 는 길이 6mm, 너비 4mm이며 날개는 사각형에 가까운 타원형이다.

전나무의 구과는 익으면 밝은 갈색이고, 포린은 숨겨져 있다. 구과 비늘의 3분 의 1 정도는 들쭉날쭉한 작은 이 모양의 돌기를 한 가장자리를 하며 갈색을 띤 다. 구과는 9월 말부터 10월 초에 익는다(Liu, 1971).

포린 苞鱗, bract scale
침엽수의 구과축에 나선 모양으로 배열되어 주심을 이루고 있는 인편이다. 포린의 안쪽에 배주가 붙 어 있다.

전나무속의 구과는 암수가 같은 나무에 나며 웅성구화수는 지난 해 가지에서 난다. 개화시기는 4~5월이다. 자성구화수는 수평으로 자라는 가지에 하늘을 향 해 곧게 자라며 수많은 인편으로 덮여 있다. 난자가 있는 인편은 폴른을 받아들 이기 위해 열렸다가 폴른받이가 되면 바로 닫힌다. 수정은 폴른이 발아하는 2일 이내에 끝나며 전체 수정 과정은 4~5주가 걸린다. 구과는 같은 해 10~11월에 익 으며 나무에 달려 있는 동안 터져 열리고, 종자는 날개를 가지고 있다(Liu, 1971).

전나무속은 상록침엽수로 제법 긴 하나의 바늘잎이 나선형으로 가지에 나며 빗 과 같은 모양이다. 구과는 곧게 자라고 같은 해에 익는다. 가을이나 겨울에 구과가 벌어져 나오는 날개가 있는 종자가 바람에 의해 날려 퍼진다(Ruthforth, 1987).

전나무는 36m까지 자라고 바늘잎은 끝이 갈라지지 않고 목재는 여러 용도로 사용한다. 전나무속은 디스크 모양의 바늘잎 흔적이 가지에 남는 점과 구과가 바르게 향하여 자라다가 종자가 익는 대로 흩어져 퍼져 나가는 것이 다른 침엽수와 다른 점이다(Leathart, 1977).

전나무속 나무들은 하늘을 향해 서 있다가 숙성하면 벌어지는 구과와 하나씩 나는 바늘잎 그리고 둥글지만 껍질보다 낮게 있는 바늘잎의 흔적 등이 어우러져 다른 침엽수와 쉽게 구분된다(Hora, 1990).

5) 솔송나무속

솔송나무속은 10~11속으로 되어 있으며 바늘잎이 납작하고 넓으며 매달려 있는 구과는 3cm를 넘지 못한다. 솔송나무는 20m까지 자라며 수관은 넓은 원추형으로 여러 개의 줄기가 있다. 수피는 짙은 회색으로 부드럽지만 나중에는 작은 조각으로 쪼개진다. 가지는 처음에는 밝은색이지만 나중에는 갈색으로 바뀐다. 바늘잎은 길이 0.7~2cm, 너비 0.2cm이며, 구과는 둥근형으로 짙은 갈색이며 2.5cm로 자란다(Ruthforth, 1987). 솔송나무속은 가문비나무와 비슷하지만 키가 작고 부드럽고 잎이 섬세하며 구과는 매우 작고 둥글다(Leathart, 1977).

솔송나무속은 피라미드 형태의 수관을 하고 가지는 지면에 흔들흔들하며 수평하게 자란다. 잎은 납작하며 줄기(엽병)는 짧지만 6~7년 간 매달려 있다가 떨어진다. 가문비나무는 꼭지가 없고, 잎이 떨어진 흔적이 가지에 다이아몬드 형태로 남고, 구과의 길이가 2.5cm여서 솔송나무와 구분된다.

솔송나무 수나무의 구과는 노랑에 가까운 백색이지만 붉은색을 띠며 5mm까지 자라는 작은 크기이다. 암나무의 구과는 길이가 2.5cm 미만으로 매우 작다. 구과는 가지에 흔들거리며 매달려 있는데 첫해에 익지만 종자는 작고 날개가 있으며 6~7년이 지나서야 떨어진다(Hora, 1990).

05 소나무과의 분포

1) 소나무속의 분포

(1) 동아시아의 소나무 분포

온대림은 북반구에서 소나무속의 서식에 가장 중요한 서식처이다. 동북아시아의 일본과 한국 남부 해안가 1,000m까지에는 곰솔이 자란다. 일본, 한국, 만주의 경우 낮은 산지에서 중간 고도까지에는 소나무가 우점하고, 고도가 높아지면 잣나무의 출현 빈도가 증가한다.

동아시아에는 한랭한 기후에 자라는 시베리아소나무, 눈잣나무, 잣나무 등 3종류의 소나무속 나무가 자라고 이들의 분포역은 겹치는 부분이 있다(Schmidt, 1994).

동위효소 유전자좌에 기초한 F-통계분석에 따르면 시베리아소나무, 눈잣나무, 잣나무 등 유라시아 한대성 소나무의 자연 군락 사이에서는 같은 종끼리의 유전적 차이가 상대적으로 낮은 것으로 조사되었다. 동위효소 유전자다양성의 2~4%만이 다른 종 사이의 변이에 의한 것이고 96% 이상의 전체 변이의 대부분은 같은 종끼리의 변이를 나타냈다(Krutovskii et al., 1994).

시베리아소나무, 눈잣나무, 잣나무의 유전적인 차이를 분석한 결과 시베리아소나무와 눈잣나무는 유전적인 차이가 0.202였고, 시베리아소나무와 잣나무의 차이는 0.235였다. 그러나 눈잣나무와 잣나무는 번식 방법이나 형태적인 공통점이 적지만 유전적인 차이는 0.105로 낮아 그들의 기원에 대하여 새로운 접근이 필요함을 나타냈다.

눈잣나무와 잣나무는 비교적 가까운 과거에 공통의 조상으로부터 기원한 것으로 볼 수 있다. 눈잣나무와 잣나무의 유전적인 차이점이 낮은 것은 두 종 사이에 잡종화를 통한 유전자 교환이 있었기 때문으로도 볼 수 있다. 또한 cpDNA 분석 결과 눈잣나무와 잣나무는 서로 다른 갈래의 분지형 그룹에 속하는 것으로 조사되었다(Krutovskii et al., 1994).

잣나무는 한국, 중국 북동부, 시베리아 남동부, 일본의 혼슈와 시코쿠에 자라는데 눈잣나무에 비하여 저지에 분포한다(Schmidt, 1994). 눈잣나무의 분포지는 시베리아 동북부, 일본, 한국, 중국 동북부의 아고산대이다. 지리적 범위는 북으로는 북위 70도의 북극해부터 서쪽으로는 몽골과 바이칼호수, 남쪽으로는 한국과 일본의 혼슈에 자라는데, 동서로는 4,000km, 남북으로는 3,000km 범위에 자란다. 수직적 분포 범위는 북쪽에서는 저지로부터 남쪽에서는 높은 산지에 이른다. 생육형은 일반적으로 덤불을 이룬다(Schmidt, 1994).

소나무(Pinus densiflora)는 수평적으로는 동아시아 내에서 중국 헤이룽장, 지린, 랴오닝, 산동, 한반도, 러시아 극동 연해주, 일본 혼슈, 시코쿠, 규슈, 홋카이도 남단에 자란다.

일본에서는 혼슈, 시코쿠, 규슈에 분포하는데, 북위 42도 41분의 홋카이도 타라무이산에서부터 남쪽으로는 규슈 남단에 있는 야쿠시마와 쓰시마, 오키섬에 이르기까지 분포하며, 한국과 중국의 산둥반도 등지에도 자란다. 소나무는 곰솔과 자연적으로 교배한다(Mirov, 1967).

또 다른 연구에 의하면 소나무는 일본의 혼슈 북부부터 규슈 남부 야쿠시마까지, 한국에서 중국 북동부(만주)와 산둥반도, 러시아 연해주에 분포한다(Critchfield and Little, 1966; Little and Critchfield, 1969; Ruthforth, 1987).

소나무는 아시아의 중국 동부 일부 지역, 만주(동북 3성) 남단 구릉 지대, 일본 혼슈 이남, 러시아 남단 연해주 지방 등에 자라며, 우리나라에서는 개마고원 이남의 전국에 자란다는 연구도 있다(김종원, 2013).

동아시아에서 소나무는 수직적으로 다양한 높이에 자란다. 중국 동북부, 한국 동부, 일본 800~920m에 자라며(Silba, 1984, 1986), 일본에서는 해안가에서 2,300m까지 자란다(Mirov, 1967). 소나무는 일본의 혼슈, 시코쿠, 규슈, 홋카이도 남단, 한국, 중국 산둥, 장쑤 등에 자란다. 일본에서 소나무는 해안부터 2,300m까지에서 울창한 숲을 이루지만 선충의 피해로 많이 파괴되었다(Farjon, 1984).

소나무는 일본의 규슈, 시코쿠, 혼슈, 홋카이도 남부 1,400m까지, 한국, 중국의 만주에 자라며(Debazac, 1964), 그 밖에도 러시아 연해주, 중국 헤이룽장성, 지린성, 랴오닝성, 산둥성, 장수성, 안휘성에 분포한다. 일본에서는 해발 2,300m까지 자라지만, 중국 동북 지방에서는 900m, 한국에서는 1,300m까지 자란다(Farjon and Filer, 2013). 소나무는 멸종위기종이 아니다(Farjon, 1998).

(2) 동아시아의 곰솔 분포

곰솔(*Pinus thunbergii*)은 주로 해안에 분포하는 종으로 일본의 혼슈, 규슈, 시코쿠, 한국 남부에 분포한다. 일본에서는 북위 29도 다카라섬에까지 자란다(Critchfield and Little, 1966). 곰솔은 일본의 중부와 남부 해안 지방에 자란다(Leathart, 1977). 곰솔은 일본의 혼슈, 시코쿠, 규슈 해안가에 주로 분포하며 한반도의 남해안에도 자란다. 분포의 북한계선은 41도 34분이고 남한계선은 북위 29도의 규슈 다카라섬이다(Mirov, 1967a).

곰솔의 수직적 분포는 해안가에서 700m까지이고 남쪽에서는 950m까지이다(Mirov, 1967a). 중국에서는 중국 북부, 쓰촨 동부~지린 남동부 100~2,600m에 자란다(Silba, 1984).

또 다른 연구에 의하면 곰솔은 일본의 혼슈, 시코쿠, 규슈, 한국 남해안에서도 나며 분포 고도는 바닷가에서 1,000m까지이다(Farjon, 1984). 곰솔의 분포지는 남한, 일본 해안 평지로 0~1,000m에 자란다(Silba, 1986). 곰솔은 홋카이도를 제외한 일본, 남한의 해안에 자라는 교목으로 멸종위기종은 아니다(Farjon, 1998). 대만에서는 700m까지 분포한다(Debazac, 1964).

곰솔은 중국 동부 일부 지역, 일본 혼슈 이남에 자라며, 우리나라에서는 중부 이남 해안에 주로 분포한다는 연구도 있다(김종원, 2013). 이 밖의 연구에 따르면 곰솔은 한국과 일본의 해안 가까운 저지와 섬 지방에 나타나며, 일본에서는 해발 고도 1,000m까지 자란다(Farjon and Filer, 2013).

또한 곰솔은 한국 남부 해안, 일본의 혼슈, 규슈, 시코쿠에 분포하며, 바람에 실려 오는 소금에도 잘 견딘다(Ruthforth, 1987). 소나무와 자연적으로 교배한다(Mirov, 1967a).

(3) 동아시아의 섬잣나무 분포

섬잣나무(*Pinus parviflora*)는 일본의 홋카이도 남단, 혼슈 북부, 혼슈 남부, 시코쿠, 규슈의 섬에도 자란다(Farjon, 1984; Ruthforth, 1987). 섬잣나무는 *Pinus pentaphylla*라고 부르기도 하며 한국의 울릉도와 홋카이도 남부 60~800m, 혼슈 북부 100~1,800m에서 자란다(Mirov, 1967a). 섬잣나무는 홋카이도 남부를 포함한 일본 전역에 자라며 한국의 울릉도에도 자란다(Critchfield and Little, 1966).

섬잣나무의 수직적 분포는 바닷가에서 2,500m까지이지만 1,000~1,500m 사이에서 잘 자란다(Farjon, 1984). 일본에서는 해발 60~2,500m 사이에 자란다(Krüssmann, 1985). 시코쿠, 혼슈, 홋카이도 남동부의 1,300~1,800m(Den Ouden and Boom, 1965) 혹은 1,300~2,000m 사이에 자란다는 연구도 있다(Debazac, 1964). 섬잣나무는 일본 열도와 한국의 울릉도에 자라며, 해발 2,500m까지에 자라는데 1,000~1,500m 일대가 적지이다(Farjon and Filer, 2013). 섬잣나무는 일본의 2,500m까지 흔하게 나타난다(Richardson and Rundel, 1998).

섬잣나무는 남한의 울릉도, 일본의 홋카이도 남단, 혼슈 북부와 남부, 규슈의 섬에 나며, 바닷가에서 2,500m까지 자라는데 1,000~1,500m 사이에서 잘 자란다.

(4) 동아시아의 잣나무 분포

동아시아의 아고산대는 잣나무(*Pinus koraiensis*)가 흔하고 잣나무는 시베리아 동부에까지 분포한다. 잣나무는 전나무속이 자라는 침엽수림에 자주 나타나며 시베리아와 만주에서는 600~1,000m, 일본에서는 1,050~2,600m에서 자란다. 잣나무와 북방활엽수 혼합림은 북위 54도의 시베리아 남부부터 중국 북동부, 북한, 일본 혼슈와 시코쿠에 자란다(Richardson and Rundel, 1998).

동아시아에서 잣나무는 주로 북쪽에서 널리 자란다. 동아시아에서 잣나무는 수평적으로 러시아의 아무르와 연해주, 한국, 일본 혼슈의 일부 지역에 분포한다(Mirov, 1967). 이 밖의 연구에 따르면 잣나무는 한국, 만주 동부, 시베리아 남동부에 분포하고 일본의 혼슈와 시코쿠(Critchfield and Little, 1966), 중국 북동부, 한국, 일본의 아고산 지대(Leathart, 1977), 러시아의 아무르, 연해주, 한국, 일본의 혼슈에 분포하며 북한계선은 북위 50도이다(Mirov, 1967).

또 다른 연구에 의하면 잣나무는 중국 북동부, 시베리아의 아무르강 북부, 한국에 분포한다. 일본의 혼슈에 난다. 잣나무는 북위 50도까지 자라며 그보다 북쪽에서는 눈잣나무로 바뀐다(Farjon, 1984).

잣나무의 수직적 분포역은 지역에 따라 다르다. 러시아 아무르 일대에서 잣나무는 600~900m 사이에 분포하고, 시코테알린산맥에서는 전나무와 같이 해발고도 600m까지에 자란다. 잣나무는 시베리아에 바닷가에서 600m까지 자라며 일본에서는 2,500m까지 난다. 일본에서는 다른 소나무류와 함께 자란다(Farjon, 1984). 중국 동북부 흥안령산맥에서는 600~900m 사이에 분포하지만 목재로 가치가 높아 빠르게 사라진다.

잣나무는 신생대 제3기의 유존종으로 러시아 동남부, 중국 북동부, 북한, 일본 혼슈 등 동아시아에 자란다. 잣나무는 백두산 500~1,200m에 주로 자라며, 1,800m까지도 부분적으로 나타난다. 잣나무는 300~400년 동안 사는 나무로 500년까지 살기도 한다(Chun, 1994).

한국의 동부와 중부에서는 600m 이하에서는 거의 자라지 않으며 1,200m에까지 자란다. 북위 35도 15분의 지리산에서는 1,100~1,500m 사이에 자란다. 일본에서는 혼슈 중부의 2,000~2,500m 사이에 흩어져 자란다. 혼슈 북부에서는 1,200~1,600m에, 시코쿠에서는 1,150~1,400m에 분포한다(Mirov, 1967). 잣나무는 한국 동부, 중국 북동부, 러시아 동부, 일본 중부의 150~1,800m에 자란다(Silba, 1984; 1986). 잣나무는 중국의 만주, 한국 600~1,200m 사이에 분포한다(Debazac, 1964).

잣나무는 러시아 연해주, 시코테알린산맥 동쪽, 북한, 중국의 지린, 헤이룽장 그리고 남한의 높은 산지와 일본의 혼슈 중부나 시코쿠에도 자란다. 일본 혼슈에서는 2,080m에서도 발견된다(Lanner, 1990).

기후변화는 식생군락 패턴을 바꾸지 않지만 식생 분포의 수직적 상한계선의 위치를 바꾼다. 러시아 연해주의 시코테알린산맥의 수직적 식생은 500~600m까지 잣나무~낙엽활엽수림이 분포한다. 900~1,000m까지는 잣나무~가문비나무~전나무림이 나타나며 잣나무~낙엽활엽수림에서 가문비나무~전나무림으로 바뀌는 점이 지대이다(Arzhhanova, 1996).

잣나무는 중국의 헤이룽장성, 지린성, 랴오닝성, 러시아 연해주, 북한, 남한, 일본의 혼슈와 홋카이도 등 동아시아에 자라는데 동해 주변 지역에 나타난다. 수직적으로 러시아 연해주에서는 200~600m, 중국에서는 500~1,300m, 일본에서는 2,500m까지 분포한다(Farjon and Filer, 2013).

잣나무는 멸종위기종은 아니며, 러시아 아무르, 하바로브스크, 연해주, 중국 북동부 헤이룽장, 지린, 한반도, 일본 혼슈, 시코쿠에 분포한다. 북위 50도까지 자라며 그 북쪽에서는 눈잣나무로 바뀐다(Farjon, 1998; Farjon and Filer, 2013).

(5) 동아시아의 눈잣나무 분포

눈잣나무(*Pinus pumila*)는 수평적으로 동시베리아, 시코테알린산맥, 연해주, 캄차카반도, 사할린, 쿠릴열도, 한국과 만주의 고산대, 일본 홋카이도와 남한계선인 북위 35도 20분의 혼슈에 분포한다. 눈잣나무는 북극권 북쪽에 분포하는데 시베리아 북동부, 동아시아에서 일본 중부 고산대, 한국, 중국 북동부(만주)까지 분포한다. 분포의 북한계선은 북위 70도 31분의 레나강 하류이다(Mirov, 1967a).

다른 연구에 따르면 눈잣나무는 몽골 북부, 중국 북동부, 한국 북부, 러시아 동부, 일본 북부에 자라거나(Silba, 1984) 시베리아 동부, 러시아의 태평양 연안, 중국 동북부, 한국, 일본의 혼슈와 홋카이도에 자란다(Rushforth, 1987). 사할린 오호츠크해 쪽에서는 해면 가까이에 자란다(그림 3-36). 만주 내륙, 한국에도 자란다

그림 3-36. 눈잣나무, 바다 건너편에 보이는 설산은 일본 홋카이도의 라우스산 (러시아 쿠릴열도 쿠나시르섬)

(Den Ouden and Boom, 1965).

눈잣나무는 스트로부스절의 소나무속 가운데 북위 70도 북쪽에 자라는 유일한 종으로 북극권의 콜리마강 삼각주에서는 북극해에 100km 정도까지 나타난다. 주된 분포지는 러시아 극동에서 동쪽으로는 베링해로부터 캄차카반도, 쿠릴열도, 사할린, 블라디보스토크로부터 서쪽으로는 레나강과 바이칼호수, 몽골까지 분포한다. 일본에서는 홋카이도에서 도쿄 가까이의 혼슈까지 분포하며 북한과 만주에도 분포한다(Lanner, 1990).

눈잣나무의 수직적 분포는 러시아 캄차카반도에서 300~1,000m, 일본 홋카이도 북부에서 50~1,720m(그림 3-37), 혼슈 중부에서 1,400~3,180m, 한국에서 900~2,540m에 이른다. 러시아 베르호얀스크산맥에서는 900~1,000m에 자란다(Mirov, 1967a). 눈잣나무는 캄차카, 시베리아, 아무르, 사할린, 쿠릴, 일본에 자라며 추위에 노출된 설선(雪線, snow line) 가까이까지 자란다(Krüssmann, 1985).

또 다른 연구에 의하면 눈잣나무는 러시아 북동부, 캄차카(300~1,000m), 몽골 북부, 중국 북동부와 네이멍구, 아무르강 유역, 한반도, 일본 홋카이도, 혼슈

그림 3-37. 눈잣나무 (일본 홋카이도 다이세츠산)

(1,400~2,300m)에 난다. 북쪽으로 랍테프해에서 동시베리아해까지, 동쪽으로 베링해까지, 서쪽으로는 몽골 북부와 바이칼호수, 남쪽으로 한국과 일본 혼슈까지 분포한다. 북쪽 저지에서 1,000m까지 자라지만 남쪽의 일본에서는 3,180m, 한국에서는 2,450m까지 자란다(공우석, 2004). 눈잣나무의 분포지는 몽골 북부, 중국 북동부, 북한, 러시아 동부, 일본 북부 300~3,700m이다(Silba, 1986).

이 밖의 연구에 따르면 일본에서 눈잣나무는 1,400~2,300m 사이에 자라지만 캄차카반도에서는 300~1,000m에 자란다(Farjon, 1984). 눈잣나무는 몽골 북부, 시베리아 동부, 러시아 극동, 중국의 네이멍구와 만주 일대, 한반도, 일본에 자라는 관목으로 멸종위기종은 아니다(Farjon, 1998).

눈잣나무는 북쪽에서는 울창하고 연속적으로 자라지만, 한반도와 일본열도에서는 산정 부근에 격리되어 자란다. 러시아에서는 해발 1,200m까지 자라지만, 일본에서 눈잣나무는 해발 1,400~3,200m 사이에 주로 분포한다(Farjon and Filer, 2013).

눈잣나무는 러시아 극동의 대부분과 사할린, 일본, 한국, 중국에 분포한다. 눈잣나무는 서쪽으로는 레나강, 올레니에크강 분지까지 자라며, 수직적으로는 해안에서 고산대의 교목한계선까지 나타난다(Kremenetski et al., 1998). 일본 혼슈에서는 2,400m에서도 발견된다(Lanner, 1990). 눈잣나무의 일본 내 남한계선인 주부 지방에서의 수직고도는 1,961~3,192m이다(Nakashinden, 1994).

분포 남한계선에서는 관목으로 덤불을 이루며 고산대에만 나타난다. 한때 눈잣나무는 시베리아소나무와 관련이 깊은 것으로 알려졌으나, 섬잣나무에 가까운 것으로 보는 의견도 있다(Critchfield and Little, 1966).

눈잣나무는 시베리아 동부, 러시아의 태평양 연안, 중국 동북부, 한국, 일본의 혼슈와 홋카이도에 자라며, 동북아시아 원산으로 아고산대에 자란다. 시베리아소나무, 잣나무와 분포역이 겹치나, 눈잣나무는 잣나무에 비하여 고지대에 자라며 멸종위기종은 아니다.

2) 가문비나무속의 분포

(1) 동아시아의 가문비나무 분포

가문비나무(*Picea jezoensis*)는 수평적으로 러시아의 연해주, 사할린, 중국 동북부, 한반도, 일본 혼슈와 홋카이도가 원산지이다(Ruthforth, 1987). 가문비나무는 중국 북동부, 한국, 러시아 시베리아, 일본 홋카이도 1,000~1,300m에 자란다(Silba, 1984). 가문비나무는 중국 북동부, 한국, 일본 북부에서 쿠릴열도에 이르는 지역에서 가장 중요한 상록침엽수의 하나이다(Leathart, 1977).

가문비나무는 러시아 캄차카반도, 시베리아 연안, 연해주, 쿠릴열도, 사할린, 중국 지린성, 북한, 남한, 일본 홋카이도, 혼슈 등지에 나타난다(Farjon, 1990; Farjon and Filer, 2013). 또 다른 연구에 의하면 가문비나무는 북동아시아, 일본, 오호츠크해의 아잔에서 아무르, 한국, 만주에 이르는 지역에 분포한다(Den Ouden and Boom, 1965).

가문비나무의 분포지는 러시아 연해주, 사할린, 캄차카 중부, 쿠릴열도, 오호츠크해 아잔에서 아무르, 중국 북동부, 만주 해안 지대, 한반도, 일본 홋카이도, 혼슈 등이다. 수직적 분포지는 중국 북동부, 한국, 러시아 시베리아, 일본 홋카이도 1,000~1,300m이다(Silba, 1986).

(2) 동아시아의 종비나무 분포

종비나무(*Picea koraiensis*)는 수평적으로 한국, 태평양측 러시아, 중국 동북부에서 자라며(Rushforth, 1987), 야생에서 보통은 작게 자라지만 80m까지 자라기도 한다. 북한의 압록강 유역과 해안 가까운 몇 곳 그리고 백두산에 자라며 러시아의 우수리강 유역에도 자란다(Farjon, 1990). 종비나무는 중국의 헤이룽장성, 지린성, 북한에 분포한다(Farjon and Filer, 2013).

종비나무는 수직적으로 중국 북동부, 한국 북부, 러시아 우수리 일대 400~1,800m에 자란다(Silba, 1984, 1986; Farjon, 1988; 공우석, 2004).

(3) 동아시아의 풍산가문비나무 분포

풍산가문비나무(*Picea pungsanensis*)는 함북 풍산에 분포한다. 중국 동북 림강현에도 풍산가문비나무가 분포한다는 보고(임록재 등, 1996)에 대해서는 현지 조사와 검토가 필요하다.

3) 잎갈나무속의 분포

(1) 동아시아의 잎갈나무 분포

잎갈나무(*Larix olgensis* var. *koreana*)는 시베리아 동부와 중국 북동부 원산이다(Rushforth, 1987). 잎갈나무는 시베리아에서 만주를 거쳐 한국에까지 자라는 낙엽침엽수이다(Leathart, 1977). 잎갈나무는 수평적으로 북극해부터 동해에 이르는 지역에 분포한다(Farjon, 1990). 러시아의 바이칼호수, 예니세이강, 오호츠크해, 베링해에 걸치는 넓은 지역에 분포하며(Farjon and Filer, 2013), 아시아에서는 북방의 저지로부터 아극지대까지 분포하는데, 지리적으로는 북동시베리아로부터 한국까지 분포한다(LePage and Basinger, 1995).

잎갈나무는 헤이룽장, 지린 동부, 랴오닝 서부에도 자란다(Wang, 1995). 잎갈나무는 중국 북동부의 허베이, 만주, 네이멍구, 산시 북부와, 북한, 몽골, 러시아의 동시베리아, 연해주 등지에 분포하는 교목으로(Farjon, 1998), 높이 20~30m로 자라며 분포지는 동아시아의 시베리아 동부에서 중국 동북부를 거쳐 캄차카까지 자란다(Welch, 1991). 동아시아에는 잎갈나무, 만주잎갈나무 등이 아고산대부터 북방 교목한계선까지 나타난다(Schmidt, 1995).

잎갈나무는 수직적으로 대흥안령산맥 300~1,200m 사이의 낮은 곳에서는 저습지부터 산정에까지 분포하고, 소흥안령산맥에서는 400~600m 사이의 완만한 사면이나 강가에 순군락을 이루거나 다른 활엽수와 섞여 분포한다(Wang, 1995).

잎갈나무의 주된 분포지는 한반도의 아고산 지대로 금강산(900m~), 낭림산(1,900~2,300m), 백두산(500~2,300m), 후치령(1,300m) 등이다. 잎갈나무는 중국 북부, 동시베리아의 500~1,000m에 자라며, 구과의 편린(片鱗)은 25~40개가 있다(Hong, 1995).

잎갈나무는 시베리아 동부와 중국 북동부 원산으로 러시아 시베리아, 동예니세이강 일대, 연해주, 중국 북동부 허베이, 만주, 네이멍구, 산시 북부, 몽골, 북한 등에 자란다.

(2) 동아시아의 만주잎갈나무 분포

만주잎갈나무(*Larix olgensis* var. *amurensis*)는 러시아 연해주, 중국 헤이룽장성, 지린성, 북한 등지에 자란다(Farjon and Filer, 2013). 한국에 나타난다는 연구도 있다(Schmidt, 1995). 만주잎갈나무는 동시베리아 블라디보스토크 북동부 200km 지점의 올가와 블라디마르에 분포한다(Den Ouden and Boom, 1965; Krűssmann, 1985). 만주잎갈나무의 분포지는 러시아 블라디보스토크 북동부 올가로부터 북한, 중국의 지린, 랴오닝 동부에 분포한다(Farjon, 1990).

만주잎갈나무는 시베리아 동부와 중국 북동부 원산이다(Ruthforth, 1987). 만주잎갈나무는 한국의 백두산에 자란다(LePage and Basinger, 1995).

만주잎갈나무는 수직적으로 높은 산지의 낮은 지역부터 중간 고도에서 자란다. 특히 습지나 해발 500~1,800m 산지 사이에 있는 늪지에서 잘 자란다(Farjon, 1990). 수직적으로 중국 헤이룽장, 한국 북서부 1,400~2,800m에 자란다(Silba, 1984). 만주잎갈나무는 쑹화강 남쪽, 완다산맥, 장구앙카이산맥의 500~1,200m와 백두산 500~1,800m에 분포한다(Wang, 1995).

만주잎갈나무는 *Larix dahurica* var. *koreana*라고도 불리며 중국 북동부의 지린, 랴오닝, 북한, 러시아 극동의 시코테알린산맥 등지에 자라는 교목으로 멸종위기종은 아니다(Farjon, 1998).

4) 전나무속의 분포

(1) 동아시아의 전나무 분포

전나무(*Abies holophylla*)는 수평적으로 중국 동북부 만주 지방과 허베이 그리고 한국 북부에 자란다(Liu, 1971). 전나무는 한국과 중국 동북부가 원산지이다(Rushforth, 1987). 전나무는 중국 북동부, 시베리아 남동부, 북한의 구릉과 산지에 자란다. 전나무는 한국의 서울 북쪽 산지부터 시베리아 남동부 블라디보스토크 북쪽의 산지까지, 중국의 지린, 헤이룽장 부근까지 분포한다. 중국의 허베이 북부, 헤이룽장 북부, 남한과 제주도까지 격리되어 분포한다(Farjon, 1990).

전나무가 분포하는 수직고도는 북쪽에서는 10~1,200m, 남쪽에서는 500~1,500m이다(Farjon, 1990). 전나무는 분포의 북한계선인 러시아 연해주에서는 해발 1,200m까지 자란다(Farjon and Filer, 2013). 수직적으로는 해발 600m에 주로 자라지만 1,500m에서도 발견되었다(Liu, 1971). 전나무는 시베리아 동부의 해안에서 가까운 지역, 북한, 남한의 300~1,200m에 분포한다(Debazac, 1964). 전나무는 러시아 블라디보스토크 북부 산지로부터 남한에 이르는 곳에 자라며 중국의 헤이룽장과 지린에 이르는 동아시아에 자라는 교목이다(Farjon, 1998).

전나무는 젓나무라고도 하며, 한반도와 중국 동북부가 원산지로 현재는 러시아 동남부 블라디보스토크 북부 산지, 중국 허베이 북부, 헤이룽장 북부, 지린, 한반도 등 동북아시아에 자란다.

(2) 동아시아의 구상나무 분포

구상나무(Abies koreana)는 한국의 제주도, 지리산에 자라며 러시아의 시호테알린산맥에도 격리되어 난다. Kolesnikov(1938)은 낮고 덤불로 자라는 구상나무 '프로스트라타'(Abies koreana form. prostrata)를 블라디보스토크 동북쪽 시코테알린산맥에서 보고했으나, 식물학적 특징은 구상나무와 크게 다르지 않았다. 이것은 구상나무의 주 분포지로부터 살아남은 생태형(ecotype)으로 분비나무 분포지 안에 자란다(Farjon, 1990). 그러나 러시아에 분포한다는 구상나무에 대해서는 확인이 필요하다.

구상나무는 한국의 한라산, 지리산, 덕유산, 러시아의 시코테알린산맥에서 알려졌다. 위기 정도는 낮지만 거의 위기에 처한 종이다(Oldfield et al. 1998).

(3) 동아시아의 분비나무 분포

분비나무(Abies nephrolepis)는 중국 동북부의 홍안령산맥 일대가 원산지로 러시아 시베리아 동남부 레나강에서 시코테알린산맥, 중국 홍안령산맥, 지린, 산시에 자라며, 남쪽으로는 허베이 우타이산, 한반도에 분포한다.

분비나무는 중국 동북부의 홍안령산맥 일대가 원산지로 수평적으로 남쪽으로는 베이징 서쪽의 우타이산까지 자라며 러시아의 연해주와 한국에도 자란다(Rushforth, 1987). 분비나무는 러시아 시베리아의 레나강에서 시코테알린산맥, 중국 북동부 만주, 산시, 남부의 허베이성 우타이산까지, 북한과 남한에 자라는 교목이다(Farjon, 1998).

분비나무는 아무르강 일대, 러시아 연해주, 중국 동북부 만주, 허베이, 산시, 간 쑤 등지와 한반도에 나타난다. 분비나무의 분포의 북한계선은 동시베리아의 북 위 54도 45분의 레나강 북쪽이고 중국 서쪽의 장시성, 동북 지방인 만주, 북위 35 도 20분의 남한의 지리산이 분포의 남한계선이다. 경도상으로는 동경 113~140 도 사이에 자란다.

다른 연구에서도 분비나무는 시베리아 동남부 레나강으로부터 시코테알린 산맥, 중국 북동부 대흥안령산맥, 소흥안령산맥, 지린성, 산시성에 자라며, 남쪽 으로는 허베이성 우타이산까지 분포하며, 한반도에서는 남한과 북한에 자란다 (Farjon, 1990).

분비나무는 전나무와 유사한 분포역이지만 보다 북쪽까지 자라서, 중국의 헤 이룽장성, 허베이성, 산시성, 지린성, 러시아의 시코테알린산맥, 북한, 남한에 자 란다(Farjon and Filer, 2013).

또 다른 연구에 의하면 분비나무는 북위 54도 45분의 시베리아 동남부로부터 시코테알린산맥, 중국 북동부 대·소흥안령산맥, 지린성, 산시성에 자라며, 남쪽으 로는 허베이성 우타이산까지 분포하며, 남한과 북한에 자란다. 북위 35도 20분의 남한의 지리산이 분포의 남한계선이다(Lanner, 1999).

분비나무는 수직적으로 산지의 구릉부터 중간 고도까지 분포하는 종으로 분 포의 북한계선인 시베리아 동부에서는 500~700m에 분포하고 중국 북동부 에서는 750~2,000m에 자란다(Farjon, 1990). 만주에서 한국까지, 한국에서는 700~1,500m에 분포한다(Debazac, 1964). 분비나무는 해발 500m 이상부터 나타 나지만 1,200~2,000m 사이에서 잘 자란다. 수직적으로 동시베리아에서는 500m 까지 자라고 시코테알린산맥에서는 1,500m 이상에서, 백두산에서는 2,000m까 지 자라지만 1,800m 일대에 가장 흔하다(Liu, 1971; Lanner, 1999). 분비나무는 중 국 북부, 러시아 동시베리아, 한반도 500~2,000m에 분포한다(Silba, 1984).

분비나무는 중국 동북부의 흥안령산맥 일대가 원산지로 남쪽으로는 베이징 서 쪽의 우타이산까지 자라며 러시아의 연해주와 한국에도 자란다(Ruthforth, 1987).

5) 솔송나무속의 분포

(1) 동북아시아의 솔송나무 분포

솔송나무속은 9종이 있으며 수평적으로 북아메리카(동부 2종, 서부 1종)와 히말라야에서 중국을 지나 일본과 대만에 격리되어 자란다(공우석, 2004).

솔송나무(*Tsuga sieboldii*)는 일본 중부와 남부뿐만 아니라, 시코쿠와 규슈에 자란다(Leathart, 1977). 혼슈의 남부, 야쿠시마에도 분포한다(Farjon, 1990).

솔송나무는 수직적으로 해발 500~1,500m 사이의 구릉과 산지에 자란다(Farjon, 1990). 분포지는 일본 남부 시코쿠, 혼슈 남부, 규슈 300~1,800m이다(Silba, 1984; 1986). 솔송나무는 일본의 300~1,400m 사이에 분포한다(Debazac, 1964)는 연구도 있다. 솔송나무는 일본의 혼슈, 시코쿠, 규슈, 야쿠시마, 한국의 울릉도 등지의 해발 400~1,500m 사이에 분포한다(Farjon and Filer, 2013).

06 소나무과의 생태와 환경

1) 소나무과의 생태

(1) 소나무속의 생태

한반도에서 소나무속은 중생대 백악기, 신생대 제3기 마이오세, 제4기 플라이스토세, 홀로세에 전국에서 나타나 가장 성공적으로 적응한 종류로 현재에는 한랭한 북부 고산 지대부터 온난한 제주도의 해안가에 이르기까지 다양한 생태적 범위에 걸쳐 넓게 분포한다(공우석, 2006b)(그림 3-38).

소나무속은 생태적으로 매우 적응성이 높아서 유라시아의 툰드라 교목한계선에서 니카라과의 아열대 해안 사바나 지역까지, 그리고 태평양 연안의 바다 소금기가 있는 지역에서부터 유럽과 미국 서부의 고산대 교목한계선에까지 자란다.

소나무속은 가장 종 수가 많고 다양하게 진화한 침엽수로 거의 대부분 북반구에 나타나는데, 열대, 아열대, 북극과 아북극에도 자라며 이 사이의 거의 모든 지역에 자란다. 소나무속은 경제적으로도 가장 중요한 나무로 북반구에 걸쳐 분포하고 적도를 건너 인도네시아까지 자란다(Ruthforth, 1987).

그림 3-38. 소나무 (경북 예천군)

 대부분의 소나무속은 키가 크고 독립된 나무로 자라지만 일부는 여러 가지가 뻗은 관목으로도 자란다. 소나무 중에 미국 캘리포니아 화이트산(White Mountain)에 자라는 브리슬콘소나무(*Pinus longaeva*, Bristlecone pine tree)는 5천 년 이상 살아 나무 가운데 가장 오래 사는 종의 하나이다(그림 3-39). 브리슬콘소나무는 5개의 바늘잎이 한 묶음씩 달려 있다. 소나무속은 산지의 혼합 침엽수림대에서는 넓게 퍼져 개방된 단순림을 만든다.

 소나무속의 대부분은 토양 속에 자라는 많은 담자균류, 균근류와 공생하여 척박한 토양에 잘 적응한다. 소나무속은 멕시코와 미국에서는 종 다양성이 매우 높지만 소나무과 다른 종류들의 다양도가 높은 중국과 일본에서는 종 다양성이 높지 않다(Farjon, 1998).

그림 3-39. 브리슬콘소나무 (미국 캘리포니아 화이트산)

담자균류 擔子菌類, Basidiomycetes

균류의 한 강(綱)으로 유성생식의 결과로 생긴 담자기(擔子器)라는 세포에 담자포자를 만드는 균류를 이른다. 대부분은 송이나 표고 따위의 버섯을 형성한다.

균근류 菌根類, mycorrhizal basidiomycetic fungi

송이, 초버섯, 그물버섯, 파리버섯 등과 같이 살아 있는 식물의 잔뿌리에 기생하여 양분을 흡수한다. 균근이라는 균과 뿌리를 연결하는 특수기관을 만들어 영양분을 기생식물에서 직접 받아 생활한다.

(2) 가문비나무속의 생태

가문비나무속의 외관과 분포는 이창복(1982), Silba(1986), Rushforth(1987), Farjon(1990, 1998), Vidaković(1991), Iwatsuki *et al.*(1995), Nimsch(1995), 공우석(2004) 등에 따랐다.

가문비나무속의 몇 종은 북반구 침엽수림대에 널리 분포한다. 가문비나무속은 비교적 좁은 기온적 범위에서 자라지만 성장하면 매우 낮은 온도까지 견딘다. 분

그림 3-40. 가문비나무숲 (경남 함양군 지리산)

포를 제한하는 요인은 여름 저온으로 7월 등온선도 10℃와 10℃ 이상의 온도가 26일 이상 지속되는 생육기간이다. 7월 등온선도 20℃ 이상의 고온과 건조한 날씨가 지속되는 기간도 중요하다.

대부분의 가문비나무속은 상대적으로 그늘에서 잘 견디며 아극상(亞極相. sub climax)을 이루는 수종이고 일부 종은 서서히 자라 오랫동안 살아 있다. 많은 종이 매우 넓은 순림을 이룬다. 특히 기온이 낮고 겨울이 5~7개월 계속되며 연평균 기온이 5℃를 넘지 않는 곳에서 토양조건이 적당하면 순림을 이룬다(그림 3-40).

가문비나무속은 토양 속 질소, 인산, 칼륨, 칼슘 등 광물질 함유량이 낮은 곳에서 잘 자라지만 건조한 시기 동안에는 지속적으로 수분의 공급이 필요하다. 대부분의 가문비나무속 종들은 산도 4~5의 산성 토양에서 잘 자라지만 일부 종은 석회질 토양에서도 잘 자란다(Farjon, 1990).

가문비나무속은 북방침엽수림 가운데 가장 중요한 종류이다. 전나무속, 소나무속, 잎갈나무속은 넓은 지역에 분포하고 보통 흩어져 자라는 편이고 시베리아 동북부를 제외하고는 순림을 이루지 못한다. 이에 반해 가문비나무속은 매우 넓은 숲을 이룬다.

한 종의 가문비나무속이 북방의 낮은 지대에서 넓게 분포하기도 하지만 산악지대에서는 다른 침엽수들이 섞여 자란다. 가문비나무속은 산성 토양에서 다른 종들보다 경쟁력이 있다. 가문비나무속의 나무들은 대부분 키가 크고 원통형이나 피라미드형의 숲을 이루는 교목이지만 산지나 북극의 툰드라 가장자리의 교목한계선에서는 구부러진 관목이나 작은 교목으로 자란다(Farjon, 1998). 가문비나무는 목재로 가장 중요한 수종 가운데 하나이다(Nimsch, 1995).

(3) 잎갈나무속의 생태

시베리아와 북아메리카의 북쪽 삼림한계선(森林限界線, forest limit) 또는 용재한계선(用材限界線, timberline)에는 잎갈나무가 자란다. 남쪽의 산지에서는 교목한계선에 잎갈나무가 나타난다. 낙엽침엽수인 잎갈나무는 생육기간이 매우 짧은 한랭한 기후에 특히 잘 적응한다. 잎이 나오는 것은 비교적 느린 편이며 바늘잎이 완전히 자라는 데 몇 주가 걸린다. 잎갈나무는 같은 조건에서 자라는 상록침엽수에 비하여 두꺼운 외피가 없고 큐티클이 없다.

잎갈나무속은 10종으로 이루어진 낙엽침엽수로 북반구에 널리 분포하며 캐나다와 시베리아 등 타이가 지역에서 침엽수는 경제적으로 중요한 수종이다(van Gelderen, 1996)(그림 3-41).

잎갈나무속은 다양한 토양 환경에도 잘 적응하고 다른 수종과의 경쟁에도 성공적이다(Schmidt, 1995). 잎갈나무속은 시베리아 삼림 수종 가운데 가장 넓은 분포 범위를 가지고 있다. 잎갈나무는 종자를 여러 달 동안 가지고 있을 수 있다(Milyutin and Vishnevetskaia, 1995).

(4) 전나무속의 생태

전나무속의 외관과 분포는 Liu(1971), 이창복(1982), Silba(1986), Farjon(1990, 1998), Hora(1990), Vidaković(1991), Welch(1991), 이윤원·홍성천(1995),

그림 3-41. 타이가의 잎갈나무숲 (캐나다 유콘)

Nimsch(1995), 공우석(2004) 등에 기초하였다.

전나무속에는 38종이 있으며 북아메리카, 유럽, 북아프리카, 아시아, 일본 등 북반구에 분포한다. 전나무속은 암수한그루 나무인 상록침엽성 교목이나 관목으로 가지가 나며 수평으로 퍼져 자란다. 암솔방울 또는 자성구화수는 원통형으로 곧게 자란다(Silba, 1986).

전나무속의 대부분 종은 산지의 저지나 아고산대의 다양한 서식지에 분포한다. 전나무속은 매우 춥고 긴 겨울과 짧고 온난한 여름이 나타나는 한랭한 대륙성 기후대에서 자란다.

일반적으로 전나무속은 잎갈나무속, 가문비나무속, 소나무속에 비해 건조한 조건에 견디지 못하기 때문에 다른 종류에 비해 좁은 지역에 분포한다. 전나무속은 수분을 좋아하기 때문에 난온대 지역에서는 바다를 향한 곳이나 계절풍의 영향을 받는 곳에 자라며, 대륙성 기후를 보이는 곳에서는 그늘진 곳, 북사면의 보호 받는 곳에 분포한다(그림 3-41). 환경 조건이 바뀌면 소나무속, 가문비나무속,

침엽수 사이언스 I

그림 3-42. 전나무숲 (강원 평창군 오대산)

잎갈나무속이 전나무속을 대신한다(그림 3-42).

전나무속은 순림을 만들어 우점하기도 하지만 다른 침엽수와 함께 자라는 경우가 많다. 낙엽활엽수림이 자라는 곳에서는 전나무속이 드문드문 자란다.

전나무속의 대부분은 그늘에서도 잘 자라며 성장 속도는 느린 편이다. 전나무속은 토심이 깊고 배수가 잘 되며 보통의 산도(pH 5~6)를 나타내는 중성 토양에서 잘 자란다.

전나무속이 숲을 이루는 곳은 극상 군락에 가깝다. 산불, 태풍, 벌목과 같은 급격한 환경 변화 뒤에 갑자기 영양분이나 수분 순환에 변화가 생기면 전나무속은 잘 견디지 못하고 다른 침엽수나 활엽수 선구종에 자리를 넘겨준다. 특히 인위적인 간섭으로 토질이 나빠진 곳은 전나무속 성장에 매우 불리하다(Farjon, 1990).

전나무속의 다양성에 대하여 학자마다 의견이 다르다. 전 세계적으로 분포하는 40여 종의 전나무류는 고도가 높고 강수량이 많거나 바다에 가까이 있어 서늘하고 습한 숲에 자란다. 그러나 어떤 전나무 종류는 매우 건조한 서식지에서도 자란다(Lanner, 1999). 대부분의 전나무들은 강한 종으로 비교적 냉량한 기후에 토양과 공기의 습도가 높은 곳을 좋아한다(Nimsch, 1995).

전나무속에는 50여 종이 있으며 크고 잘 생기고 대칭을 이루는 상록침엽수로 온대 북부의 유럽, 아시아, 북아메리카에 분포한다. 전나무속의 대부분은 히말라야에서 중국을 거쳐 일본에 이르는 아시아가 원산지이다(Leathart, 1977). 전나무속 나무들은 진딧물(*Adelges* spp.) 등의 곤충에 피해를 쉽게 받는다(Lanner, 1999).

(5) 솔송나무속의 생태

솔송나무속의 외관과 분포는 Farjon(1990, 1998), Taylor(1993), Nimsch(1995), 공우석(2004) 등을 따랐다.

소나무과 가운데 솔송나무속은 그늘에서 가장 잘 자라지만 건조에는 가장 잘 견디지 못하는 종류이다. 따라서 솔송나무속은 생육기간 동안 비가 내리는 해양성 기후나 아대륙성 기후에 잘 자란다. 솔송나무속은 공기의 습도가 높고 토양수분이 항상 적당하고 높은 산에서 안개가 발생하는 울창한 숲과 일년 내내 강수량이 많은 북아메리카 북서부, 일본, 대만 등 해안 지역에서 자란다.

솔송나무속은 군락 내에서 매우 안정된 종류로 삼림 천이의 극상에서 우점하는 수종이 된다. 솔송나무속이 자라는 곳들은 강수량이 많으며, 솔송나무가 자라는 토양의 산도는 산성이지만 중성 토양에서도 잘 자란다. 알칼리성 토양에서는 잘 자라지 못한다.

아시아에 자라는 솔송나무속은 넓고 둥근 수관이나 북아메리카의 것은 원추형이나 피라미드형 수관을 이룬다. 아시아에서 솔송나무속은 낙엽활엽수림이나 침엽수와 활엽수가 섞인 숲에서 자란다. 상록침엽수의 수관 아래서 솔송나무속은 매우 느리게 자라며 숲에 틈이 생길 때까지 아주 오랜 시간을 기다린다. 이와 같은 조건에서 가슴높이의 둘레를 가리키는 흉고직경(胸高直徑, diameter at breath height)이 10cm로 작은 솔송나무속 나무의 나이가 200년이 넘은 것도 있다. 그러나 햇빛이 충분한 곳에서는 어린 나무가 아주 빠르게 자란다(Farjon, 1990).

솔송나무속은 그늘을 잘 견디며 냉온대의 다른 침엽수 혼합림이나 꽃 피는 식물들 사이에서 자란다. 히말라야 동부에서는 해발 3,000m까지 분포한다. 아시아에서는 다른 꽃 피는 식물들과 잘 섞여 나며 다 자라면 둥근 수관을 만든다 (Farjon, 1998). 솔송나무는 공기가 잘 통하는 토양과 수분이 풍부한 토양을 좋아한다(Nimsch, 1995). 솔송나무속은 교목한계선 가까이에서 자라지는 않는다 (Farjon, 1990).

2) 소나무과의 환경

(1) 소나무속 나무와 기후

소나무과 나무들은 침엽수가 경쟁력을 가지고 번성할 수 있는 기후와 생태적 조건이 갖추어진 곳에서 잘 자란다. 생육기간 동안 기온이 낮으면 낙엽활엽수는 생육이 부진해지는데 비하여 침엽수는 이를 견딜 수 있기 때문에 중위도의 높은 산지나 고위도에서 우점하는 식생으로 정착하였다.

기온이 낮아지면 침엽수는 수분 부족이나 활엽수와의 경쟁에 의하여 생장이 영향을 받는다. 특히 종자가 싹을 틔워 자라기 시작하는 시기에 강수량이 부족하여 나타나는 수분 스트레스는 침엽수에 결정적으로 불리하다. 소나무속의 나무들은 소나무과 식물들 가운데 가장 넓은 생태적 범위를 가지고 있는데 온난 건조한 환경에서는 더욱 그러하다(Farjon and Styles, 1997).

소나무가 북쪽으로 퍼져 가는데 환경적인 제한 요인은 겨울철 저온이다. 소나무는 −60~−50℃까지의 저온을 견딘다. 그러나 여름이 짧고 서늘하며 겨울에 땅이 얼어 있어 뿌리가 깊이 뻗어 가지 못하는 곳, 혹독하고 건조한 바람이 부는 곳에 소나무는 뻗어 가지 못한다. 북아메리카에서 소나무는 북위 65도까지 자라지만 유라시아 북쪽에서는 북극권까지 자란다. 소나무가 북아메리카보다 시베리아에서 북쪽까지 자라는 이유는 시베리아의 겨울은 더 춥지만 여름은 더 따뜻하기 때문이다(Mirov, 1967a).

소나무류는 겨울이 매우 춥고 생육기일이 짧은 북극으로부터 서리가 전혀 내리지 않고 식물의 생장이 일년 내내 계속되는 열대까지 대단히 넓은 환경적 범위에서 자란다(Knight et al., 1994).

소나무는 건조한 곳을 좋아하는 식물로 45℃의 기온까지 견딘다. 소나무는 밝은 햇빛을 잘 견디며 광주기성(光週期性, photoperiodism) 중성으로 햇빛이 길거나 짧거나 모두 번식할 수 있다. 소나무는 기본적으로 북쪽 기원이어서 여름에는 성장하고 겨울에는 휴식하는 계절적인 리듬에 잘 적응한다. 모든 소나무류는 같은 염색체를 가지고 있다. 많은 소나무류는 종끼리 자유롭게 교배하며 그들의 잡종은 잘 자라고 스스로 유지한다(Mirov, 1967b).

잣나무는 온도가 너무 높지 않으면 잘 자라는 나무로 생장기에는 최저기온 평균이 6~7℃는 되어야 하며, 어릴 때에는 14~16℃가 되어야 한다. 상대습도는 70% 정도가 필요하며 어릴 때에는 약간의 그늘이 필요하지만 나이가 들수록 햇빛을 많이 요구한다. 잘 자라는 토양은 토심이 깊고 습기가 많으며 비옥한 토양으로 물 빠짐이 좋은 곳이다(Chun, 1994).

잣나무류의 생장에 필요한 최저기온, 여름평균기온, 최고기온은 눈잣나무의 경우 −52℃, 9℃, 36℃, 잣나무의 경우 −42℃, 11℃, 36℃ 범위이다. 여름과 겨울 강수량은 눈잣나무의 경우 142mm, 264mm, 잣나무의 경우 394mm, 242mm 범위이다. 땅이 얼지 않는 생육기일은 눈잣나무의 경우 4~6개월, 잣나무의 경우 7~8개월이다(Weaver, 1994).

소나무속 가운데 일부는 상당히 넓은 지역에 걸쳐 단순림을 이루지만, 다른 일부 종들은 가문비나무속이나 전나무속과 같은 침엽수와 어우러져 자라거나 참나무속, 사시나무속, 자작나무속, 오리나무속 등 활엽수와 같이 자란다. 소나무속은 북방침엽수림 또는 타이가의 넓은 지역에서 우점하는 수종이다.

북방침엽수림에서 눈잣나무는 전나무속, 잎갈나무속, 가문비나무속과 같은 침엽수나 자작나무속, 사시나무속과 같은 활엽수와 같이 나타난다.

(2) 소나무속 나무와 토양

북방침엽수림대의 넓은 면적을 소나무가 차지하고 있으나 소나무속은 온대 지역에 더 많이 나타난다. 온대 지역의 소나무속 분포 범위는 고위도에 비하여 좁다. 온대 지역의 소나무속은 산성 토양, 척박한 토양에서 흔히 자란다(Richardson and Rundel, 1998).

소나무속이 척박한 토양에서 자라는 것은 아주 오래된 특징으로 보다 비옥한

그림 3-43. 능선의 소나무 (서울 강북구 북한산)

토양에서 더욱 경쟁력이 있는 피자식물과의 경쟁에서 선택한 전략이기도 하다. 소나무속, 전나무속, 가문비나무속, 솔송나무속과 같은 소나무과 나무와 함께 노간주나무, 쩝방나무속 등도 척박한 토양과 열악한 환경을 잘 견딘다(그림 3-43). 신생대 제3기 동안 삼림 생태계가 발달하면서 피자식물이 비옥하고 환경이 좋은 곳에서 우점하게 되었다(Keeley and Zedler, 1998).

소나무는 넓은 생태적 범위를 가지고 있어 다른 환경에도 잘 적응한다. 소나무가 적도 부근의 남쪽으로 널리 퍼져 자라지 못하는 이유는 수분 부족과 토양에 축적된 염분의 농도가 높기 때문이다. 또한 인위적인 간섭도 남쪽에 소나무가 나타나지 않는 이유의 하나로 볼 수 있다(Mirov, 1967a).

소나무가 필요로 하는 광물질이나 질소의 양은 농작물이나 활엽수에 비하여 매우 낮으나, 소나무는 양분이 풍부한 땅에서도 잘 자라고 경작하지 않는 땅에서도 자란다. 또한 헐벗은 땅, 화산활동으로 새로 만들어진 곳, 방목에 의해서 식생이 제거된 곳 등에도 선구종으로 잘 정착한다(Mirov, 1967a).

소나무속의 생태학적 역할은 척박하거나 중간 정도의 비옥도를 가진 서식처와 건조하거나 추워서 생장이 심하게 제한받거나 간섭에 의하여 빈 공간으로 남아 있는 곳을 개척하고 채워 가는 데 뛰어나다. 소나무속 나무들은 기온이 낮거나 건조한 곳에서는 쌓이는 낙엽 등이 적어 산불이 날 가능성이 적은 곳, 다른 수종과의 경쟁이 크지 않은 곳에서 잘 자란다. 그러나 토양의 생산력이 높아지면 소나무와 다른 수종과의 경쟁도 치열해진다.

(3) 소나무속 나무와 산불

소나무속의 분포와 출현빈도에는 간섭도 매우 중요하다. 특히 불은 소나무의 천이를 결정하는 조건의 하나이다(Richardson and Rundel, 1998). 불은 소나무의 생태에 매우 중요하다. 균근은 소나무에게 매우 유리하게 작용한다(Mirov, 1967a).

균근 菌根, mycorhiza
균류(菌類)의 관(管) 모양을 한 균사(菌絲)와 고등식물 뿌리와의 밀접한 관계에 의한 구조이다. 흔히 서로 이익을 주는 관계인 공생관계로 숙주식물과 공생자 모두가 영양분을 더 잘 섭취할 수 있도록 서로 도와준다. 소나무와 같은 식물은 균근에 의존해 생존과 생장을 한다.

소나무속은 햇빛을 많이 요구하고 어린 나무가 정착하는 데 광물질 토양이나 약간의 부식토가 필요하고, 개방되거나 약간 그늘진 조건이 필요하다. 산불의 발생 빈도와 강도는 소나무 생활사의 다양성을 설명하는 데 중요하다(Keeley and Zedler, 1998).

소나무는 산불에 대한 적응력은 떨어지나 간섭을 받은 곳에서는 천이를 통해 침입한다(Nakagoshi et al., 1987). 또한 소나무는 토양이 건조하고 배수가 잘 되고 토심은 얕고 토양양분 함량이 낮은 암석지에서 신갈나무를 비롯한 참나무류에 비해 경쟁력이 있다(신문현 등, 2014).

(4) 고산대의 소나무속 나무

고산대 교목한계선의 소나무속 나무

북반구 아고산대와 고산대, 타이가와 툰드라 사이의 경계에는 소나무속 나무들이 분포한다. 고산대 교목한계선에 나타나는 소나무속 나무로는 눈잣나무가 있다. 눈잣나무의 짧게 자라는 생육형이 극심하게 추운 겨울을 견디는 데 중요하게 적응한 것으로 본다(Richardson and Rundel, 1998).

소나무는 북반구 삼림한계선 또는 용재한계선이나 아고산대 또는 교목한계선에 자주 나타난다. 소나무류들이 고산의 짧은 생장일수, 낮은 겨울 기온, 잠재적인 건조, 강풍에 의한 바늘잎의 피해가 계속되는 환경에서 살아남기 위해서는 생리적인 적응이 필요하다. 그러나 높은 산지에서는 여름철의 높은 일사량, 기온보다 높은 광합성 세포 가열, 여름 강수와 눈이 녹아 공급되는 수분 등 소나무류의 순광합성 생산에 유리한 조건도 있다(Rundel and Yoder, 1998).

고산대의 왜성변형수

높은 산은 매우 낮은 겨울 기온, 바람에 의한 마찰과 건조, 짧은 생육기일과 같은 극심한 환경 조건이 비정상적인 스트레스가 심한 환경을 만드는데 소나무속은 다른 침엽수에 비하여 잘 적응한다. 이러한 조건에서는 나무가 기형적으로 자라

그림 3-44. 소나무 왜성변형수 (전남 구례군 지리산)

는 왜성변형수(矮性變形樹, krummholz)나 난쟁이나무(dwarf tree)로 변하게 한다 (Richardson and Rundel, 1998)(그림 3-44).

고산대 교목한계선의 소나무는 짧은 생육일수, 낮은 기온, 암석이 많이 발달하지 못한 토양에 자라므로 생산력이 매우 낮아 산불은 드물게 발생한다. 높은 산의 강한 바람도 지역적으로 중요하지만 일반적으로 나무를 죽게 하지는 않는다 (Keeley and Zedler, 1998).

삼림한계선 근처에서 소나무의 생장에 가해지는 심각한 환경적인 스트레스는 고도가 높아지면서 나무의 키가 점차 작아지는 것에서도 알 수 있다. 교목한계선에서는 개개의 나무는 왜성변형수로 나타난다. 서로 다른 두 식물군락 사이에서 나타나는 식생형이 달라지는 전이 지역인 교목한계선의 생태점이대(生態漸移帶, ecotone) 또는 추이대(推移帶)에서는 나무의 생장과 생산이 짧은 생육기간에 의하여 결정된다(Tranquillini, 1979). 아고산대 식물은 저온과 낮은 광합성 최적 온도를 가지고 있으며(Larcher, 1975), 서리와 동결에 높은 저항력을 가진다(Sakai and Larcher, 1987).

고산대의 눈잣나무

눈잣나무는 러시아 극동의 대부분과 사할린, 일본, 한국, 중국에 분포한다. 눈잣나무는 서쪽으로는 레나강, 올레니에크강 분지까지 자라며, 수직적으로는 해안에서 고산대의 교목한계선까지 나타난다. 러시아 극동에서 눈잣나무는 우점 식생이지만 잎갈나무숲 아래에서도 자란다. 눈잣나무는 겨울에 지면을 기면서 자랄 수 있기 때문에 매우 추운 지역에까지 자란다. 눈잣나무와 시베리아소나무의 폴른은 구분하기 어렵다.

신생대 제4기 플라이스토세 최후빙기 동안 눈잣나무는 국지적인 토양과 미기후가 알맞은 곳을 찾아 오늘날 격리 분포하는 지역에까지 이동하였다. 눈잣나무는 플라이스토세 최후빙기와 후빙기 동안 분포역에 커다란 변화는 없었고, 중국, 한국, 일본의 산지에 분포하는 눈잣나무는 마지막 빙기의 유존종으로 본다. 바이칼호수 일대, 레나강 일대, 사할린, 캄차카에는 홀로세 동안에도 눈잣나무가 자랐다(Millar, 1993).

눈잣나무는 시베리아와 일본 북부 섬에 자라는 나무로 추운 곳에 자라며 빽빽하여 통행하기 힘들 정도의 덤불을 만든다. 눈잣나무 구과는 열리지 않으며 새나 동물에 의하여 전파된다(Peterson, 1980). 눈잣나무는 매우 춥고 바람에 노출된 곳에도 자라지만 여름 기후가 더운 곳에서는 살지 못한다(Saho, 1972).

눈잣나무 등은 곱향나무, 눈향나무, 화솔나무, 눈측백과와 함께 땅 위를 기면서 자라는 종류로 고산과 아고산의 저온과 강풍이 심한 혹한 환경에도 살고 있다(그림 3-45).

잣나무는 비교적 온난하고 여름 강수량이 많은 곳부터 기온이 −35℃까지 내려가는 곳에도 자란다(Hyun, 1972).

(5) 잎갈나무속 나무와 기후

잎갈나무속은 햇빛과 물을 좋아하고 저온에 잘 견디며 적응성이 높고 빠르게 자라는 수종으로 벌채된 지역을 다시 조림하는 데 알맞은 수종이다.

그림 3-45. 산꼭대기의 눈잣나무 (강원 속초시 설악산)

잎갈나무의 목재는 강하고 가벼우며 연하고 무늬가 좋을 뿐만 아니라 잘 썩지도 않아 건축용, 교량용, 보트와 자동차 제작, 전주, 침대, 기둥, 가구, 펄프 등으로 사용할 수 있다.

(6) 잎갈나무속 나무와 식생과 토양

잎갈나무속은 낙엽침엽수이기 때문에 숲 아래에 햇빛이 충분하여 관목, 초본류 등이 잘 발달한다. 잎갈나무숲 바닥에는 낙엽이 많이 쌓이기 때문에 물을 잘 저장할 수 있고 토양 침식을 방지하며 생태적으로 좋은 환경을 만든다(Wang and Zhong, 1995).

잎갈나무속은 전나무속, 가문비나무속과 섞여 큰 숲을 만들거나, 전나무속과 가문비나무속이 자라는 숲 가장자리에 산발적으로 나타나기도 한다. 때로는 자작나무나 참나무 종류와 어울려 숲을 이루기도 한다. 잎갈나무속 나무들은 고산대에 자라는 대표적인 수종의 하나이다.

잎갈나무와 같이 자라는 종은 소나무, 전나무, 잣나무, 분비나무 등의 상록침엽수와 자작나무(*Betula platyphylla* var. *japonica*), 사스래나무(*Betula ermanii*), 사시나무(*Populus davidiana*), 황철나무(*Populus maximowiczii*) 등의 낙엽활엽수이다.

잎갈나무와 같이 자라는 관목이나 초본류는 황산참꽃(*Rhododendron parvifolium*), 쪽동백나무(*Styrax obassia*), 두메오리나무(*Alnus maximowiczii*), 함박꽃나무(*Magnolia sieboldii*), 진달래(*Rhododendron mucronulatum*), 당단풍나무(*Acer pseudosieboldianum*), 개회나무(*Syringa reticulata* var. *mandshurica*), 신갈나무(*Quercus mongolica*), 마가목(*Sorbus commixta*), 생강나무(*Lindera obtusiloba*) 등이다.

잎갈나무와 만주잎갈나무는 키가 큰 낙엽침엽수로 뿌리가 얕고 그늘을 견디지 못하며 자작나무류와 함께 산불이 난 뒤 처음으로 천이하는 선구종이다. 15년째 부터 열매를 맺으며 2~3년마다 많은 종자를 수확한다.

만주잎갈나무는 백두산 700~1,800m에 자라며 가문비나무, 분비나무, 사스래나무, 자작나무 등이 관목으로 같이 자란다. 만주잎갈나무는 잠재적인 극상(極相,

climax)이 아니고 천이과정의 숲으로 판단된다. 만주잎갈나무의 분포에 영향을 미칠 요인은 산불과 벌목과 같은 인위적인 간섭이다(Hong, 1995).

(7) 전나무속 나무와 기후

전나무속을 포함한 대부분의 침엽수는 햇빛이 적은 곳에서도 견디는 능력을 가지고 있다(Keeley and Zedler, 1998). 동북아시아에서 전나무는 건조한 겨울과 습한 여름 그리고 건조한 봄과 가을을 보이는 대륙성 기후 지역인 만주의 동남 지방과 한반도 북부에서 자란다(Liu, 1971).

(8) 전나무속 나무와 토양

전나무속, 가문비나무속, 소나무속은 지구상 거의 모든 곳에서 잘 자란다. 소나무속은 일반적으로 척박한 토양에서 잘 자라지만, 전나무속과 가문비나무속은 약간 비옥한 토양이 필요하다(Richardson and Rundel, 1998).

전나무속은 아고산대와 온대의 한랭하거나 온난한 지역에 나타난다. 대부분의 전나무속 나무들은 강수량이 안정적이며 충분한 지역에 자라지만 일부 좋은 상대적으로 건조한 지역에서도 잘 자란다. 또한 그늘에서 견디는 능력이 커서 숲이 울창한 곳에서도 천천히 자라지만 꾸준히 생장한다. 전나무속 나무들은 비옥하고 수분보수력이 좋은 토양을 좋아한다(Ruthforth, 1987).

전나무가 자라는 지역의 토양은 편마암이나 화강암과 같은 다양한 모재로 이루어졌다. 전나무가 자라는 계곡에는 토양이 깊고 유기물이 많은 편이다. 전체적으로 전나무는 토심이 깊고 배수가 잘 되는 건조한 기후가 나타나는 개방된 곳에서 잘 자란다. 아주 그늘진 곳이나 습한 곳은 전나무 생장에 좋지 않다.

분비나무는 눈이 많고 겨울이 길며 여름은 습하고 짧은 지역에서 잘 자란다. 또한 분비나무는 토양이 깊고 물 빠짐이 좋은 곳에 수분이 충분할 때 잘 자란다(Liu, 1971).

(9) 전나무속 나무와 식생

전나무는 산의 계곡이나 개방된 사면에서 순군락을 이루기도 하지만 보통은 분

그림 3-46. 분비나무와 사스래나무 (강원 평창군 발왕산)

비나무나 황철나무, 사시나무, 들메나무(*Fraxinus mandshurica*), 신갈나무, 산겨릅나무(*Acer tegmentosum*), 난티나무(*Ulmus laciniata*), 비술나무(*Ulmus pumila*), 사스래나무, 피나무(*Tilia amurensis*), 만주자작나무(*Betula platyphylla*) 등과 같은 낙엽활엽수와 같이 자란다(그림 3-46).

전나무와 같이 자라는 작은 교목이나 관목은 정향나무(*Syringa patula* var. *kamibayashii*), 꽃개회나무(*Syringa wolfii*), 귀룽나무(*Prunus padus*), 개벚지나무(*Prunus maackii*), 당단풍나무, 청시닥나무(*Acer barbinerve*), 부게꽃나무(*Acer ukurunduense*), 가시오갈피나무(*Eleutherococcus senticosus*), 물개암나무(*Corylus sieboldiana* var. *mandshurica*), 청쉬땅나무(*Sorbaria sorbifolia* f. *incerta*), 개회나무, 괴불나무(*Lonicera maackii*) 등이다(Liu, 1971).

분비나무와 같이 자라는 나무는 잣나무, 눈잣나무, 가문비나무, 눈측백, 단천향나무, 주목 등이다. 활엽수 중에는 개박달나무(*Betula chinensis*), 사스래나무, 털야광나무, 당마가목(*Sorbus amurensis*) 등이 같이 자란다. 함께 자라는 관목은 땅두릅나무(*Oplopanax elatus*), 미역줄나무(*Tripterygium regelii*), 진달래, 들쭉나

그림 3-47. 분비나무와 활엽수 혼합림 (강원 속초시 설악산)

무(*Vaccinium uliginosum*), 두메홍괴불나무(*Lonicera maximowiczii*) 등이다(Liu, 1971)(그림 3-47).

(10) 솔송나무속 나무와 환경

솔송나무속은 토양과 장소에 대한 적응성이 높고 산성 모래토양과 그늘진 곳에서 잘 자란다(Ruthforth, 1987). 솔송나무속(*Tsuga*)은 어린 치수(稚樹)가 정착하려면 나이 든 나무들이 있는 숲이 필요하다(Keeley and Zedler, 1998).

솔송나무가 자라는 울릉도는 여름에 기온이 상대적으로 높지 않고 습도가 높은 편이다. 겨울에는 한반도 내륙에 비해 기온이 춥지 않고 적설량이 많다. 따라서 냉량습윤한 기후와 안정된 생태 환경에서 솔송나무가 자랄 수 있었던 것으로 본다.

한편 신생대 제3기 마이오세에 경북 포항 일대에 자라던 솔송나무가 멸종한 것은 제4기 플라이스토세의 한랭한 기후와 관련된 것으로 여겨진다.

chapter IV

소나무과
나무

01 소나무과의 종 구성

소나무과는 계통분류학적으로 식물계(Plantae) 구과식물문(Pinophyta) 구과강 (Pinopsida) 구과목(Pinales) 소나무과(Pinaceae)에 속한다. 한반도에 자생하는 소나무과는 소나무속(*Pinus*), 가문비나무속(*Picea*), 잎갈나무속(*Larix*), 전나무속 (*Abies*), 솔송나무속(*Tsuga*) 등 5속 14종에 이른다.

한반도에 분포하는 소나무속의 나무는 소나무(*Pinus densiflora*), 잣나무(*Pinus koraiensis*), 섬잣나무(*Pinus parviflora*), 눈잣나무(*Pinus pumila*), 곰솔(*Pinus thunbergii*) 등 5종이다.

가문비나무속의 나무는 가문비나무(*Picea jezoensis*), 종비나무(*Picea koraiensis*), 풍산가문비나무(*Picea pungsanensis*) 등 3종이다.

잎갈나무속에 속하는 나무는 잎갈나무(*Larix olgensis* var. *koreana*), 만주잎갈 나무(*Larix olgensis* var. *amurensis*) 등 2종이다.

전나무속의 나무는 전나무(*Abies holophylla*), 구상나무(*Abies koreana*), 분비 나무(*Abies nephrolepis*) 등 3종이다.

솔송나무속의 나무는 솔송나무(*Tsuga sieboldii*) 1종이다(표 1-2).

02 소나무과 나무의 분포

1) 소나무속

(1) 한반도의 소나무 분포

한반도에 분포하는 소나무속의 소나무, 잣나무, 눈잣나무, 섬잣나무, 곰솔의 수평적 및 수직적 분포역은 그림 4-1과 같다.

한반도에서 소나무(*Pinus densiflora*)는 증산(300~400m a.s.l. 해발고도 미터로 이하에서는 생략), 송진산(200~900), 금패령(~1,000), 만탑산(300~1,250), 칠보산(100~900), 후치령(500~800), 비래봉(100~900), 낭림산(~1,000), 피난덕산(200~1,000), 백두산(~900), 묘향산(100~900), 숭적산(200~900), 사수산(100~900),

소나무속

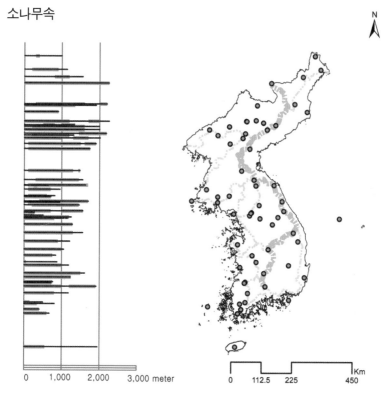

그림 4-1. 소나무속의 수평 및 수직 분포도 (출처: Kong *et al.*, 2015)

하람산(100~950), 추애산(300~1,350), 구월산(100~700), 장수산(~700), 금강산(100~800), 장산곶, 설악산(500~1,250), 오대산(~700), 화악산(200~1,300), 멸악산(100~600), 수양산(100~800), 불암산(~250), 소리봉, 강화도, 용문산(~800), 태기산(~1,100), 치악산(~1,100), 태백산(~1,000), 속리산(~900), 계룡산(~750), 일월산(~900), 팔공산(~1,000), 덕유산(~750), 가지산(~1,000), 내장산(~750), 백양산(~700), 지리산(~1,000), 무등산(~800), 만덕산(~400), 대둔산(~600) 등 한반도 1,250m 이하에 주로 분포한다(공우석, 2004)(그림 4-2).

소나무는 멸종위기종은 아니고, 중산에서 한라산까지 전국 산지에 자라며, 평균적 수직 분포역은 100~1,300m이다.

소나무

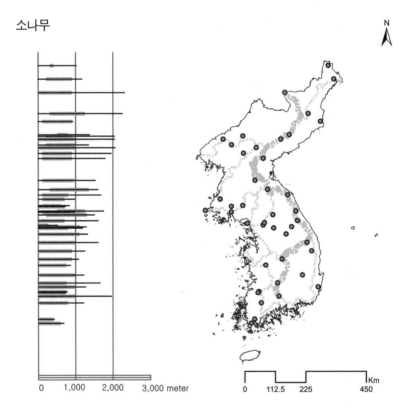

그림 4-2. 소나무의 수평 및 수직 분포도

(2) 한반도의 곰솔 분포

한반도에서 곰솔(*Pinus thunbergii*)은 울릉도(~700), 계룡산(100~200), 월명산, 가지산(~150), 무등산(~300), 거제도, 대둔산(~50), 만덕산(~400), 월출산(~350), 가지산(~150), 만덕산(~400), 대둔산(~50), 흑산도, 한라산(~550) 등 50~700m 이하의 산지로 인천 작약도에서 강원 간성에 이르는 선 남쪽에서 난다(공우석, 2004)(그림 4-3). 북한 강원 통천, 고성, 황해도 용연 등에서도 심어 기르는 것으로 알려졌다(도봉섭, 1988).

곰솔은 해송이라고도 부르고 해발 1,000m까지 자라며 멸종위기종은 아니고, 계룡산~한라산~울릉도에 이르는 중남부 해안에 자라며, 평균적 수직 분포역은 50~700m이다. 곰솔도 소나무처럼 재선충병에 의한 피해를 본다.

곰솔

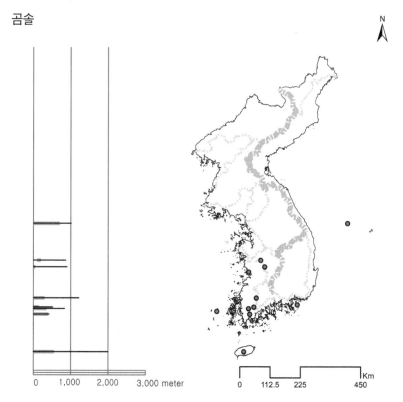

그림 4-3. 곰솔의 수평 및 수직 분포도

(3) 한반도의 섬잣나무 분포

한반도에서 섬잣나무(*Pinus parviflora*)는 울릉도(500~800m)에만 분포한다(공우석, 2004)(그림 4-4). 섬잣나무는 울릉도의 성인봉에서 해발 500~800m 사이에 주로 나타난다.

(4) 한반도의 잣나무 분포

한반도에서 잣나무(*Pinus koraiensis*)는 수직적으로는 주로 600~1,000m 사이에 자라지만 1,500m까지 자라기도 하며, 일본에서는 1,050~2,600m에 자란다. 한반도에서는 차유산(800~1,200), 백두산(700~), 숭적산(600~1,500), 낭림산(1,300~1,700), 금패령(1,200~1,600), 피난덕산(700~1,200), 만탑산(1,000~1,600),

섬잣나무

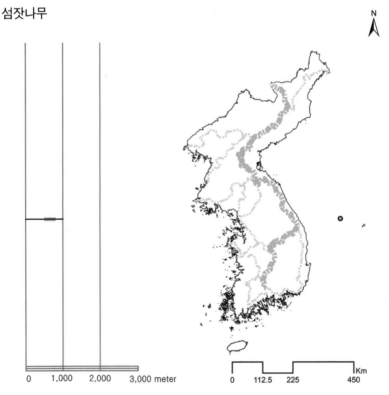

그림 4-4. 섬잣나무의 수평 및 수직 분포도

침엽수 사이언스 I

칠보산(~400), 향로봉(~1,200), 후치령(1,000~1,350), 비래봉(300~1,450), 묘
향산(300~1,500), 사수산(400~1,700), 하람산(700~1,300), 세포고원(300~), 추
애산(700~1,450), 금강산(300~1,600), 구월산(200~600), 장수산(3~300), 수양
산(300~900), 화악산(300~1,450), 설악산(400~1,500), 오대산(1,000~), 광릉
(100~), 태기산(800~1,200), 소리봉, 용문산(300~800), 치악산(900~1,200), 태백
산(1,000~1,300), 일월산(800~900), 속리산(650~1,000), 계룡산(~200), 팔공산
(500~900), 가야산, 덕유산(550~1,500), 가지산(600~1,250), 지리산(1,200~1,900)
등 북위 38도에서는 300m 이상, 북위 40도에서는 700m 이상, 전국적으로
100~1,900m에 분포한다(공우석, 2004)(그림 4-5).

잣나무는 신생대 제3기의 유존종이지만 멸종위기종은 아니고, 차유산에서 지

잣나무

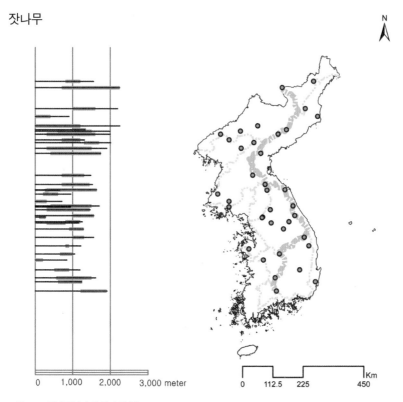

그림 4-5. 잣나무의 수평 및 수직 분포도

리산 사이에 자라며 북위 38도 이상에서는 300m 이상, 북위 40도에서는 700m 이고, 평균적 수직 분포역은 100~1,900m이다.

(5) 한반도의 눈잣나무 분포

눈잣나무(*Pinus pumila*)는 한반도의 향로봉(1,700~2,000), 비로봉(~1,350), 백두산(1,500~), 만탑산(2,000~2,200), 오갈봉, 낭림산, 숭적산(1,500~1,600), 차일봉, 연화산, 비래봉(300~1,450), 묘향산(1,600~1,900), 함남 소백산(1,500~), 비래봉(1,350~), 하람산(1,400~), 사수산(1,400~1,700), 금강산(900~1,600), 설악산(1,500~1,700) 등 중북부 900~2,540m에 분포한다(공우석, 2004)(그림 4-6).

눈잣나무는 향로봉에서 설악산에 이르는 북부와 중부의 아고산대에 자라며,

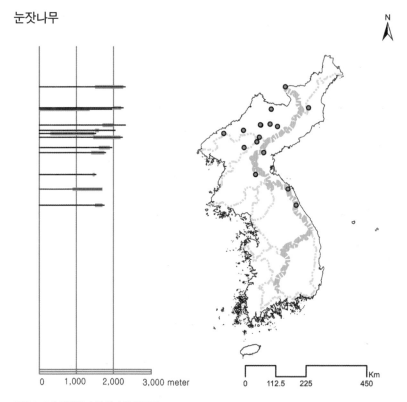

그림 4-6. 눈잣나무 수평 및 수직 분포도

평균적 수직 분포역은 900~2,540m이다. 한반도에서 분포의 남한계선인 설악산에서는 군락이 축소되고 있는 기후변화 취약종에 속한다.

2) 가문비나무속

(1) 한반도의 가문비나무 분포

한반도에 분포하는 가문비나무속의 가문비나무, 종비나무, 풍산가문비나무의 수평적 및 수직적 분포역은 그림 4-7과 같다.

　한반도에서는 가문비나무(*Picea jezoensis*)는 차유산(500~1,400), 백두산, 만탑산(1,450~2,200), 향로봉(1,200~1,700), 후치령(700~1,300), 관모봉, 비래봉(800~1,450), 숭적산(700~1,600), 낭림산(1,300~1,800), 금패령(1,200~1,600), 소백산

가문비나무속

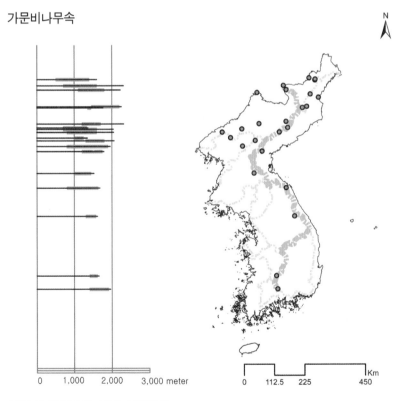

그림 4-7. 가문비나무속 수평 및 수직 분포도

(1,100~1,800), 피난덕산(1,000~1,250), 백두산(700~1,600), 묘향산(800~1,900), 사수산(1,200~1,700), 하람산(1,000~1,450), 금강산(800~1,600), 덕유산(1,400~), 지리산(1,400~) 등 500~2,300m에 자란다(공우석, 2004)(그림 4-8). 이 밖에도 계방산(1,300~), 설악산 등에 가문비나무가 분포한다(이중효 등, 2014).

한반도에서 가문비나무는 북한의 차유산에서 남한의 지리산 사이의 아고산대에 자라며, 평균적 수직 분포역은 500~2,300m이다.

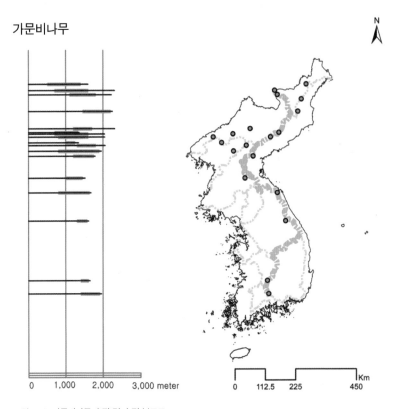

그림 4-8. 가문비나무 수평 및 수직 분포도

(2) 한반도의 종비나무 분포

종비나무(*Picea koraiensis*)는 백두산~금패령에 이르는 북부와 중부의 아고산대에 자라며, 평균적 수직 분포역은 450~1,600m이다(그림 4-9).

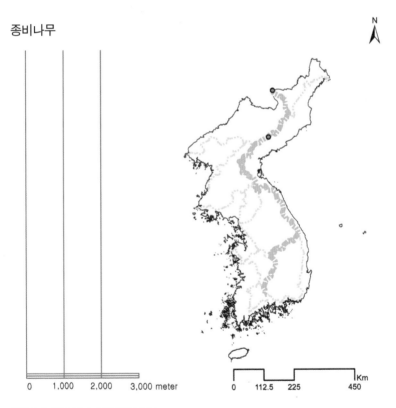

그림 4-9. 종비나무 수평 및 수직 분포도

(3) 한반도의 풍산가문비나무 분포

풍산가문비나무(*Picea pungsanensis*)는 북한의 양강도 풍산 매덕령, 백암 1,400m, 함북 경성, 관모봉, 중강진 1,300m에 분포한다. 풍산가문비나무는 중강진 해발 고도 1,300m에서 채집되었고, 함남 풍산에서도 자란다(Farjon, 1990). 북한의 풍산 1400m 두 지점에서 자란다(Krüssmann, 1985). 풍산가문비나무는 북한의 양강도 풍산 매덕령, 백암 1,400m 두 지점과 함북 경성, 관모봉, 중강진 1,300m에 분포한다(공우석, 2004)(그림 4-10).

풍산가문비나무

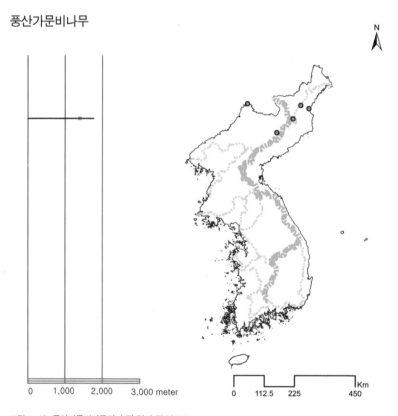

그림 4-10. 풍산가문비나무의 수평 및 수직 분포도

3) 잎갈나무속

(1) 한반도의 잎갈나무 분포

한반도 내 잎갈나무와 만주잎갈나무는 북한에서 자란다. 한반도에서 잎갈나무, 만주잎갈나무를 포함하는 잎갈나무속의 분포역은 그림 4-11과 같다.

한반도에서 잎갈나무(*Larix olgensis var. koreana*)는 차유산(500~1,400), 백두산(~2,300), 낭림산(1,900~2,300), 금패령(800~1,600), 만탑산(600~2,300), 증산(~1,200), 후치령(1,200~1,350), 숭적산(200~900), 사수산(1,000~1,800), 금강산(700~1,150) 등 중부 이북의 200~2,300m에 분포한다(공우석, 2004).

잎갈나무속

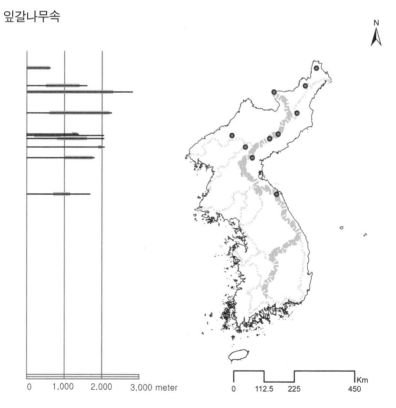

0   1,000   2,000   3,000 meter

0   112.5   225   450 Km

그림 4-11. 잎갈나무속의 수평 및 수직 분포도

잎갈나무는 차유산에서 금강산에 이르는 북부와 중부의 아고산대에 자라며, 평균적 수직 분포역은 200~2,300m이다(그림 4-12).

잎갈나무

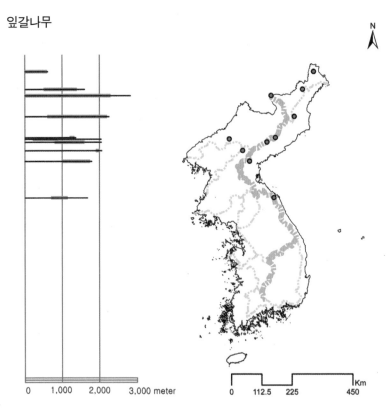

그림 4-12 잎갈나무 수평 및 수직 분포도

2) 한반도의 만주잎갈나무 분포

한반도에서는 만주잎갈나무(*Larix olgensis var amurensis*)는 백두산 1,600m 부근에 자란다(공우석, 2004)(그림 4-13). 만주잎갈나무는 멸종위기종은 아니고 백두산 1,600m 부근에 격리되어 분포한다.

만주잎갈나무

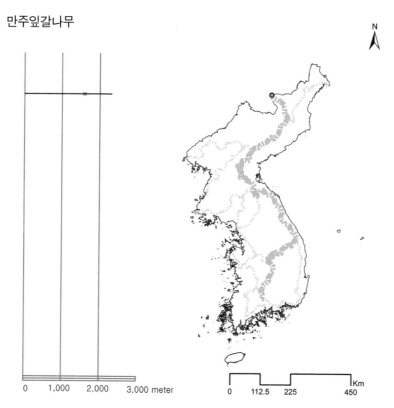

그림 4-13. 만주잎갈나무 수평 및 수직 분포도

3) 전나무속

한반도의 전나무 분포

한반도에 분포하는 전나무속의 전나무, 분비나무, 구상나무의 수평적 및 수직적 분포역은 그림 4-14와 같다.

한반도에서 전나무(*Abies holophylla*)는 송진산(~600), 차유산(~800), 백두산, 관모봉, 무산, 만탑산(900~1,200), 칠보산(300~400), 후치령(700~), 비래봉(400~1,000), 피난덕산(450~750), 금패령(700~950), 멸악산, 숭적산(700~1,200), 묘향산(400~1,200), 사수산(400~1,200), 하람산(600~1,050), 장수산(~300), 추애산(500~1,200), 금강산(400~1,100), 향로봉, 건봉산, 대암산, 화악산(500~1,400), 설악산(300~800), 오대산(600~1,200), 삼악산, 용화산, 소리봉, 강화도, 용문산

전나무속

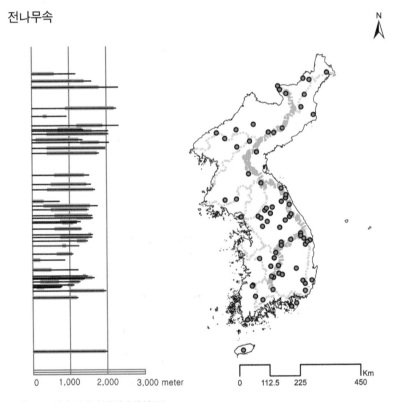

그림 4-14. 전나무속의 수평 및 수직 분포도

(800~1,100), 태기산(750~1,200), 치악산(600~1,200), 태백산(750~1,100), 천마산, 무
갑산, 비룡산, 용문산, 일월산(800~900), 소백산, 속리산(650~980), 월악산, 조령,
주흘산, 도덕산, 계룡산(~200), 팔공산(~500), 황악산, 수도산, 일월산, 운문산, 천
축산, 통고산, 덕유산(450~750), 가지산(200~700), 가야산, 지리산(1,000~), 내장산
(~400), 백양산(100~300), 무등산(~500), 조계산, 금정산, 완도, 한산도, 거제도, 한
라산(~1,500) 등 전국에 자라며, 수직 범위는 북쪽에서는 300~1,200m, 남쪽에서
는 100~1,500m이다(공우석, 2004)(그림 4-15).

전나무는 송진산에서 한라산까지에 자라며, 북쪽에서는 10~1,200m, 남쪽에
는 500~1,500m에 나며, 평균적 수직 분포역은 100~1,500m이다.

전나무

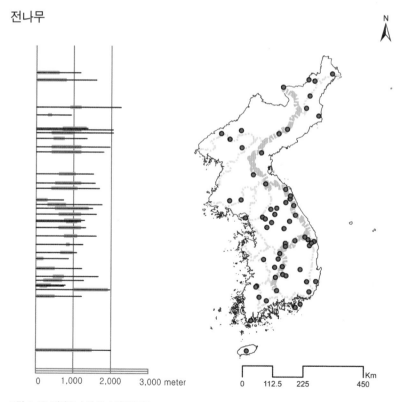

그림 4-15. 전나무 수평 및 수직 분포도

(2) 한반도의 구상나무 분포

구상나무는 한반도가 원산지이다(Rushforth, 1987). 수평적으로 남한의 한라산, 지리산, 덕유산에 자라며(Farjon, 1998), 수직적으로 한반도 지리산, 제주도의 1,000~1,850m 사이에 주로 자란다(Liu, 1971). 구상나무가 분포하는 고도는 1,000~1,900m이다(Farjon, 1990).

구상나무(*Abies koreana*)는 한국 남부 1,000m 이상(Liu, 1971), 혹은 제주도 고산 지대와 한반도 남부의 900m 넘는 산지에 자란다(Leathart, 1977). 구상나무는 한라산, 지리산, 덕유산, 가야산, 무등산의 해발 1,000~1,900m 사이에 산정에 고립되어 분포한다(Farjon and Filer, 2013). 수직적으로 한국 남부 고산 900m 이상에 자란다(Den Ouden and Boom, 1965).

구상나무

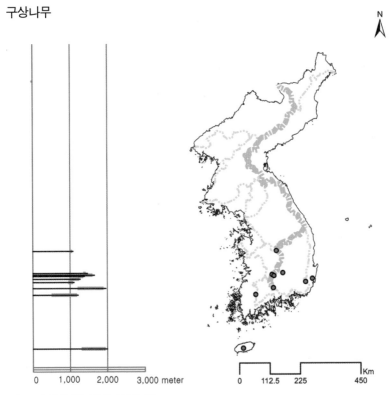

그림 4-16. 구상나무 수평 및 수직 분포도

구상나무는 한반도 특산종으로 속리산(1,000), 덕유산(1,400~1,600), 무등산(500~), 지리산(1,200~1,900), 가야산(1,350~1,420), 가지산(1,000~), 한라산(1,300~1,950) 등 남한의 500~1,950m 이상의 산지의 정상부나 산 능선의 암석지대에 자라며, 한라산에서는 1,350m 이상 아고산대에 우점한다(그림 4-16). 이 밖에도 금원산(1,200~), 속리산(1,000~), 영축산(950~) 등이 분포지이다(이중효 등, 2014; 오승환 등, 2015).

구상나무가 북한의 하람산에 분포한다는 보고(임록재, 1996)와 구상나무의 1품종(Abies koreana form. prostrata)이 러시아 블라디보스토크 동북쪽 시코테알린 산맥(Kolesnikov, 1938; Farjon, 1990에서 재인용)에 자란다는 보고는 검토가 필요하다(공우석, 2004). Farjon and Filer(2013)가 북한의 평양 대성산에 구상나무가 자라는 것으로 보고했는데, 이에 대해서도 재검토가 필요하다.

구상나무는 유전적으로 전나무보다는 한반도의 높은 산을 비롯하여 동아시아 북부 산악 지대에 자라는 분비나무에 더 가까운 것으로 알려졌다(Kormutak et al., 2004). 구상나무는 기후변화에 따라 고사되면서 분포역이 축소되고 위기에 처해 있는 종이며 평균적 수직 분포역은 500~1,950m이다.

(3) 한반도의 분비나무 분포

한반도에서는 분비나무(Abies nephrolepis)는 차유산(800~1,400), 백두산(~1,800), 관모봉, 만탑산(900~2,200), 허정령, 향로봉(1,200~1,900), 후치령(800~1,300), 비래봉(700~1,400), 북포대산, 남포대산, 비래봉, 낭림산(1,300~1,800), 금패령(1,400~), 부전고원, 피난덕산(1,000~1,250), 숭적산(700~1,600), 묘향산(700~1,990), 사수산(900~1,740), 하람산(1,000~1,400), 추애산(900~1,450), 금강산(780~), 화악산(1,100~), 설악산(700~1,550), 오대산(800~1,500), 용문산(800~1,100), 치악산(1,000~1,300), 함백산(1,500~), 태백산(1,100~1,500), 덕유산(1,050~1,500), 지리산(1,200~) 등 충남을 제외한 전국 700~2,200m에 분포한다.

분비나무는 차유산에서 덕유산에 이르는 북부와 중부의 아고산대에 자라며, 평균적 수직 분포역은 500~2,200m이다(그림 4-17). 이 외에도 대암산, 안산, 명지산, 계방산(1,200~), 소백산(1,200~), 청옥산 등에 분비나무가 자란다(이중효 등, 2014).

5) 솔송나무속

(1) 한반도의 솔송나무 분포

솔송나무(*Tsuga sieboldii*)의 분포지는 한국, 일본 남부 시코쿠, 혼슈 남부, 규슈, 야쿠시마 등지의 300~1,800m 사이이다. 우리나라에서는 섬잣나무와 함께 울릉도의 300~800m 사이에서 자란다(공우석, 2004)(그림 4-18).

분비나무

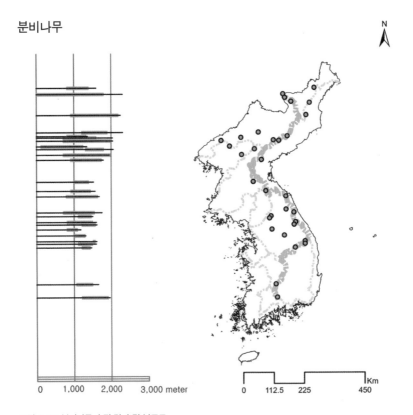

그림 4-17. 분비나무 수평 및 수직 분포도

6) 한반도 침엽수의 분포 유형과 생활형

(1) 한반도 침엽수의 분포 유형

한반도에 자생하는 침엽수는 수평 및 수직적 분포 범위에 따라 종별 분포도를 작성한 뒤 지리적 분포형에 따라 고산형, 아고산형, 산지형, 해안형, 도서형, 격리형 등 6대 유형으로 나뉘고, 다시 11소 유형으로 세분되며(표 4-1), 다양한 생활형이 나타난다.

(2) 한반도 침엽수의 세부 분포 유형

고산형

한반도에 나타나는 고산형은 북부 고산형 1종류가 있으며, 곱향나무(백두산~남설

솔송나무

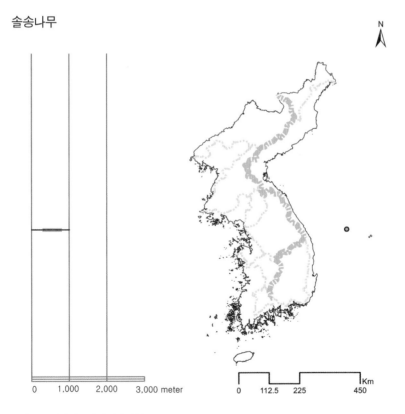

그림 4-18. 솔송나무 수평 및 수직 분포도

령~만덕산 사이 1,400~2,300m)가 대표적이다. 소나무과에 속하는 수종 가운데 고산형에 속하는 나무는 없다.

표 4-1. 자생 침엽수의 분포 유형

대 유형	소 유형	대상 수종	수평 분포역	수직 분포역	종수
고산형	북부 고산	곱향나무	백두산~남설령~만덕산	1,400~2,300m	1종
아고산형	전국	눈향나무 가문비나무* 주목	숭적산~한라산 차유산~지리산 숭적산~한라산	700~2,300m 500~2,300m 300~1,950m	3종
	중북부	눈잣나무* 눈측백 분비나무* 잎갈나무* 종비나무*	향로봉~설악산 향로봉~태백산 차유산~덕유산 차유산~금강산 백두산~금패령	900~2,540m 700~2,300m 500~2,200m 200~2,300m 450~1,600m	5종
	남부	구상나무*	속리산~한라산	500~1,950m	1종
산지형	전국	잣나무* 전나무* 소나무* 노간주나무 향나무	차유산~지리산 송진산~한라산 증산~한라산 증산~대둔산(전남) 낭림산~흑산도	~1,900m 100~1,500m 100~1,300m 50~1,200m ~800m	5종
	중남부	화솔나무 개비자나무 측백나무 눈개비자나무	설악산~백양산 화산(경기)~속리산~대둔산(전남) 설악산~울릉도~가지산 속리산~백양산	~1,700m 100~1,350m 150~600m ~100m	4종
	남부	비자나무	내장산~한라산	150~700m	1종
해안형	중남부	곰솔*	계룡산~울릉도~한라산	50~700m	1종
도서형	서해	해변노간주나무 섬향나무	장산곶~백령도~어청도 재원도~흑산도~조도~제주도	~300m -	2종
	울릉도	섬잣나무* 솔송나무*	울릉도 울릉도	500~800m 300~800m	2종
격리형	북부	만주잎갈나무* 풍산가문비나무* 단천향나무	백두산 풍산~중강진 단천~포대산~삼지연~장지	1,600m 부근 1,300~1,400m 400~1,600m	3종

*소나무과 나무

(자료 : 공우석, 2004에 기초하여 보완)

아고산형

전국, 중북부, 남부로 나뉘며, 전국 아고산형에는 소나무과의 가문비나무(차유산~지리산 사이 500~2,300m)가 포함된다.

전국 아고산형의 가문비나무는 높이 40m, 지름 1m의 상록침엽교목이다. 구화수는 5~6월에 피고 10월에 성숙하며, 종자는 달걀형으로 종자보다 길이가 2배 긴 날개가 있다.

소나무과가 아닌 수종으로 아고산형에 속하는 나무는 눈향나무(숭적산~한라산 사이 700~2,300m), 눈측백(향로봉~태백산 사이 600~2,300m), 주목(숭적산~한라산 사이 300~1,950m)이 있다.

중북부 아고산형에는 소나무과의 눈잣나무(향로봉~설악산 사이 900~2,540m), 분비나무(차유산~덕유산 사이 500~2,200m), 잎갈나무(차유산~금강산 사이 200~2,300m), 종비나무(백두산~금패령 사이 450~1,600m)가 있다.

중북부 아고산형의 눈잣나무는 높이 1~2m, 지름 15cm의 상록침엽소교목 또는 관목이다. 구화수는 6~7월에 피고 이듬해 9월에 성숙하며, 종자는 길이 0.7~0.9cm로 달걀모양의 삼각형으로 날개는 없다(그림 4-19).

중북부 아고산형의 분비나무는 높이 25m, 지름 75cm까지 자라는 상록침엽교목으로 구화수는 5월에 피고 9월에 성숙하며, 종자는 삼각형으로 날개가 있다.

중북부 아고산형의 잎갈나무는 높이 40m, 지름 1m인 낙엽침엽교목으로 구화수는 4~5월에 피고 9월에 성숙한다. 종자는 달걀모양의 삼각형으로 길이 약 6mm의 날개가 있다.

중북부 아고산형의 종비나무는 높이 25~30m, 지름 95cm 정도의 상록침엽교목으로 구화수는 5~6월에 피고 10월에 성숙하며, 종자는 달걀형으로 날개가 있다.

남부 아고산형에는 소나무과 나무인 구상나무(속리산~한라산 사이 500~1,950m)가 있다. 남부 아고산형의 구상나무는 높이 18m의 상록침엽교목으로 구화수는 6월에 피고 9~10월에 성숙하며, 종자는 날개가 있다.

그림 4-19. 눈잣나무의 구과 (강원 인제군 설악산)

그림 4-20. 잣나무의 구과 (강원 동해시 두타산)

산지형

전국, 중남부, 남부로 나뉜다. 전국 산지형에는 소나무과의 잣나무(차유산~지리산 사이 ~1,900m), 전나무(송진산~한라산 사이 100~1,500m), 소나무(증산~한라산 사이 100~1,300m)가 이에 속한다.

전국 산지형의 잣나무는 높이 30m, 지름 1.5m의 상록침엽교목으로 구화수는 5월에 피고 이듬해 10월에 성숙한다. 종자는 길이 1.2~1.8cm, 너비 1~1.4cm, 두께 0.7~1cm로 일그러진 삼각모양의 긴 달걀형으로 날개는 없다(그림 4-20).

전국 산지형 전나무는 높이 40m, 지름 1.5m의 상록침엽교목으로 구화수는 4월에 피고 10월에 익는다. 종자는 길이 1.2cm, 너비 약 6mm의 달걀모양 삼각형으로 날개가 있다.

전국 산지형 소나무는 높이 40m, 지름 1.8m의 상록침엽교목으로 구화수는 5월에 피고, 다음 해 9~10월에 성숙한다. 종자는 길이 약 5mm로 타원형이고 종자 길이 약 3배 정도의 날개가 있다. Uyeki(1926)는 소나무의 줄기와 가지의 모습인 수관에 따라 동북형, 금강형, 중부남부평지형, 위봉형, 안강형, 중부남부고지형 등 6개로 구분하였다.

소나무과가 아닌 나무로 노간주나무(증산~대둔산 사이 50~1,200m), 향나무(낭림산~흑산도 사이 ~800m)도 있다. 중남부 산지형은 소나무과가 아닌 수종이 주를 이루는데, 화솔나무(설악산~백양산 사이 ~1,700m), 개비자나무(경기 화산~속리산~전남 대둔산 사이 100~1,350m), 측백나무(설악산~울릉도~가지산 사이 150~600m), 눈개비자나무(속리산~백양산 사이 ~100m)가 난다.

남부 산지형에는 비자나무(내장산~한라산 사이 150~700m)가 분포한다. 중남부 산지형과 남부 산지형에는 소나무과에 속하는 수종이 없다.

해안형

중남부 해안형이 있으며, 소나무과의 곰솔(계룡산~울릉도~한라산 사이 50~700m)이 대표적이다.

중남부 해안형의 곰솔은 높이 35m, 지름 2m의 상록침엽교목으로 구화수는 5월에 피고 다음해 9월에 성숙하며, 종자는 마름모형 또는 타원형(길이 약 5mm)으로 종자의 길이보다 약 3배 더 긴 날개가 있다(그림 4-21).

도서형

서해, 울릉도형 등이 있다. 서해 도서형에 소나무과 나무는 없고 해변노간주나무(장산곶~백령도~어청도 사이 ~300m), 섬향나무(재원도~흑산도~조도~제주도)가 자란다.

울릉도형에는 소나무과의 섬잣나무(울릉도 500~800m), 솔송나무(울릉도 300~800m)가 있다.

울릉도형의 섬잣나무는 높이 30m, 지름 1m의 상록침엽교목으로 구화수는 5월에 피고 이듬해 9월에 성숙하며, 종자는 누운 달걀형으로 짧은 날개가 있다.

울릉도형의 솔송나무는 높이 30m, 지름 1m의 상록침엽교목으로 구화수는 5월에 피고 10월에 성숙하고, 종자는 길이 4mm 정도의 장타원형으로 종자 2배 길이의 날개가 있다(그림 4-22).

Li(1953)는 해안에 많은 침엽수가 살아남아 유존종이 된 것은 내륙에 비해 기온 교차가 크지 않기 때문으로 보았다. 솔송나무가 한국의 울릉도와 일본, 특히 규슈 남쪽 야쿠시마에 격리 분포하는 것은 종자의 산포에 의한 것일 가능성이 있는 것으로 보았다(Farjon and Filer, 2013).

격리형

격리형 가운데 북부 격리형은 소나무과에 해당하는 만주잎갈나무(백두산, 1,600m 부근), 풍산가문비나무(풍산~중강진 1,300~1,400m)가 있다.

북부 격리형의 만주잎갈나무는 높이 30m, 지름 1m, 낙엽교목으로 5월에 구화수가 피고, 열매에는 7mm 정도의 날개가 있다.

북부 격리형의 풍산가문비나무는 높이 20m, 지름 60cm의 고산성 상록침엽교목으로 구화수는 6월에 피고 10월에 성숙한다. 종자는 길이 4~4.5mm, 너비 1.5~2mm의 달걀형으로 종자 2배 길이 정도인 길이 8~9mm, 너비 4mm의 날개가 있다.

소나무과 나무 가운데 종자에 날개가 있는 가문비나무, 분비나무, 잎갈나무, 종비나무, 구상나무, 전나무, 소나무, 곰솔, 섬잣나무, 솔송나무, 만주잎갈나무, 풍

그림 4-21. 곰솔의 구과 (제주 서귀포시)

그림 4-22. 솔송나무의 구과 (경북 울릉군 성인봉)

산가문비나무 등 12종은 주로 바람에 의해 산포된다. 종자에 날개가 없는 눈잣나무, 잣나무 등 2종은 주로 동물이나 중력에 의하여 퍼진다고 본다.

소나무과가 아닌 나무로는 단천향나무(단천~포대산~삼지연, 장지 400~1,600m)가 나타난다.

03 소나무과 나무의 역사시대 식생사

1) 고문헌과 역사시대의 소나무과 나무

(1) 고문헌의 종류

고문헌(古文獻, historical record)은 역사시대 식물의 분포를 파악하는 식생사(植生史, vegetation history) 복원의 중요한 사료이자 열쇠이다. 역사시대의 소나무과 식물의 분포는 조선시대 초기인 15세기 중반부터 20세기 중반까지 시대별로 약 100여 년의 간격을 두고 고문헌에 기록된 당시 행정구역인 군(郡)과 현(縣)의 지역별 소나무과 관련 기록을 얻을 수 있다.

조선시대 식생 변화를 복원하는 데 활용할 수 있는 고문헌은 다양하다. 『조선왕조실록(朝鮮王朝實錄)』은 1,716권, 848책으로 조선 태조부터 철종에 이르기까지 25대 472년 간의 역사가 연월일 순서에 따라 편년체(編年體, chronological form)로 기록되어 있다(그림 4-23).

『조선왕조실록』 가운데 『세종장헌대왕실록(世宗莊憲大王實錄)』(1454년) 중 『지리지(地理志)』(이하 『세종실록지리지』), 『신증동국여지승람(新增東國輿地勝覽)』(1530년), 『동국여지지(東國輿地志)』(1660년대), 『여지도서(輿地圖書)』(1760년), 『임원경세지(林園經濟志)』 또는 『임원십육지(林園十六志)』(1842~1845년), 『대동지지(大東地志)』(1864년) 등과 일제시대 문헌인 『조선일람(朝鮮一覽)』(1931년)에는 시대별 식생 정보가 여러 형태로 흩어져 있다.

그 중에서 1454년에 완성된 것으로 알려져 있는 『세종실록지리지』 8권 8책(1454년)은 역대 실록 중에서 당시의 지역별 물산(物産)을 잘 알려주는 특색 있는 자료이다.

『세종실록지리지』에 기재된 항목 가운데 세금을 매겨서 부과하기 위한 목적의 궐부, 궐공, 토공, 부세 등과 지역의 특산물을 기록한 약재(藥材), 토의(土宜), 토산(土産) 등을 통해 당시의 식생 분포를 알 수 있다.

궐부 厥賦

각 도가 중앙정부에 상납하는 현물세의 일종이다.

궐공 厥貢

중앙정부에 상납하기 위한 공출품으로 각 도, 군, 현의 산물을 참조하여 정한 것으로 그 품목은 도(道)마다 달랐다.

토공 土貢

지방의 토산물을 바친다는 뜻으로 공물(貢物)을 이른다.

부세 賦稅

세금을 매겨서 부과할 목적으로 조사한 항목이다.

『동국여지승람(東國與地勝覽)』은 1479년에 노사신(盧思愼), 강희맹(姜希孟), 서거정(徐巨正) 등이 『팔도지지』와 『동문선』 등 각종 도서와 개인 소유 초고까지 참고

그림 4-23 『세종실록지리지』 (출처: 국사편찬위원회)

하여 편집한 것이다. 모두 50권에 달하고 1481년에 완성되었으며, 각 도(道)의 부(府), 목(牧), 군(郡), 현(縣)의 사항을 기재하였다.

훗날 이행(李荇), 홍언필(洪彦弼) 등이 『동국여지승람』에서 잘못된 점을 바르게 고쳐가는 교오(校誤)와 내용을 보완하는 증보(增補)를 거쳐 내용을 다시 수정하여 1530년에 『신증동국여지승람』을 완성하였다. 당시 행정구역인 부(府), 목(牧), 군(郡), 현(縣)의 내용 가운데 토산조(土産條)에 식생을 알 수 있는 정보가 포함되어 있다.

『동국여지지』는 『동국여지승람』이 신증(新增)된 지 130여 년이 지난 1660년대 현종 때의 지리지로 임진왜란 이후의 사회 상황을 보여주고 있다. 편찬자와 편찬 연대가 명시되어 있지 않아 정확한 편찬 시기는 알지 못한다.

『동국여지지』는 총 9권 10책에 8도의 행정단위인 각 읍을 수록하고 있으나 권 4의 상(上)으로 기록된 경상좌도 36개 읍이 빠져 있다. 이 책에는 지역별 토산에 대한 기록에서 나무에 대한 기록이 있다.

『여지도서』는 1757(영조 33)~1765년에 각 읍에서 편찬한 읍지(邑誌)를 모아 내용을 보완하여 책으로 만든 전국 읍지이다. 여러 읍의 지도를 담은 여지도(輿地圖)와 읍별 읍지(邑誌) 내용을 기록한 서(書)로 이루어진 전국지리지이다. 『여지도서』는 모두 55책으로 이루어져 있으며 물산 등 40여 항목으로 구성되었다. 이 책에 수록된 물산, 토산 또는 진공(進貢)에 대한 자료를 바탕으로 당시의 식생 현황을 추정할 수 있다.

『임원십육지』는 조선 후기의 실학자인 서유구(徐有榘)가 1842년에서 1845년 사이에 저술한 것으로 보는 박물학 책으로 모두 113권으로 되어 있다. 『임원경제지(林園經濟志)』로도 불리며 두 책의 이름을 합쳐 『임원경제십육지(林園經濟十六志)』라고도 부른다.

『임원십육지』「만학지(晚學志)」권 23부터 권 27에서는 과류, 채류, 목류, 잡류 등 본초학적인 지식에서 이용할 식물의 품종에 따른 분류를 하였다. 「예규지(倪圭志)」는 권 109에서 권 113으로 팔역물산(八域物産)에 지역별 물산 내용에서 식물에 대한 기록이 있으며, 이를 기초로 당시의 지역별 식생상(植生相)을 알 수 있다.

『대동지지』는 『대동여지도(大東輿地圖)』22첩을 간행한 1861~1866년 사이에 김정호(金正浩)가 편찬한 32권 17책의 필사본 전국지리지이다.

『대동지지』는 「총괄」, 「팔도지지(八道地志)」, 「산수고(山水考)」, 「변방고(邊坊考)」, 「정리고(程里考)」, 「역대지(歷代志)」 등의 여섯 부분으로 되어 있다. 「팔도지지」의 토산(土産) 내용이 당시 식물의 분포 정보를 알려 준다.

『조선일람』은 일제 때인 1931년에 자원의 수탈을 목적으로 한반도의 지역별 물산을 조사한 결과를 담고 있다.

(2) 고문헌 자료 처리

고문헌에서 수집된 자료 가운데 식생을 분석하는 데 적합한 자료는 식이(食餌), 과실(果實), 약재(藥材) 등으로 부(府), 목(牧), 도호부(都護府), 군(郡), 현(縣) 별로 물산(物産), 토산(土産), 토의(土宜), 토공(土貢) 항으로 기록되어 있다.

여기에서 다룬 시대적 범위는 15세기 중반 조선시대부터 일제 강점기에 이르는 약 500년 동안이고, 연구 대상 지역의 공간적 범위는 한반도 전역이다. 조선시대에 중앙정부는 지방에 세금을 매기기 위해 상세하게 지역별 물산을 조사하여 기록으로 남겼다. 이들 정보는 당시 지역별 식물 특산물을 파악하는 기초 자료가 되고, 이를 기반으로 시기별 식생을 복원하였다.

고문헌을 기초로 수집된 식물 정보를 시대, 종류, 행정구역별로 분류한 뒤 종합하여 나무별 목록을 만들고, 지도상에 행정구역별로 ArcGIS 등 지리정보 프로그램을 이용한 공간 표현(表現, plotting)을 통해 식물종별, 시대별, 지역별 식생도와 연대기(年代記, chronology)를 만들었다.

시대별 식생사는 고문헌에 기록된 지역별 물산, 토산, 토의, 토공 정보를 수집한 뒤 군현(郡縣)별로 지도화(地圖化, mapping)하여 당시의 상황을 복원하였다.

2) 조선시대 소나무과의 식생사

(1) 소나무 분포역

소나무의 시대별 분포

고문헌에 소나무에 대한 기록은 송진, 송심, 복령, 복신, 송이 등의 소나무 부산물과 함께 잘 자라 용재로 사용된 소나무인 황장목 등의 기록으로 찾을 수 있다.

송진 松津, resin

소나무, 잣나무 등 소나무과 나무의 줄기에서 나무가 손상을 입었을 때 분비되는 끈끈한 액체로 깨끗한 것은 색깔이 없고 투명하다. 시간이 지나면 누른빛 또는 갈색을 띤 누른빛의 몹시 끈끈한 액체로 바뀐다. 테레빈유, 바니스 제조 및 종이나 비누 만드는 데 쓰인다. 송진이 엉긴 소나무의 가지나 옹이(나무에 박힌 가지의 그루터기)를 관솔이라고 부른다. 예전에는 송진이 많은 관솔에 불을 붙여 촛불이나 등불 대신으로 썼다.

송이 松栮, Tricholoma matsutake

20~60년생 소나무숲이나 땅 위에 나는 담자균강 주름버섯목 송이버섯과의 식용버섯으로 향이 독특하고 맛이 좋다. 송이버섯의 포자가 적당한 환경에서 발아된 후 균사로 생육하며 소나무의 잔뿌리에 달라붙어 균근을 형성한다.

복령 茯笭, Poria cocos

소나무를 벌채한 뒤 3~10년이 지난 뒤 뿌리에서 기생하여 성장하는 균핵(菌核)으로 형체가 일정하으며 자루와 턱받이가 없다. 균핵은 특수한 균의 균사(菌絲)가 식물의 꽃, 열매, 뿌리, 때로는 유기물에 빼곡히 붙어 덩이 모양을 이룬 것으로 균씨라고도 한다.

복신 茯神

복령(Poria cocos)의 균핵 사이로 뿌리가 관통하거나 균체가 소나무의 뿌리를 내부에 싸고 자란 것을 말한다.

황장목 黃腸木

속이 누런빛을 띠는 질 좋은 소나무로, 궁궐을 지을 때나 임금의 관을 짤 때 쓰이는 나무이다. 조선시대 조정에서는 이 나무를 보호하기 위해 전국 각지 황장목 산지 입구에 출입금지를 알리는 표석인 황장금표비(黃腸禁標碑)를 세웠다(그림 4-24).

소나무로 만든 관은 오랫동안 썩지 않고 보존되기 때문에 관재(棺材)로 널리 사용하였다. 2004년 대전시 중구 목달동 송절마을의 여산 송씨(宋氏) 문중의 묘역에서 발굴된 15세기 학봉장군 부부 미라는 국내에서 가장 오래된 미라이다. 미라는 소나무로 만든 관을 이중으로 포개어놓고 그 둘레를 석회, 황토 등의 회(灰)질로 채워 굳힌 것으로 물이나 습기에 강하여 오랫동안 보존되었다(그림 4-25). 소나무는 물관부에 수지(송진)를 가지고 있어 물에 견디는 내수성(耐水性)이 뛰어나 관재로 널리 사용하였다. 소나무는 관재 외에도 능실(陵室)을 만드는 데도 사용하였다.

그림 4-24. 황장금표비 (강원 원주시 치악산)

그림 4-25. 조선 초기 학봉장군 소나무 관 (충남 공주시 계룡산자연사박물관)

『세종실록지리지』에 나타난 소나무

소나무 관련 물산의 산지는 경기도 7곳, 충청도 14곳, 경상도 33곳, 전라도 17곳, 황해도 3곳, 강원도 23곳, 함경도 5곳, 평안도 5곳 등 107곳이다(표 4-2).

표 4-2. 『세종실록지리지』의 소나무 출현 지역

도	군현	출현 지역수
경기도	지평, 포천, 가평, 영평, 양근, 양주, 임강	7
충청도	단양, 청풍, 괴산, 제천, 영춘, 옥천, 영동, 보은, 청산, 음성, 진천, 충주, 연풍, 황간	14
경상도	경주, 밀양, 청도, 언양, 안동, 영해, 순흥, 예천, 청송, 의성, 예안, 봉화, 의흥, 진보, 상주, 초계, 문경, 군위, 김해, 양산, 장기, 영해, 영천(榮川), 영천(永川), 신녕, 금산, 함창, 지례, 진주, 곤남, 고성, 산음, 삼가	33
전라도	전주, 진산, 금산, 부안, 남원, 순창, 용담, 운봉, 장수, 무주, 진안, 순천, 무진, 능성, 태인, 곡성, 장흥	17
황해도	수안, 곡산, 신은	3
강원도	양양, 평창, 원주, 영월, 횡성, 홍천, 회양, 금성, 금화, 평강, 이천, 평해, 울진, 춘천, 낭천, 양구, 인제, 간성, 고성, 통천, 강릉, 철원, 안협	23
함경도	함흥, 북청, 문천, 안변, 길주	5
평안도	삭주, 영변, 벽동, 강계, 희천	5

『신증동국여지승람』에 나타난 소나무

산지는 경기도 6곳, 충청도 12곳, 경상도 38곳, 전라도 25곳, 황해도 9곳, 강원도 26곳, 함경도 8곳, 평안도 8곳 등 132곳이다(표 4-3).

표 4-3. 『신증동국여지승람』의 소나무 출현 지역

도	군현	출현 지역수
경기도	양근, 지평, 포천, 가평, 영평, 양주	6
충청도	단양, 청풍, 괴산, 제천, 영춘, 옥천, 영동, 보은, 청산, 충주, 연풍, 황간	12

경상도	양산, 장기, 안동, 영해, 순흥, 예천, 영천(榮川), 영천(永川), 청송, 영덕, 예안, 기천, 봉화, 신녕, 상주, 합천, 금산, 함창, 문경, 군위, 지례, 진주, 곤남, 고성, 산음, 삼가, 경주, 밀양, 청도, 언양, 안동, 영해, 예천, 의성, 의흥, 진보, 초계, 김해	38
전라도	전주, 진산, 금산, 부안, 남원, 순창, 용담, 운봉, 장수, 무주, 진안, 순천, 무진, 능성, 고산, 장흥, 강진, 곡성, 옥과, 낙안, 보성, 광양, 구례, 흥양, 화순	25
황해도	안악, 재령, 수안, 곡산, 신계, 문화, 장연, 풍천, 신은	9
강원도	양양, 평창, 원주, 영월, 횡성, 홍천, 회양, 금성, 금화, 평강, 이천, 평해, 울진, 춘천, 낭천, 양구, 인제, 간성, 고성, 통천, 강릉, 삼척, 양양, 정선, 철원, 안협	26
함경도	함흥, 북청, 문천, 안변, 길주, 영흥, 경성, 길성	8
평안도	삭주, 영변, 벽동, 강계, 희천, 운산, 성천, 양덕	8

『동국여지지』에 나타난 소나무

산지는 경기도 8곳, 충청도 33곳, 경상도 14곳, 전라도 29곳, 황해도 9곳, 강원도 26곳, 함경도 11곳, 평안도 9곳 등 139곳이다(표 4-4).

표 4-4. 『동국여지지』의 소나무 출현 지역

도	군현	출현 지역수
경기도	개성, 양근, 양주, 영평, 포천, 가평, 장단, 지평	8
충청도	청풍, 괴산, 영춘, 제천, 청주, 옥천, 문의, 회인, 청안, 황간, 청산, 전의, 회덕, 진잠, 부여, 온양, 홍산, 신창, 예산, 충주, 단양, 연풍, 음성, 보은, 영동, 공주, 연산, 서산, 태안, 청양, 대흥, 남포, 해미	33
경상도	상주, 성주, 지례, 문경, 함창, 진주, 합천, 곤양, 남해, 거창, 산음, 고성, 선산, 하동	14
전라도	전주, 금산, 진산, 함열, 고산, 장흥, 강진, 남원, 용담, 무주, 곡성, 진안, 옥과, 운봉, 순천, 낙안, 보성, 능성, 광양, 구례, 흥양, 동복, 화순, 부안, 영암, 영광, 담양, 순창, 곡성	29
황해도	안악, 재령, 순안, 곡산, 신계, 문화, 장연, 풍천, 서흥	9
강원도	강릉, 삼척, 양양, 평해, 간성, 고성, 통천, 울진, 흡곡, 원주, 춘천, 정선, 영월, 평창, 인제, 횡성, 홍천, 회양, 철원, 금성, 양구, 낭천, 이천, 평강, 금화, 안협	26
함경도	영흥, 정평, 안변, 덕원, 문천, 단천, 명천, 함흥, 종성, 길주, 부령	11

| 평안도 | 창성, 영변, 운산, 희천, 대천, 성천, 덕천, 양덕, 맹산 | 9 |

『여지도서』에 나타난 소나무

산지는 경기도 3곳, 충청도 16곳, 경상도 60곳, 전라도 10곳, 황해도 16곳, 강원도 26곳, 함경도 10곳, 평안도 7곳 등 148곳이다(표 4-5).

표 4-5. 『여지도서』의 소나무 출현 지역

도	군현	출현 지역수
경기도	영평, 포천, 가평	3
충청도	청주, 옥천, 괴산, 영춘, 제천, 정산, 회인, 청안, 황간, 회덕, 충원, 청풍, 단양, 연풍, 서산, 보은	16
경상도	대구, 경주, 합천, 예천, 영천(榮川), 풍기, 의성, 영양, 영덕, 상주, 선산, 금산, 연일, 칠곡, 밀양, 청도, 경산, 자인, 안동, 순흥, 영천(永川), 영산, 삼가, 울산, 창원, 함안, 의령, 안의, 하동, 산청, 신녕, 인동, 현풍, 의흥, 영산, 창녕, 초계, 함양, 거창, 개령, 지례, 고령, 문경, 함창, 봉화, 진보, 군위, 비안, 예안, 용궁, 청하, 장기, 언양, 흥해, 고성, 단성, 하양, 곤양, 남해, 성주	60
전라도	영암, 능주, 광양, 구례, 옥과, 강진, 담양, 순창, 곡성, 낙안	10
황해도	곡산, 순안, 신계, 강령, 봉산, 서흥, 신천, 안악, 연악, 은율, 장연, 토산, 평산, 풍천, 해주, 황주	16
강원도	감영, 원주, 춘천, 정선, 영월, 평창, 삼척, 양양, 평해, 간성, 고성, 통천, 울진, 흡곡, 금화, 이천, 평강, 강릉, 횡성, 홍천, 인제, 회양, 철원, 양구, 낭천, 금성	26
함경도	함흥, 명천, 정평, 문천, 북청, 단천, 삼수, 영흥, 경성, 길주	10
평안도	영변, 희천, 강계, 성천, 양덕, 맹산, 창성	7

『임원십육지』에 나타난 소나무

산지는 경기도 7곳, 충청도 33곳, 경상도 45곳, 전라도 26곳, 황해도 8곳, 강원도 25곳, 함경도 10곳, 평안도 8곳 등 162곳이다(표 4-6).

표 4-6. 『임원십육지』의 소나무 출현 지역

도	군현	출현 지역수
경기도	양근, 지평, 양주, 영평, 가평, 포천, 개성	7
충청도	충주, 청풍, 단양, 영춘, 제천, 연풍, 괴산, 음성, 청주, 옥천, 회인, 청안, 황간, 청산, 전의, 정산, 회덕, 진잠, 부여, 온양, 홍산, 신창, 예산, 당진, 보은, 영동, 공주, 서산, 태안, 청양, 대흥, 남포, 해미	33
경상도	경주, 울산, 영천, 안동, 영주, 진보, 영양, 예안, 대구, 밀양, 청도, 선산, 경산, 영산, 현풍, 창녕, 하동, 합천, 칠곡, 흥해, 연일, 장기, 언양, 영해, 청송, 순흥, 풍기, 의성, 봉화, 군위, 금산, 지례, 문경, 함창, 자인, 성주, 의흥, 진주, 거창, 산청, 곤양, 남해, 합천, 고성, 양산	45
전라도	남원, 용담, 무주, 옥과, 운봉, 진안, 순천, 낙안, 보성, 능주, 광양, 구례, 흥양, 화순, 전주, 금산, 진산, 부안, 함열, 고산, 장흥, 강진, 순창, 곡성, 영암, 영광	26
황해도	안악, 재령, 순안, 곡산, 신계, 문화, 장연, 풍천	8
강원도	강릉, 삼척, 양양, 평해, 간성, 고성, 통천, 울진, 원주, 영월, 정선, 평창, 인제, 횡성, 홍천, 철원, 춘천, 양구, 낭천, 금성, 금화, 이천, 안협, 평강, 회양	25
함경도	함흥, 영흥, 안변, 덕원, 문천, 단천, 명천, 경성, 길주, 부령	10
평안도	창성, 성천, 덕천, 양덕, 영변, 희천, 운산, 태천	8

『대동지지』에 나타난 소나무

산지는 경기도 8곳, 충청도 10곳, 경상도 34곳, 전라도 20곳, 황해도 9곳, 강원도 24곳, 함경도 10곳, 평안도 10곳 등 125곳이다(표 4-7).

표 4-7. 『대동지지』의 소나무 출현 지역

도	군현	출현 지역수
경기도	개성, 파주, 가평, 영평, 장단, 삭녕, 양근, 저평	8
충청도	충주, 청풍, 단양, 연풍, 영춘, 제천, 청주, 보은, 영동, 황간	10
경상도	경주, 양산, 영천(永川), 흥해, 영일, 장기, 언양, 안동, 영해, 청송, 순흥, 영천(榮川), 풍기, 의성, 봉화, 진보, 군위, 예안, 영양, 대구, 청도, 의흥, 상주, 성주, 금산, 지례, 문경, 함창, 진주, 거창, 합천, 남해, 산청, 고성	34
전라도	금산, 진산, 고산, 부안, 남원, 무주, 용담, 진안, 운봉, 곡성, 옥과, 순천, 능주, 낙안, 화순, 구례, 광양, 흥양, 장흥, 강진	20
황해도	풍천, 금천, 곡산, 안악, 재령, 순안, 신계, 문화, 토산	9

강원도	원주, 춘천, 철원, 회양, 이천, 영월, 정선, 평창, 금성, 평강, 금화, 낭천, 홍천, 횡성, 양구, 인제, 안협, 강릉, 삼척, 양양, 평해, 간성, 고성, 울진	24
함경도	함흥, 영흥, 안변, 북청, 삼수, 장진, 후주, 길주, 경성, 명천	10
평안도	영변, 운산, 희천, 태천, 창성, 초산, 성천, 양덕, 운산, 강계	10

『조선일람』에 나타난 소나무

산지는 경기도 4곳, 충청도 4곳, 경상도 3곳, 전라도 3곳, 강원도 5곳, 함경도 4곳, 평안도 4곳 등 27곳이다(표 4-8).

표 4-8. 『조선일람』의 소나무 출현 지역

도	군현	출현 지역수
경기도	경성, 수원, 포천, 양평	4
충청도	보은, 영동, 옥천, 단양	4
경상도	청도, 영양, 문경	3
전라도	남원, 금산, 제주	3
황해도	–	–
강원도	통천, 이천, 횡성, 삼척, 울진	5
함경도	함흥, 단천, 길주, 원산	4
평안도	양덕, 맹산, 영변, 태천	4

(2) 조선시대 소나무의 분포 변화

시대별 소나무의 분포지

소나무가 나타난 지역은 『세종실록지리지』에 107곳, 『신증동국여지승람』에 132곳, 『동국여지지』에 139곳, 『여지도서』에 148곳, 『임원십육지』에 162곳, 『대동지지』에 125곳, 『조선일람』에 27곳 등 841개 소이다. 소나무는 7개 문헌에서 840개 군현에 출현하였다.

조선시대 소나무의 시대별 출현 지역수를 살펴보면, 1800년대 초반까지 출현 지역수가 증가하다가 이후 감소하였다. 1660년대에 한반도 동남부 경상도 지방의 소나무 분포지가 사라지고, 1840년대에 서해안 남부 충청도와 전북에 소나무

침엽수 사이언스 I

출현이 많아지는 것이 당시 기후와 어떤 관계가 있는지 검토가 필요하다. 소나무의 시대별 분포지 변화에서는 분포지가 강원도를 중심으로 남부와 북부 지방까지 확대된 것을 볼 수 있다(그림 4-26, 표 4-9).

표 4-9. 『대동지지』의 소나무 출현 지역

고문헌	세종실록지리지	신증동국여지승람	동국여지지	여지도서	임원십육지	대동지지	조선일람	합계
연도	1454	1531	1660	1760	1842~45	1864	1931	
경기도	7	6	8	3	7	8	4	43
충청도	14	12	33	16	33	10	4	122
경상도	33	38	14	60	45	34	3	227
전라도	17	25	29	10	26	20	3	130
황해도	3	9	9	16	8	9	–	54
강원도	23	26	26	26	25	24	5	155
함경도	5	8	11	10	10	10	4	58
평안도	5	8	9	7	8	10	4	51
합계	107	132	139	148	162	125	27	840

(자료: Kong *et al.*, 2016)

조선시대 시기별 소나무 출현 빈도를 보면 조선 후기인 1842~1845년에 가장 많은 출현하였고, 1760년, 1660년, 1531년, 1452년 순으로 조선 중기에 많이 나타났다. 1864년, 1930년에는 소나무 출현지가 급감하는데 이는 일제 강점기의 사회상과 관련된 것으로 본다(표 4-9).

조선시대 소나무의 시기별 분포는 초기부터 19세기까지는 분포지가 증가하다가 후기로 가면서 분포지가 감소하는데 이것이 자연적인 원인인지 당시 혼란기와 일제 강점기를 반영하는 것인지는 보다 자세한 연구가 필요하다.

지역별 소나무의 분포

조선시대 소나무의 지역별 분포는 경상도, 강원도, 전라도, 충청도 등 남부 지방에 주로 분포하고 북한의 함경도, 평안도, 경기도에는 상대적으로 적은 지역에

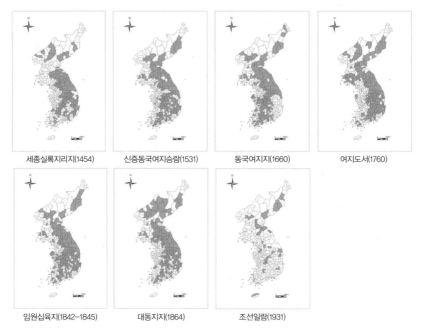

|세종실록지리지(1454)|신증동국여지승람(1531)|동국여지지(1660)|여지도서(1760)|

|임원십육지(1842-1845)|대동지지(1864)|조선일람(1931)|

그림 4-26. 역사시대의 소나무 분포지
(출처: Kong et al., 2016)

나타났다. 이는 소나무가 상대적으로 온난한 산록에 주로 분포한 결과로 보인다
(표 4-9).

(3) 복령의 분포역

복령의 시대별 분포

복령(茯笭)은 소나무에 기생하는 균체로 소나무가 분포했던 지역을 나타내는 또
다른 지표로 볼 수 있다(그림 4-27).

『세종실록지리지』에 나타난 복령

복령의 산지는 경기도 6곳, 충청도 9곳, 경상도 19곳, 전라도 14곳, 황해도 3곳,
강원도 20곳, 함경도 5곳, 평안도 5곳 등 81곳이다(표 4-10).

표 4-10. 『세종실록지리지』의 복령 출현 지역

도	군현	출현 지역수
경기도	지평, 포천, 가평, 철원, 영평, 안협	6
충청도	단양, 청풍, 괴산, 제천, 영춘, 옥천, 영동, 보은, 청산	9
경상도	경주, 밀양, 청도, 언양, 안동, 영해, 순흥, 예천, 청송, 의성, 예안, 봉화, 의흥, 진보, 상주, 초계, 문경, 군위, 김해	19
전라도	전주, 진산, 금산, 부안, 남원, 순창, 용담, 운봉, 장수, 무주, 진안, 순천, 무진, 능성	14
황해도	수안, 곡산, 신은	3
강원도	양양, 평창, 원주, 영월, 횡성, 홍천, 회양, 금성, 금화, 평강, 이천, 평해, 울진, 춘천, 낭천, 양구, 인제, 간성, 고성, 통천	20
함경도	함흥, 북청, 문천, 안변, 길주	5
평안도	삭주, 영변, 벽동, 강계, 희천	5

『신증동국여지승람』에 나타난 복령

산지는 충청도 18곳, 경상도 11곳, 전라도 8곳, 황해도 3곳, 강원도 24곳, 함경도 8곳, 평안도 8곳 등 80곳이다(표 4-11).

그림 4-27. 복령 ⓒ한상국

표 4-11. 『신증동국여지승람』의 복령 출현 지역

도	군현	출현 지역수
경기도	—	—
충청도	청풍, 단양, 괴산, 음성, 제천, 청주, 옥천, 문의, 회인, 청안, 황간, 청산, 전의, 정산, 회덕, 진잠, 온양, 홍산	18
경상도	울산, 영천(永川), 안동, 영천(榮川), 청도, 경산, 현풍, 영산, 창녕, 선산, 합천	11
전라도	금산, 남원, 담양, 순창, 곡성, 낙안, 광양, 구례	8
황해도	서흥, 수안, 신계	3
강원도	강릉, 삼척, 양양, 평해, 간성, 고성, 통천, 울진, 흡곡, 춘천, 정선, 영월, 평창, 인제, 홍천, 회양, 철원, 금성, 양구, 낭천, 이천, 평강, 김화, 안협	24
함경도	함흥, 영흥, 정평, 안변, 덕원, 문천, 단천, 명천	8
평안도	영변, 운산, 희천, 태천, 성천, 덕천, 양덕, 맹산	8

『동국여지지』에 나타난 복령

산지는 경기도 2곳, 충청도 19곳, 경상도 3곳, 전라도 11곳, 황해도 3곳, 강원도 26곳, 함경도 7곳, 평안도 9곳 등 80곳이다(표 4-12).

표 4-12. 『동국여지지』의 복령 출현 지역

도	군현	출현 지역수
경기도	양근, 지평	2
충청도	청풍, 괴산, 영춘, 제천, 청주, 옥천, 문의, 회인, 청안, 황간, 청산, 전의, 회덕, 진잠, 부여, 온양, 홍산, 신창, 예산	19
경상도	선산, 합천, 하동	3
전라도	금산, 부안, 영암, 영광, 남원, 담양, 순창, 곡성, 낙안, 광양, 구례	11
황해도	서흥, 순안, 신계	3
강원도	강릉, 삼척, 양양, 평해, 간성, 고성, 통천, 울진, 흡곡, 원주, 춘천, 정선, 영월, 평창, 인제, 횡성, 홍천, 회양, 철원, 금성, 양구, 낭천, 이천, 평강, 금화, 안협	26
함경도	영흥, 정평, 안변, 덕원, 문천, 단천, 명천	7
평안도	창성, 영변, 운산, 희천, 대천, 성천, 덕천, 양덕, 맹산	9

『여지도서』에 나타난 복령

산지는 충청도 10곳, 경상도 50곳, 전라도 4곳, 황해도 2곳, 강원도 26곳, 함경도 7곳, 평안도 6곳 등 105곳이다(표 4-13).

표 4-13. 『여지도서』의 복령 출현 지역

도	군현	출현 지역수
경기도	–	–
충청도	청주, 옥천, 괴산, 영춘, 제천, 정산, 회인, 청안, 황간, 회덕	10
경상도	대구, 경주, 합천, 예천, 영천(榮川), 풍기, 의성, 영양, 영덕, 상주, 선산, 금산, 연일, 칠곡, 밀양, 청도, 경산, 자인, 안동, 순흥, 영천(永川), 영산, 삼가, 울산, 창원, 함안, 의령, 안의, 하동, 산청, 신녕, 인동, 현풍, 의흥, 영산, 창녕, 초계, 함양, 거창, 개령, 지례, 고령, 문경, 함창, 봉화, 진보, 군위, 비안, 예안, 용궁	50
전라도	담양, 순창, 곡성, 낙안	4
황해도	순안, 신계	2
강원도	감영, 원주, 춘천, 정선, 영월, 평창, 삼척, 양양, 평해, 가성, 고성, 통천, 울진, 흡곡, 금화, 이천, 평강, 강릉, 횡성, 홍천, 인제, 회양, 철원, 양구, 낭천, 금성	26
함경도	함흥, 명천, 정평, 문천, 북청, 단천, 삼수	7
평안도	영변, 희천, 강계, 성천, 양덕, 맹산	6

『임원십육지』에 나타난 복령

산지는 경기도 2곳, 충청도 21곳, 경상도 18곳, 전라도 10곳, 황해도 2곳, 강원도 24곳, 함경도 7곳, 평안도 8곳 등 92곳이다(표 4-14).

표 4-14. 『임원십육지』의 복령 출현 지역

도	군현	출현 지역수
경기도	양근, 지평	2
충청도	청풍, 단양, 영춘, 제천, 괴산, 청주, 옥천, 회인, 청안, 황간, 청산, 전의, 정산, 회덕, 진잠, 부여, 온양, 홍산, 신창, 예산, 당진	21

경상도	울산, 영천, 안동, 영주, 진보, 영양, 예안, 대구, 밀양, 청도, 선산, 경산, 영산, 현풍, 창녕, 하동, 합천, 칠곡	18
전라도	남원, 순창, 곡성, 광양, 구례, 흥양, 금산, 부안, 영암, 영광	10
황해도	순안, 신계	2
강원도	강릉, 삼척, 양양, 평해, 간성, 고성, 통천, 울진, 원주, 영월, 정선, 평창, 인제, 횡성, 홍천, 철원, 춘천, 양구, 낭천, 금성, 금화, 이천, 안협, 평강	24
함경도	함흥, 영흥, 안변, 덕원, 문천, 단천, 명천	7
평안도	창성, 성천, 덕천, 양덕, 영변, 희천, 운산, 태천	8

『대동지지』에 나타난 복령

산지는 강원도 22곳, 평안도 6곳 등 28곳이다(표 4-15).

표 4-15. 『대동지지』의 복령 출현 지역

도	군현	출현 지역수
경기도	–	–
충청도		–
경상도	–	–
전라도	–	–
황해도		–
강원도	원주, 춘천, 철원, 회양, 이천, 영월, 정선, 평창, 금성, 평강, 금화, 낭천, 홍천, 횡성, 양구, 인제, 안협, 강릉, 삼척, 양양, 평해, 간성	22
함경도	–	
평안도	영변, 운산, 희천, 태천, 창성, 초산	6

『조선일람』에 나타난 복령

산지는 경기도 3곳, 충청도 2곳, 경상도 1곳, 전라도 2곳, 강원도 5곳, 함경도 3곳, 평안도 4곳 등 20곳이다(표 4-16).

표 4-16. 『조선일람』의 복령 출현 지역

도	군현	출현 지역수
경기도	수원, 포천, 양평	3
충청도	영동, 옥천	2
경상도	문경	1
전라도	남원, 금산	2
황해도	-	-
강원도	통천, 이천, 횡성, 삼척, 울진	5
함경도	함흥, 단천, 길주	3
평안도	양덕, 맹산, 영변, 태천	4

(4) 조선시대 복령의 분포 변화

복령이 분포했던 지역은 『세종실록지리지』에 81곳, 『신증동국여지승람』에 80곳, 『동국여지지』에 80곳, 『여지도서』에 105곳, 『임원십육지』에 92곳, 『대동지지』에 28곳, 『조선일람』에 20곳 등 486개소이다. 복령은 7개 문헌에서 486개 군현에 출현하였다(표 4-17).

표 4-17. 복령의 출현 지역수 변화

고문헌	세종실록 지리지	신증동국 여지승람	동국 여지지	여지도서	임원 십육지	대동지지	조선일람	합계
연도	1454	1531	1660	1760	1842~45	1864	1931	
경기도	6	-	2	-	2	-	3	13
충청도	9	18	19	10	21	-	2	79
경상도	19	11	3	50	18	-	1	102
전라도	14	8	11	4	10	-	2	49
황해도	3	3	3	2	2	-	-	13
강원도	20	24	26	26	24	22	5	147
함경도	5	8	7	7	7	-	3	37
평안도	5	8	9	6	8	6	4	46
합계	81	80	80	105	92	28	20	486

(자료: Kong et al., 2016)

시대별 복령의 분포

시대별로 비교하였을 때 조선 초기부터 중기까지 지속적으로 복령의 산지가 증가했으나 후기에 들어서 분포지가 급감하였다(그림 4-28). 이는 당시 사회경제적 상황이 혼란한 시기였고 일제의 공출을 회피하기 위한 활동 등의 결과로 볼 수 있다. 그러나 경상도의 경우 1760년에 급격한 증가가 있었던 것으로 확인되었다.

지역별 복령의 분포

복령은 1600년대까지 출현한 지역의 수에 변화가 거의 없었고, 1760년에는 분포 지점 수가 증가하고 분포 범위도 서해안 지역을 제외하고 남부와 북부 지방으로 확대되었다(표 4-17).

복령의 지역별 출현 지점은 백두대간에 가까운 지역에 집중적으로 나타나 소나무숲의 면적이 넓은 강원도에 복령이 가장 많이 분포하고 경상도에 많이 나타났다. 이어서 충청도와 전라도에서 복령이 많이 생산되어 남부 지방을 중심으로 중부 지방에 걸쳐 분포하였다(표 4-17).

세종실록지리지(1454)   신증동국여지승람(1531)   동국여지지(1660)   여지도서(1760)

임원십육지(1842-1845)   대동지지(1864)   조선일람(1931)

그림 4-28. 역사시대의 복령 분포지
(출처: Kong et al., 2016)

침엽수 사이언스 I

(5) 송이의 분포역

송이의 시대별 분포

송이 또는 송이버섯은 송이과에 속하는 버섯으로, 소나무와 공생하며 소나무의 낙엽이 쌓인 곳에서 많이 자라기 때문에 소나무의 분포지를 나타내는 또 다른 지표이다(그림 4-29).

『세종실록지리지』에 나타난 송이

송이의 산지는 경기도 5곳, 충청도 8곳, 경상도 26곳, 전라도 4곳 등 43곳이다(표 4-18).

표 4-18. 『세종실록지리지』의 송이 출현 지역

도	군현	출현 지역수
경기도	지평, 양주, 가평, 영평, 임강	5

그림 4-29. 송이 ⓒ 한상국

충청도	충주, 단양, 청풍, 연풍, 영춘, 영동, 황간, 보은	8
경상도	양산, 장기, 안동, 영해, 순흥, 예천, 영천(榮川), 영천(永川), 청송, 영덕, 예안, 기천, 봉화, 신녕, 상주, 합천, 금산, 함창, 문경, 군위, 지례, 진주, 곤남, 고성, 산음, 삼가	26
전라도	용담, 곡성, 장흥, 능성	4
황해도	–	–
강원도		
함경도		
평안도	–	–

『신증동국여지승람』에 나타난 송이

산지는 경기도 7곳, 충청도 9곳, 경상도 31곳, 전라도 20곳, 황해도 8곳, 강원도 13곳, 함경도 5곳, 평안도 4곳 등 97곳이다(표 4-19).

표 4-19. 『신증동국여지승람』의 송이 출현 지역

도	군현	출현 지역수
경기도	양근, 지평, 양주, 영평, 포천, 가평, 장단	7
충청도	충주, 청풍, 단양, 연풍, 제천, 청주, 보은, 영동, 황간	9
경상도	경주, 양산, 영천(永川), 흥해, 영일, 장기, 언양, 안동, 청송, 영천(榮川), 풍기, 의성, 진보 군위, 예안, 대구, 밀양, 청도, 의흥, 상주, 성주, 금산, 지례, 함창, 진주, 합천, 곤양, 남해, 거창, 산음, 고성	31
전라도	금산, 진산, 고산, 장흥, 강진, 남원, 용담, 무주, 곡성, 진안, 옥과, 운봉, 순천, 낙안, 보성, 능성, 광양, 구례, 흥양, 화순	20
황해도	안악, 재령, 수안, 곡산, 신계, 문화, 장연, 풍천	8
강원도	강릉, 삼척, 양양, 평해, 간성, 고성, 울진, 정선, 영월, 평창	13
함경도	함흥, 영흥, 안변, 경성, 길성	5
평안도	운산, 희천, 성천, 양덕	4

『동국여지지』에 나타난 송이

산지는 경기도 7곳, 충청도 19곳, 경상도 12곳, 전라도 23곳, 황해도 8곳, 강원도 14곳, 함경도 6곳, 평안도 4곳 등 93곳이다(표 4-20).

표 4-20. 『동국여지』의 송이 출현 지역

도	군현	출현 지역수
경기도	개성, 양근, 양주, 영평, 포천, 가평, 장단	7
충청도	충주, 청풍, 단양, 연풍, 음성, 제천, 청주, 보은, 영동, 황간, 공주, 진잠, 연산, 서산, 태안, 청양, 대흥, 남포, 해미	19
경상도	상주, 성주, 지례, 문경, 함창, 진주, 합천, 곤양, 남해, 거창, 산음, 고성	12
전라도	전주, 금산, 진산, 함열, 고산, 장흥, 강진, 남원, 용담, 무주, 곡성, 진안, 옥과, 운봉, 순천, 낙안, 보성, 능성, 광양, 구례, 흥양, 동복, 화순	23
황해도	안악, 재령, 순안, 곡산, 신계, 문화, 장연, 풍천	8
강원도	강릉, 삼척, 양양, 평해, 간성, 고성, 울진, 춘천, 정선, 영월, 평창, 화양, 철원, 이천	14
함경도	함흥, 영흥, 안변, 종성, 길주, 부령	6
평안도	운산, 희천, 성천, 양덕	4

『여지도서』에 나타난 송이

산지는 경기도 3곳, 충청도 9곳, 경상도 28곳, 전라도 6곳, 황해도 3곳, 강원도 15곳, 함경도 6곳, 평안도 5곳 등 75곳이다(표 4-21).

표 4-21. 『여지도서』의 송이 출현 지역

도	군현	출현 지역수
경기도	영평, 포천, 가평	3
충청도	충원, 청풍, 단양, 연풍, 영춘, 제천, 서산, 청안, 보은	9
경상도	대구, 경주, 합천, 예천, 영천(榮川), 풍기, 영양, 상주, 성주, 금산, 연일, 장기, 언양, 밀양, 청도, 안동, 순흥, 영천(永川), 고성, 곤양, 거창, 지례, 문경, 함창, 봉화, 진보, 군위, 예안	28
전라도	영암, 능주, 광양, 구례, 옥과, 강진	6
황해도	곡산, 순안, 신계	3
강원도	감영, 원주, 춘천, 정선, 평창, 삼척, 양양, 간성, 고성, 이천, 강릉, 횡성, 인제, 회양, 철원	15
함경도	함흥, 영흥, 경성, 길주, 북청, 삼수	6

| 평안도 | 희천, 강계, 성천, 창성, 양덕 | 5 |

『임원십육지』에 나타난 송이

산지는 경기도 7곳, 충청도 19곳, 경상도 37곳, 전라도 22곳, 황해도 8곳, 강원도 14곳, 함경도 5곳, 평안도 3곳 등 115곳이다(표 4-22).

표 4-22. 『임원십육지』의 송이 출현 지역

도	군현	출현 지역수
경기도	양근, 지평, 양주, 영평, 가평, 포천, 개성	7
충청도	충주, 청풍, 단양, 제천, 연풍, 음성, 청주, 보은, 영동, 황간, 공주, 회덕, 진잠, 서산, 태안, 청양, 대흥, 남포, 해미	19
경상도	경주, 영천, 흥해, 연일, 장기, 언양, 안동, 영해, 청송, 순흥, 영주, 풍기, 의성, 봉화, 진보, 영양, 군위, 예안, 대구, 밀양, 청도, 금산, 지례, 문경, 함창, 자인, 성주, 의흥, 상주, 진주, 거창, 산청, 곤양, 남해, 합천, 고성, 양산	37
전라도	남원, 용담, 무주, 옥과, 운봉, 진안, 순천, 낙안, 보성, 능주, 광양, 구례, 흥양, 화순, 전주, 금산, 진산, 부안, 함열, 고산, 장흥, 강진	22
황해도	안악, 재령, 순안, 곡산, 신계, 문화, 장연, 풍천	8
강원도	강릉, 삼척, 양양, 평해, 간성, 고성, 울진, 영월, 정선, 평창, 철원, 춘천, 회양, 이천	14
함경도	함흥, 영흥, 경성, 길주, 부령	5
평안도	양덕, 희천, 운산	3

『대동지지』에 나타난 송이

산지는 경기도 8곳, 충청도 10곳, 경상도 34곳, 전라도 20곳, 황해도 9곳, 강원도 20곳, 함경도 10곳, 평안도 6곳 등 117곳이다(표 4-23).

표 4-23. 『대동지지』의 송이 출현 지역

도	군현	출현 지역수
경기도	개성, 파주, 가평, 영평, 장단, 삭녕, 양근, 저평	8
충청도	충주, 청풍, 단양, 연풍, 영춘, 제천, 청주, 보은, 영동, 황간	10
경상도	경주, 양산, 영천(永川), 흥해, 영일, 장기, 언양, 안동, 영해, 청송, 순흥, 영천(榮川), 풍기, 의성, 봉화, 진보, 군위, 예안, 영양, 대구, 청도, 의흥, 상주, 성주, 금산, 지례, 문경, 함창, 진주, 거창, 합천, 남해, 산청, 고성	34
전라도	금산, 진산, 고산, 부안, 남원, 무주, 용담, 진안, 운봉, 곡성, 옥과, 순천, 능주, 낙안, 화순, 구례, 광양, 흥양, 장흥, 강진	20
황해도	풍천, 금천, 곡산, 안악, 재령, 순안, 신계, 문화, 토산	9
강원도	원주, 춘천, 철원, 회양, 이천, 영월, 평창, 금성, 평강, 금화, 낭천, 홍천, 횡성, 양구, 강릉, 삼척, 평해, 간성, 고성, 울진	20
함경도	함흥, 영흥, 안변, 북청, 삼수, 장진, 후주, 길주, 경성, 명천	10
평안도	성천, 양덕, 운산, 강계, 창성, 초산	6

『조선일람』에 나타난 송이

산지는 경기도 1곳, 충청도 1곳, 경상도 2곳, 전라도 1곳, 함경도 1곳 등 6곳이다
(표 4-24).

표 4-24. 『조선일람』의 송이 출현 지역

도	군현	출현 지역수
경기도	경성	1
충청도	보은	1
경상도	청도, 영양	2
전라도	제주	1
황해도	–	–
강원도	–	–
함경도	원산	1
평안도	–	–

(6) 조선시대 송이의 분포 변화

송이가 나타난 지역은 『세종실록지리지』에 43곳, 『신증동국여지승람』에 97곳, 『동국여지지』에 93곳, 『여지도서』에 75곳, 『임원십육지』에 115곳, 『대동지지』에 117곳, 『조선일람』에 6곳 등 546개 소이다. 송이는 7개 문헌에서 546개 군현에 출현하였다(표 4-25, 그림 4-30).

표 4-25. 송이의 출현 지역수 변화

고문헌	세종실록 지리지	신증동국 여지승람	동국 여지지	여지도서	임원 십육지	대동지지	조선일람	합계
연도	1454	1531	1660	1760	1842~45	1864	1931	
경기도	5	7	7	3	7	8	1	38
충청도	8	9	19	9	19	10	1	75
경상도	26	31	12	28	37	34	2	170
전라도	4	20	23	6	22	20	1	96
황해도	−	8	8	3	8	9	−	36
강원도	−	13	14	15	14	20		76
함경도	−	5	6	6	5	10	1	33
평안도	−	4	4	5	3	6	−	22
합계	43	97	93	75	115	117	6	546

(자료 : Kong et al., 2016)

시대별 송이의 분포지

송이의 시대별 분포를 보면 조선 초중기와 중후기까지 송이 생산이 꾸준히 증가하였다. 특히 1531년에는 출현 지역수의 급격한 증가를 보여 당시가 다습하였음을 추정할 수 있다. 1760년에는 출현 지역수는 감소했으나 평안도 지역까지 분포지가 확대되었다. 이후 1864년에 분포지가 가장 확대되었다(표 4-25).

지역별 송이의 분포

송이의 지역별 분포 양상은 경상도, 전라도, 강원도 순으로 분포하고 있으며, 소나무숲이 발달한 백두대간을 중심으로 산출되는 것을 알 수 있다. 전반적으로 송이는 서해안 지역을 제외한 한반도 전체에 분포하였다(표 4-25).

침엽수 사이언스 Ⅰ

(7) 잣나무의 분포역

잣나무의 시대별 분포

잣나무(*Pinus koraiensis*)는 소나무와 함께 경제적으로 중요한 수종이며(그림 4-31), 고문헌에 나무 자체로 표현되기보다는 구과에서 얻은 종자인 잣이나 해송자(海松子)로 기록되어 있다.

『세종실록지리지』에 나타난 잣나무

잣나무의 산지는 경기도 2곳, 충청도 6곳, 경상도 7곳, 황해도 2곳, 강원도 15곳, 함경도 2곳, 평안도 11곳 등 45곳이다(표 4-26).

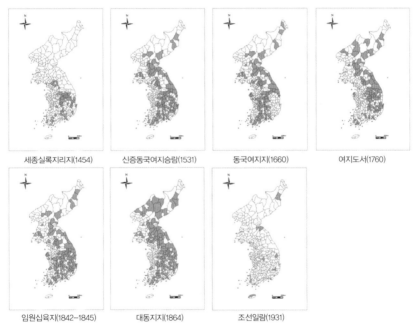

그림 4-30. 역사시대의 송이 분포지
(출처: Kong *et al.*, 2016)

4-26. 『세종실록지리지』의 잣나무 출현 지역

도	군현	출현 지역수
경기도	양주, 가평	2
충청도	단양, 보은, 공주, 임천, 남포, 연산	6
경상도	경주, 내구, 안동, 순흥, 청송, 예인, 합친	7
전라도	—	—
황해도	곡산, 은율	2
강원도	강릉, 양양, 원주, 영월, 횡성, 홍천, 회양, 금성, 금화, 평강, 이천, 삼척, 춘천, 낭천, 인제	15
함경도	갑산, 삼수	2
평안도	성천, 개천, 덕천, 양덕, 영변, 창성, 운산, 강계, 희천, 자성, 위원	11

『신증동국여지승람』에 나타난 잣나무

산지는 경기도 2곳, 충청도 10곳, 경상도 15곳, 전라도 3곳, 황해도 5곳, 강원도 17곳, 함경도 9곳, 평안도 16곳 등 77곳이다(표 4-27).

표 4-27. 『신증동국여지승람』의 잣나무 출현 지역

도	군현	출현 지역수
경기도	양주, 가평	2
충청도	충주, 단양, 연풍, 영춘, 회인, 보은, 영동, 청산, 공주, 청양	10
경상도	영천(永川), 안동, 청송, 영천, 풍기, 봉화, 예안, 대구, 선산, 지례, 문경, 진주, 합천, 초계, 함양	15
전라도	금산, 운봉, 구례	3
황해도	서흥, 곡산, 우봉, 문화, 은율	5
강원도	강릉, 양양, 울진, 원주, 춘천, 정선, 영월, 인제, 홍천, 회양, 금성, 양구, 낭천, 이천, 평강, 김화, 안협	17
함경도	함흥, 정평, 문천, 북청, 단천, 홍원, 갑산, 삼수, 부령	9

| 평안도 | 안주, 창성, 영변, 희천, 태천, 성천, 덕천, 개천, 양덕, 맹산, 은산, 강계, 위원, 이산, 벽동, 영월 | 16 |

『동국여지지』에 나타난 잣나무

산지는 경기도 3곳, 충청도 9곳, 경상도 9곳, 전라도 3곳, 황해도 5곳, 강원도 17 곳, 함경도 9곳, 평안도 17곳 등 72곳이다(표 4-28).

표 4-28. 『동국여지지』의 잣나무 출현 지역

도	군현	출현 지역수
경기도	양근, 양주, 가평	3
충청도	충주, 단양, 연풍, 영춘, 옥천, 보은, 영동, 청산, 공주	9
경상도	성주, 선산, 지례, 문경, 진주, 합천, 초계, 함양, 거창	9
전라도	금산, 무주, 운봉	3
황해도	서흥, 곡산, 우봉, 문화, 은율	5
강원도	강릉, 양양, 울진, 원주, 춘천, 정선, 영월, 평창, 인제, 홍천, 회양, 금성, 낭천, 이천, 평강, 금화, 안협	17
함경도	함흥, 정평, 문천, 북청, 단천, 홍원, 갑산, 삼수, 부령	9
평안도	안주, 창성, 삭주, 영변, 희천, 태천, 성천, 덕천, 개천, 양덕, 맹산, 은산, 강계, 위원, 이산, 벽동, 영원	17

『여지도서』에 나타난 잣나무

산지는 경기도 1곳, 충청도 2곳, 경상도 15곳, 전라도 1곳, 황해도 1곳, 강원도 10 곳, 함경도 4곳, 평안도 6곳 등 40곳이다(표 4-29).

표 4-29. 『여지도서』의 잣나무 출현 지역

도	군현	출현 지역수
경기도	가평	1
충청도	연풍, 보은	2

그림 4-31. 잣나무 구과 (강원 인제군 설악산)

경상도	대구, 경주, 진주, 영천(榮川), 풍기, 선산, 안동, 초계, 함양, 거창, 지례, 문경, 봉화, 예안, 용궁	15
전라도	구례	1
황해도	문화	1
강원도	원주, 춘천, 정선, 평창, 양양, 금화, 평강, 강릉, 인제, 회양	10
함경도	함흥, 문천, 북청, 부령	4
평안도	영변, 희천, 성천, 양덕, 은산, 안주	6

『임원십육지』에 나타난 잣나무

산지는 경기도 2곳, 충청도 10곳, 경상도 20곳, 전라도 5곳, 황해도 4곳, 강원도 18곳, 함경도 9곳, 평안도 16곳 등 84곳이다(표 4-30).

표 4-30. 『임원십육지』의 잣나무 출현 지역

도	군현	출현 지역수
경기도	양근, 가평	2
충청도	충주, 단양, 영춘, 연풍, 옥천, 보은, 영동, 청산, 공주, 청양	10
경상도	경주, 영천, 안동, 청송, 예천, 영주, 풍기, 영덕, 봉화, 예안, 용궁, 대구, 선산, 문경, 성주, 진주, 거창, 초계, 함양, 합천	20
전라도	남원, 무주, 운봉, 구례, 금산	5
황해도	서흥, 곡산, 문화, 은율	4
강원도	강릉, 양양, 울진, 원주, 영월, 정선, 평창, 인제, 홍천, 춘천, 회양, 양구, 낭천, 금성, 금화, 이천, 안협, 평강	18
함경도	함흥, 문천, 북청, 홍원, 갑산, 삼수, 단천, 부령, 무산	9
평안도	안주, 창성, 성천, 덕천, 은산, 양덕, 맹산, 영변, 희천, 태천, 영원, 벽동, 초산, 위원, 강계, 삭주	16

『대동지지』에 나타난 잣나무

산지는 경기도 1곳, 충청도 8곳, 경상도 17곳, 전라도 6곳, 황해도 6곳, 강원도 17곳, 함경도 13곳, 평안도 16곳 등 84곳이다(표 4-31).

표 4-31. 『대동지지』의 잣나무 출현 지역

도	군현	출현 지역수
경기도	가평	1
충청도	충주, 단양, 연풍, 영춘, 보은, 회인, 영동, 황간	8
경상도	영천, 안동, 청송, 예천, 영천, 영덕, 봉화, 예안, 용궁, 영양, 대구, 칠곡, 문경, 선산, 진주, 거창, 합천	17
전라도	금산, 부안, 남원, 무주, 운봉, 구례	6
황해도	은율, 서흥, 곡산, 안악, 문화, 장연	6
강원도	원주, 춘천, 회양, 이천, 정선, 평창, 금성, 평강, 금화, 낭천, 홍천, 양구, 인제, 안협, 강릉, 양양, 울진	17

함경도	함흥, 영흥, 정평, 안변, 문천, 북청, 홍원, 갑산, 삼수, 장진, 후주, 부령, 무산	13
평안도	성천, 개천, 덕천, 은산, 양덕, 맹산, 영원, 영변, 희천, 태천, 강계, 삭주, 위원, 창성, 초산, 벽동	16

『조선일람』에 나타난 잣나무

산지는 경기도 2곳, 충청도 1곳, 함경도 23곳, 평안도 2곳 등 28곳이다(표 4-32).

표 4-32. 『조선일람』의 잣나무 출현 지역

도	군현	출현 지역수
경기도	양주, 양평	2
충청도	괴산	1
경상도	–	–
전라도	–	–
황해도	–	–
강원도	–	–
함경도	함흥, 풍산, 안변, 단천, 북청, 장진, 갑산, 영변, 삼수, 정평, 덕원, 이원, 고원, 문천, 신흥, 청진, 회령, 명천, 길주, 경흥, 부령, 무산, 은성	23
평안도	양덕, 맹산	2

(8) 조선시대 잣나무의 분포 변화

잣나무가 나타난 지역은 『세종실록지리지』에 45곳, 『신증동국여지승람』에 77곳, 『동국여지지』에 72곳, 『여지도서』에 40곳, 『임원십육지』에 84곳, 『대동지지』에 84곳, 『조선일람』에 28곳 등 430개 소이다. 잣나무는 7개 문헌에서 430개 군현에 출현하였다(표 4-33).

잣나무는 시대별 분포지 변화에 있어서 시간이 지남에 따라 남부와 북부 지방으로 분포지가 확대되었으나, 소나무와 비교해보면 북부 지방으로 분포지가 더 확대되었다(그림 4-32). 1660년대에 경상도 지방에서 잣나무 분포지가 줄어든 것이 온난 건조한 기후와 관련이 있는지에 대해서는 검토가 필요하다. 1760년대에 잣나무 분포지가 전체적으로 줄어들고 특히 북한 지방에서 잣나무 출현이 감소한 것에 대한 분석이 필요하다.

표 4-33. 잣나무의 출현 지역수 변화

고문헌	세종실록지리지	신증동국여지승람	동국여지지	여지도서	임원십육지	대동지지	조선일람	합계
연도	1454	1531	1660	1760	1842~45	1864	1931	
경기도	2	2	3	1	2	1	2	13
충청도	6	10	9	2	10	8	1	46
경상도	7	15	9	15	20	17	0	83
전라도	–	3	3	1	5	6	0	18
황해도	2	5	5	1	4	6	0	23
강원도	15	17	17	10	18	17	0	94
함경도	2	9	9	4	9	13	23	69
평안도	11	16	17	6	16	16	2	84
합계	45	77	72	40	84	84	28	430

(자료 : Kong *et al.*, 2016)

시대별 잣나무의 분포지

조선시대 시기별 잣나무 출현 빈도를 보면 조선 후기인 1842~1845년과 1864년에 가장 많이 출현하였고 중기인 1531년, 1660년에도 비교적 많이 출현하였으며, 초기인 1454년, 중기인 1760년, 후기인 1931년에 출현 빈도가 낮았다.

시기별로는 조선 초중기와 중후기에는 잣나무가 흔했으나 조선 초기, 중기, 후기에는 잣나무 분포지가 감소하였다. 이와 같은 잣나무 분포지 감소가 소빙기와 같은 기후변화와 관련 있는지는 추가적인 연구가 필요하다.

소빙기 小氷期, little ice age
플라이스토세 빙기처럼 한랭하지는 않았지만 홀로세 후기에 비교적 추운 기후가 오랫동안 지속되었던 시기이다. 서양의 중세와 근대에 해당하는 시기인 13세기 초부터 17세기 후반까지의 시기로 소빙하기라고도 부른다. 이 시기에 기온이 낮아지는 현상은 전 세계적으로 관측되었다. 소빙기에는 농작물의 생산량이 떨어지면서, 흉작이 겹쳐 많은 사람들이 기근으로 굶어 죽거나 전염병으로 사망하였다. 그 결과 사회가 불안정해지면서 정변이 자주 발생하는 등 혼란한 시기가 나타났다.

시대별 침엽수의 분포지는 전반적으로 확대된 것으로 보인다. 소나무의 경우 1800년대 중반까지 꾸준히 증가한 것으로 나타났다. 잣나무는 1700년대 중반에 약간 감소하는 경향이 있지만, 그 시기를 제외하면 소나무와 마찬가지로 분포지가 증가한 것으로 나타났다.

지역별 잣나무의 분포지

지역별 잣나무의 출현을 보면 남한의 강원도, 경상도와 같은 동해 쪽에 가까운 산지가 많은 곳과 한랭한 북한의 평안도, 함경도에 흔하였다. 충청도에서 잣나무는 중간 정도로 나타났다. 그러나 평지가 많고 서해에 가까운 황해도, 전라도, 경기도에는 잣나무가 상대적으로 적게 나타났다. 전반적으로 잣나무는 지역별로 동서와 남북에 따라 산지가 많고 추운 지역에 치우쳐 분포하는 경향이 나타났다.

소나무와 잣나무의 분포지를 비교하면 소나무가 잣나무에 비해 널리 분포하고 소나무가 자라는 곳을 중심으로 송이가 주로 생산되었다.

역사시대 고문헌은 시대별 인문사회적인 상황을 알려줄 뿐만 아니라(표 4-34) 당시의 기후, 식생, 자연재해 등 자연환경에 대한 자세한 정보를 담고 있다. 조상들로부터 물려받은 문헌자료를 체계적으로 분석하면 과거 환경을 바르게 복원할 수 있고, 이를 바탕으로 현재를 이해하는 데 도움이 되며 미래를 예측하는 눈을 가질 수 있다. 역사적인 문화유산의 가치를 바르게 이해할 때 자연을 이해하는 또 다른 눈을 갖게 된다.

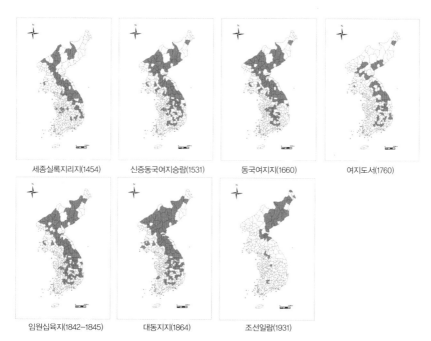

그림 4-32. 역사시대의 잣나무 분포지
(출처: Kong *et al.*, 2016)

표 4-34. 역사시대별 식물종 출현 지역수

고문헌	세종실록 지리지	신증동국 여지승람	동국 여지지	여지도서	임원 십육지	대동지지	조선일람	합계
연도	1454	1531	1660	1760	1842~45	1864	1931	
소나무	107	133	139	148	162	125	27	841
잣나무	45	77	72	40	84	84	28	430
복령	81	80	80	105	92	28	20	486
송이	43	97	93	75	115	117	6	546

(자료: Kong *et al.*, 2016)

04 소나무과 나무의 형태와 산포

1) 소나무과 나무의 형태

(1) 소나무속

소나무

소나무(*Pinus densiflora*)는 바늘잎이 2개인 상록침엽수로 높이 36m까지 자라며 줄기의 껍질인 수피(樹皮, tree bark)는 붉다. 바늘잎은 길고 녹색이며, 구과(毬果, cone)는 나무에 여러 해 동안 매달려 있다(Leathart, 1977)(그림 4-33).

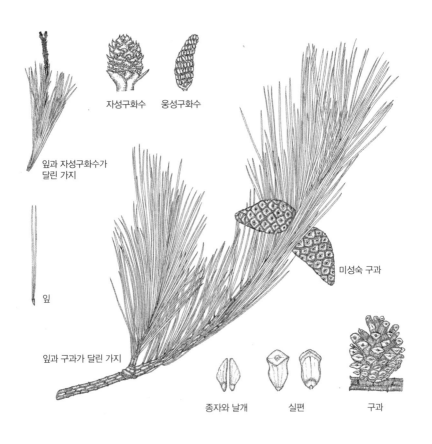

자성구화수   웅성구화수

잎과 자성구화수가
달린 가지

잎

잎과 구과가 달린 가지

미성숙 구과

종자와 날개   실편   구과

그림 4-33. 소나무 (출처: 국립수목원)

그림 4-34 운봉의 소나무 (전북 남원시)

소나무는 20~30m까지 자라며 어릴 때 수관은 원추형이지만 갈수록 퍼져 나중에는 윗부분이 평평해진다. 소나무의 줄기는 구부러져 자라고 수관은 퍼져 불규칙하게 자라는 경우가 많다. 줄기의 껍질인 수피는 적갈색이고 타원형으로 비늘처럼 갈라지며 아래쪽은 회색이다. 가지는 흰색에 가까운 녹색이며 나중에 분홍을 띤 갈색이 된다(그림 4-34).

소나무의 바늘잎은 밝은 녹색이며 길이가 8~12cm, 너비 0.07~0.12cm이다. 구과는 길이 3~6cm으로 달걀 모양의 삼각형이며 노랑이나 밝은 갈색이고 인편은 얇으며, 3년 간 매달려 있다(Ruthforth, 1987). 자성구화수는 길이 3~5cm, 너비 3cm로 하나이며 2~3년 간 매달려 있다. 종자는 달걀형으로 짙은 황회색이며 길이 0.6cm, 너비 0.3cm이며, 날개의 길이는 1.8cm이다(Silba, 1986).

소나무과는 10~11속으로 이루어지고 북반구에 걸쳐 광범위하게 자라며, 바늘잎은 1~8개가 나지만 보통 2~5개 사이의 바늘잎이 있다. 소나무속과 가장 비슷한 목재 해부와 종자를 가진 종류는 잎갈나무, 가문비나무 등이다. 소나무속은 전체적인 형태에 있어서 가문비나무속에 가까운데, 이는 원시적인 특징을 가지고 있기 때문이다(Price et al., 1998).

우리나라에서 소나무는 높이 36m의 상록교목으로 한 묶음 혹은 속에 2개씩 있는 바늘잎 길이는 0.8~12cm이다(그림 4-34). 구과(솔방울)는 길이 4~7cm, 둘레 2~5cm이며, 종자는 달걀모양으로 길이 0.6cm, 날개는 길이 1.8cm이며, 종자 1kg당 7만 9,000~140만 개의 종자가 있다.

곰솔

곰솔(*Pinus thunbergii*)은 상록교목으로 해송(海松) 또는 흑송(黑松)이라고도 부르며, 소나무에 비해 바늘잎이 길고 드물게 자라며 수피는 짙은 회색이다 (Leathart, 1977). 곰솔의 크기는 35m까지 자라며 어릴 때 수관은 원추형이다. 수피는 흑자주 회색 또는 자회색이며 좁고 불규칙적으로 쪼개진다. 가지는 수평으로 퍼져 자라며 황갈색이고 바늘잎은 두껍고 끝이 뾰족하고 짙은 회녹색으로 길

그림 4-35. 곰솔숲 (강원 강릉시)

이 7~15cm, 너비 0.15~0.2cm이다. 구과는 원추형 달걀형이고 길이는 4~7cm이다(Silba, 1986; Ruthforth, 1987)(그림 4–35).

우리나라에서 곰솔은 높이 25m의 상록교목으로 바늘잎은 한 묶음에 2개씩 나며 길이 7~12cm, 너비 1.5~2mm로 3~4년 동안 붙어 있다(그림 4–36). 구과는 길이 4~7cm, 너비 3mm이고, 종자는 달걀형 또는 타원형으로 길이 0.6cm이며 종자 날개는 길이 1.2~1.6cm이다. 자성구화수는 달걀형으로 길이 4~6cm, 너비 3~4cm이며, 날개는 1.5~2cm이다. 종자 1kg당 약 7만 5,000개의 종자가 있다.

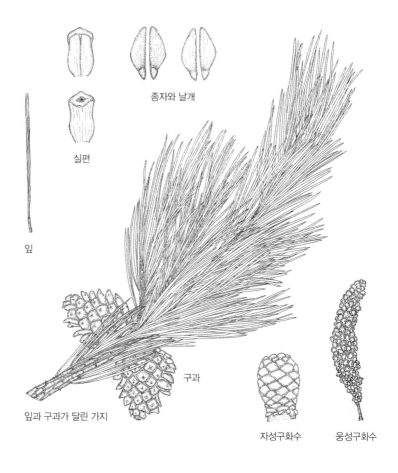

그림 4–36. 곰솔 (출처: 국립수목원)

섬잣나무

섬잣나무(*Pinus parviflora*)는 소나무보다 작아 높이 20m 이상으로 자라는 경우가 적다(Leathart, 1977). 섬잣나무는 크기 20m까지 자라지만 보통은 이보다 작게 자란다. 수관은 원추형이고 둥근 모습을 보인다. 수피는 자주색이며 자라면 비늘과 같이 된다. 가지는 회갈색이나 황갈색이며 털이 있기도 하고 없기도 하다.

섬잣나무의 바늘잎은 밝은 녹색으로 길이 2~6cm, 너비 0.07~0.1cm 정도이다(그림 4-37). 섬잣나무는 잎이 5개인 상록침엽수로 일본의 산지에서 널리 자란다(Leathart, 1977; Farjon, 1998). 구과는 달걀형이나 타원형이다. 종자는 길이 1cm이며 날개는 종자보다 훨씬 짧다(Ruthforth, 1987).

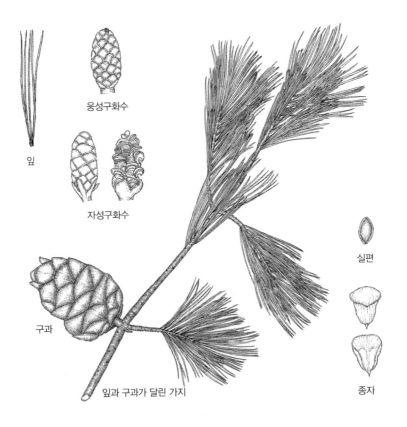

잎

웅성구화수

자성구화수

구과

잎과 구과가 달린 가지

실편

종자

그림 4-37. 섬잣나무 (출처: 국립수목원)

그림 4-38. 섬잣나무의 잎과 가지 (경북 울릉군 성인봉)

우리나라에서 섬잣나무는 높이 15~30m의 상록교목으로 바늘잎은 한 묶음에 5개씩 나고 길이는 2~6cm이다(그림 4-38). 구과는 길이 6~8cm, 너비 3~3.5cm 이며, 종자는 누운 달걀형으로 길이 1~1.5cm, 너비 0.6~0.7cm이며, 날개는 길이 1cm이다. 종자 1,000개의 무게는 100~150g이다.

잣나무

잣나무(*Pinus koraiensis*)는 높이 50m까지 자라며, 수관이 꼭대기는 뾰족한 원주형 또는 피라미드형이다. 수피는 부드럽고 진한 회색인데 자라면서 줄기가 갈라진다. 가지는 녹갈색인데 황갈색의 털로 덮여 있다(그림 4-39). 작은 가지는 솜털이 있고 황갈색이나 밝은 주황갈색이다. 싹이 나오는 눈은 타원형이고 바늘잎은 첫해에는 묶음 속에 있다가 둘째 해에는 진한 녹색으로 퍼져 나온다. 바늘잎은 5개이며 길이 6~12cm, 너비 0.1cm로 2년 동안 가지에 매달린다(그림 4-40).

자성구화수는 길이 9~14cm, 너비 6~8cm로 자라며, 종자는 길이 1.25cm, 너비 0.9~1.1cm로 날개는 없다(Silba, 1986). 구과는 끝이 둥근 원뿔형이고 밝은 녹색이거나 보라색을 띠기도 하며 길이 9~16cm, 너비 6~8cm이다. 종자는 길이 1.2~1.6cm, 너비 0.7~1cm이다(Ruthforth, 1987).

우리나라에서 잣나무는 높이 50m의 상록교목으로 바늘잎은 한 묶음에 5개씩 나며 길이는 7~13cm이다. 구과는 길이 9~16cm, 너비 6~8cm이고, 종자는 일그러진 삼각모양의 긴 달걀형이고, 길이 1.2~1.8cm, 너비 1~1.4cm이며, 종자에 날개는 없다. 잣나무 종자 1,000개의 무게는 450~575g이다(그림 4-41).

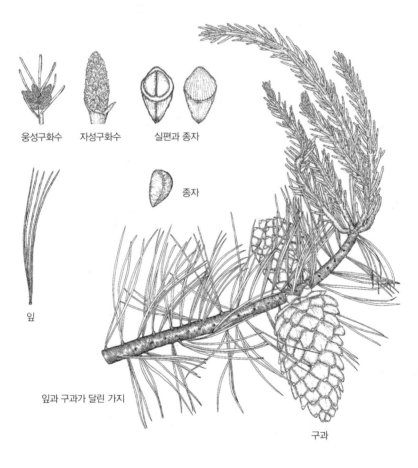

웅성구화수　자성구화수　　실편과 종자

종자

잎

잎과 구과가 달린 가지

구과

그림 4-39. 잣나무 (출처: 국립수목원)

그림 4-40. 잣나무의 잎과 줄기 (강원 속초시 설악산)

그림 4-41. 잣나무 종자와 껍질 벗긴 모습 (강원 홍천군 계방산)

눈잣나무

눈잣나무(*Pinus pumila*)는 관목으로 땅 위를 기면서 자라며 드물게 6m 정도의 작은 교목으로 자라기도 한다. 가지는 녹갈색으로 둘째 해에는 털이 많고 회갈색으로 바뀐다. 싹을 틔우는 눈은 원통형으로 뾰족하고 송진이 있다.

바늘잎은 길이 4~6cm, 너비 0.1cm이다. 웅성구화수는 밝고 적자색이며 늦은 봄에는 보기 좋다. 구과는 달걀형이며 자라면 보라색이 되고 익으면 적갈색이나 황갈색으로 바뀌며, 크기는 길이 3~6cm, 너비 2.5~3cm이다(그림 4-42). 종자는 길이 0.7~1cm, 너비 0.5~0.7cm이다(Ruthforth, 1987).

눈잣나무는 바늘잎은 길이가 4~6cm로 짧은 편인데, 이처럼 바늘잎의 길이가

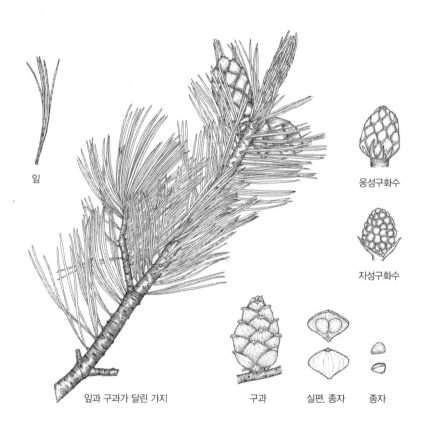

잎

웅성구화수

자성구화수

잎과 구과가 달린 가지   구과   실편, 종자   종자

그림 4-42. 눈잣나무 (출처: 국립수목원)

그림 4-43. 눈잣나무의 바늘잎과 구과 (강원 인제군 설악산)

짧은 종은 건조하거나 고산대 혹은 교목한계선에 자라는 것으로 환경적 스트레스를 많이 받고 있는 종류이다(Richardson and Rundel, 1998). 일본 중부에서 눈잣나무의 바늘잎은 고산대와 바람맞이 쪽에서 더욱 오래 달려 있다(Kajimoto, 1993). 눈잣나무 바늘잎은 4년 혹은 그 이상 매달려 광합성을 한다. 4년생 바늘잎의 광합성량은 1년생의 절반 정도였다(Kajimoto, 1994).

눈잣나무는 키가 작은 왜성(倭性, dwarf) 생육상태를 보이며 완전히 성장했을 때 줄기를 뻗어 번식한다(Kajimoto, 1992; Okitsu and Ito, 1984). 눈잣나무 잎의 ha당 건조 중량은 15~24톤이고, 1m³당 5m²로 다른 침엽수에 비하여 높다(Kajimoto, 1989). 눈잣나무 수관의 구조가 많은 연간 순생산량을 가져 온다(Okitsu and Ito, 1989; Shidei, 1963).

우리나라에서 눈잣나무는 높이 1~2m로 자라며 줄기가 땅 위를 기는 상록관목이고, 그 길이가 10m까지 자란다. 바늘잎은 한 묶음에 5개씩 나고 길이 3~6cm이지만 8.3cm에도 이른다. 구과는 길이가 2.5~4.5cm이고, 종자는 길이

0.7~0.9cm, 너비 0.4~0.7cm의 삼각모양의 달걀형으로 날개는 없으며, 종자 1kg
당 24만여 개의 종자가 있다(그림 4-43).

눈잣나무는 3~6m로 자라는 관목으로 줄기는 땅 위를 기며 가지는 솜털이 있
고 왕성하게 자란다. 바늘잎은 5개로 길이 4~6cm, 너비 0.07~0.1cm이다. 자성구
화수는 달걀형으로 길이 3~4.5cm, 너비 2.5~3cm이고, 종자는 길이 0.6~1cm, 너
비 0.4~0.7cm이고 날개는 없다(Silba, 1986).

(2) 가문비나무속
가문비나무

가문비나무(*Picea jezoensis*)는 높이 30m로 자라며 수관은 원추형이고 늙은 나
무는 가지가 드문드문 나고 수척한 모습이다(그림 4-44). 어릴 때 껍질은 갈색
이지만 자라면서 자주회색으로 바뀌면서 갈라진다. 가지는 흰색이나 연한 황색
으로 빛나지만 나중에는 주황빛 갈색으로 바뀐다. 바늘잎은 길이 1~2cm, 너비
0.15~0.2cm로 자란다(Ruthforth, 1987). 자성구화수는 길이 4.5~8cm, 너비 2cm

그림 4-44. 가문비나무의 수형 (경남 산청군 지리산)

침엽수 사이언스 Ⅰ

로 자라며, 종자는 길이 0.25cm, 날개의 길이는 0.7cm이다(Silba, 1986). 구과는 길이 4~6.5cm로 원통형이고 밝은 적갈색이고 인편은 타원형이다(그림 4-45).

우리나라에서 가문비나무는 높이 40~50m의 상록교목으로 바늘잎 길이는 1~2cm이다(그림 4-45). 구과는 길이 4~6.5cm이고, 종자는 달걀형으로 길이 0.3cm이고 날개는 길이 0.6~0.7cm이다(표 4-35).

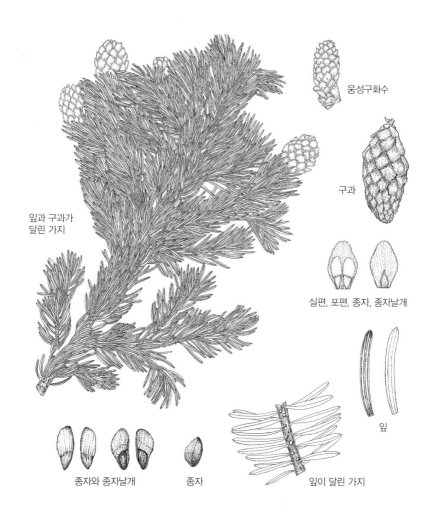

웅성구화수

구과

실편, 포편, 종자, 종자날개

잎과 구과가
달린 가지

잎

종자와 종자날개   종자   잎이 달린 가지

그림 4-45. 가문비나무 (출처 국립수목원)

종비나무

종비나무(*Picea koraiensis*)의 바늘잎은 길고 부드러우며 청록색을 띠고 길이 1.2~2.2cm, 너비 0.15cm 정도이다. 첫해에 황색이나 연한 황갈색인 가지는 2~3년이 되면 점차 황갈색이나 회갈색으로 바뀐다. 수피는 회색이고 가지는 퍼져 자란다. 바늘잎은 길이 0.8~1.2cm, 너비 2.5~3cm이다. 자성구화수는 길이 4~8cm, 너비 2~2.5cm이고, 종자는 길이 0.4cm, 날개는 길이 0.8~1.3cm이다(Silba, 1986). 바늘잎은 가지에 퍼져 자라며 싹을 틔우는 눈은 나무진이 적다(Ruthforth, 1987).

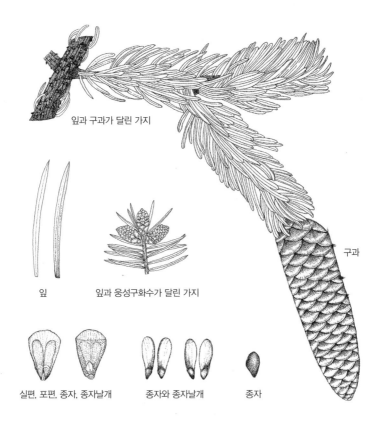

잎과 구과가 달린 가지

구과

잎 잎과 웅성구화수가 달린 가지

실편, 포편, 종자, 종자날개 종자와 종자날개 종자

그림 4-46. 종비나무 (출처: 국립수목원)

우리나라에서 종비나무는 키 30m 정도의 상록교목으로 바늘잎 길이는 1.2~2.2cm이다(그림 4-46). 구과는 길이 4~8cm, 너비 2~2.5cm이고, 종자는 달걀형으로 길이 0.4cm, 날개는 길이 1cm이다(표 4-35).

풍산가문비나무

풍산가문비나무(*Picea pungsanensis*)는 한반도 풍산에 자라는 특산종으로 상록교목이나 관목이며, 높이 20m이고, 바늘잎은 길이 1.2~2.5cm이다. 구과는 길이 5.5~7cm, 너비 2.5~3cm이며, 종자는 달걀형으로 길이 0.4~0.45cm, 너비 0.15~0.2cm이고, 날개는 길이 0.8~0.9cm, 너비 0.4cm이다(표4-35, 그림 4-47). 풍산가문비나무는 북한의 풍산에 자라는 교목으로 본다(Farjon, 1998).

그림 4-47. 풍산가문비나무의 잎과 가지 (서울 동대문구 홍릉수목원)

(3) 잎갈나무속

잎갈나무

잎갈나무(*Larix olgensis* var. *koreana*)는 이깔나무라고도 부르며 높이 20~30m의 피라미드형 낙엽교목으로 400년 정도까지 살며, 바늘잎은 녹색이고 길이는 1.5~2.5cm이다. 수피는 짙은 적갈색이고 작은 가지는 적갈색으로 매끄럽고 솜털이 있다. 구과는 길이 1.5~2.5cm, 너비 1~2cm이고, 종자는 달걀모양의 삼각형으로 길이 0.4cm, 너비 0.2cm이며, 날개는 길이 0.6cm이다. 자성구화수는 길이 2~4cm로 20~40여 개의 편린으로 덮여 있다(Silba, 1986)(그림 4-48).

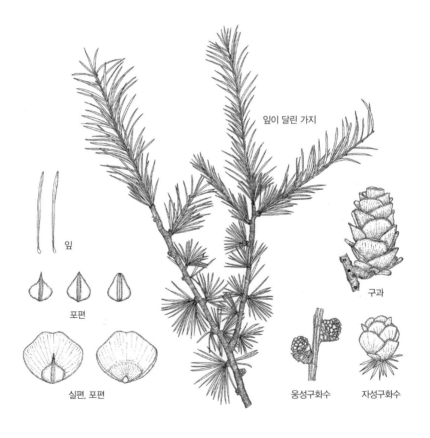

그림 4-48. 잎갈나무 (출처: 국립수목원)

만주잎갈나무

만주잎갈나무(*Larix olgensis* var. *amurensis*) 또는 만주이깔나무는 높이 15~30m 로 수관은 원추형이고 수피는 적갈색이며 깊게 골이 파여 있다. 작은가지는 솜털이 있고, 가지는 황색이나 적색이며 둥근 편이며 싹이 나오는 눈도 둥글며 약간의 나무진을 가지고 있다. 잎은 밝은 녹색이며 길이 1.5~2.5cm, 너비 0.1cm 이다. 구과는 타원형에 가까운 달걀형이며 밝은 갈색으로 길이 1.5~2.5cm, 너비 1~2cm이며, 종자는 길이 0.4cm, 날개는 길이 0.8cm이다(Silba, 1986; Ruthforth, 1987)(그림 4-49).

우리나라에서 만주잎갈나무는 잎갈나무와 외관형은 비슷하며 낙엽관목으로도 나타나며 종자의 날개 길이가 0.8cm 정도로 약간 긴 편이다(표 4-35).

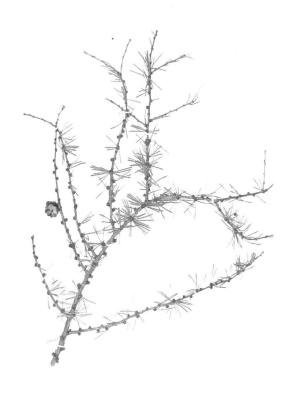

그림 4-49. 만주잎갈나무 표본 (출처: 국립수목원)

(4) 전나무속

전나무

전나무(*Abies holophylla*)는 높이 30~50m의 상록교목으로 좁은 원추형으로 자라며, 바늘잎은 길이 2~4.5cm, 너비 2~2.5cm이다. 자성구화수는 원통형으로 수지가 있으며 처음에는 푸른~노랑~녹색이다가 나중에 노랑~갈색~회색으로 변한다. 구과의 길이는 12~14cm, 너비 4~5cm이고, 종자는 달걀모양 삼각형으로 길이 0.6~1cm, 너비 0.4cm이며, 날개는 길이 1.3cm, 너비 1.3cm이다(표 4–35, 그림 4–50).

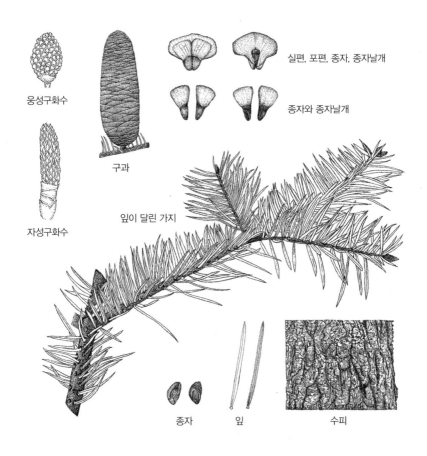

웅성구화수

구과

자성구화수

실편, 포편, 종자, 종자날개

종자와 종자날개

잎이 달린 가지

종자   잎   수피

그림 4–50. 전나무 (출처: 국립수목원)

그림 4-51. 전나무 바늘잎 (전북 부안군 내소사)

그림 4-52. 전나무의 줄기 (강원 평창군 오대산)

전나무는 15m까지 자라며 수관은 원주형 삼각형이다. 수피는 회색이나 회갈색이며 어떤 나무들은 얇은 종이 같은 담황색의 인편을 벗으며, 나중에 얕게 쪼개진다(그림 4-51). 가지는 분홍색을 띠는 갈색이나 담황색의 갈색으로 반들반들해진다.

새싹이 나오는 눈은 달걀모양의 삼각형으로 뽀족하며 나무의 진은 없거나 약간 있다. 바늘잎은 길이가 2~4.5cm로 그늘진 곳의 잎은 드문드문 자라나 햇빛을 받은 쪽의 잎은 가지 위쪽으로 뻗어 자란다(그림 4-52). 구과는 9~14cm 크기로 원주형이며 익으면 갈색으로 변한다(Ruthforth, 1987). 종자는 쐐기형으로 녹황색으로 길고 거의 사각형에 가까운 날개를 가지고 있다(Silba, 1986).

전나무는 큰 가지에 보통 짧고 평편하고 날이 없이 무디며 옆으로 퍼지는 바늘잎을 가진다. 나무의 가장 높은 수관에는 두껍고 뽀족하고 곧바로 선 바늘잎이 나타난다. 잎이 떨어지면 바늘잎에 붙어 있던 가지에는 납작하고 둥근 흔적이 남는다. 전나무의 원통형 줄기는 부드럽고 회색이며 나무가 나이 들어 단단해질 때까지는 나무진의 기포로 덮여 있다. 타원형의 기포를 짜면 끈적거리고 향기가 나는 나무진이 분출되어 나온다.

전나무의 구과는 중간이 볼록한 통모양이며 나무의 끝에 바로 서서 자라고, 다 자라면 배출된 나무진들이 떨어져 반짝거린다. 전나무의 구과는 초가을의 따뜻한 햇살에 건조되어 인편들이 서로 분리되며 나중에 바람에 종자가 날아가고 나중에는 뾰족한 가운데 축만 남게 된다. 일부 전나무는 구과가 깍지를 떼기 전에 인편이 뒤틀리고 자기 스스로를 파괴하는 생태를 가지기도 한다(Lanner, 1999).

구상나무

구상나무(Abies koreana)는 높이 9~18m까지 교목이나 관목으로 자라며 넓게 피라미드형으로 퍼지는 줄기의 지름은 20~30cm이다. 수피는 어릴 때에는 얇고 매끄럽고 연한 자주회색으로 나무진의 수포가 생기지만 자라면서 수피가 두꺼워지고 거칠어지며 깊게 쪼개지고 나중에는 불규칙한 모습으로 떨어진다. 나무의 아래쪽 가지들은 보다 길고 땅쪽으로 처지며 위쪽 가지들은 짧아 전체적으로는 피라미드 모습을 한다. 작은 가지는 솜털이 있고 밝은 갈색이나 황적색으로 나중에

그림 4-53. 구상나무의 구과 (제주 제주시 한라산)

자주색이 된다. 구상나무는 잎이 떨어지면 둥근 흔적이 남는다. 겨울눈은 공모양에 가까우며 길이는 5mm, 두께는 4mm이고 나무진이 약간 있으며 밤갈색의 비늘로 덮여 있다.

폴른은 5월에 생산되고 구과는 11월에 익는다(그림 4-53). 웅성구화수는 가시모양의 타원형으로 길이는 1cm이고, 암구화수는 짙은 자주색으로 작은 가지의 끝에 핀다. 구과는 원통형으로 길이 4~7cm, 너비 2.5~2.8cm로 익기 전에는 자주색이지만 익으면 자주색으로 물든 갈색이다. 종자는 쐐기형이며 길이는 날개를 포함하여 1~1.2cm이다(Liu, 1971). 자성구화수는 넓고 둥글며 길이 5~7cm, 너비 2.5~4cm로 청회색이지만 나중에 수지가 만든 점이 있는 짙은 자주색으로 바뀐다. 종자는 달걀형으로 길이 0.7cm 정도이고 적갈색 날개를 가지고 있다(Silba, 1986)(그림 4-54).

구상나무는 상록침엽수로 크기는 15m 이상으로 자라지 않는다. 구상나무의 바늘잎은 짧고 짙은 녹색이고 가지를 둘러싸고 난다(Leathart, 1977). 구상나무는 높이 10m까지 자라며 수관은 평평한 원추형이다. 수피는 암갈색이나 흑색이며 반짝거린다. 가지는 엷은 황갈색이며 털이 약간 있다. 새싹이 나오는 눈은 둥글고 바늘잎은 가지 주위에 둥글게 수직으로 자란다. 바늘잎은 길이 1~2cm, 너비 0.2~0.25cm이다. 구과는 원주형으로 끝은 둥글고 뾰쪽하며 길이는 5~7cm, 너비는 2.5~3cm이다(Ruthforth, 1987).

구상나무는 한반도 특산종으로 높이 15~18m의 상록교목이며, 바늘잎은 길이 1~2cm, 너비 0.2~0.25cm이다. 구과는 길이 4~7cm, 너비 2.5~2.8cm이고, 종자는 삼각형으로 길이는 0.3cm이고, 날개는 길이 0.6~0.8cm이다(표 4-35).

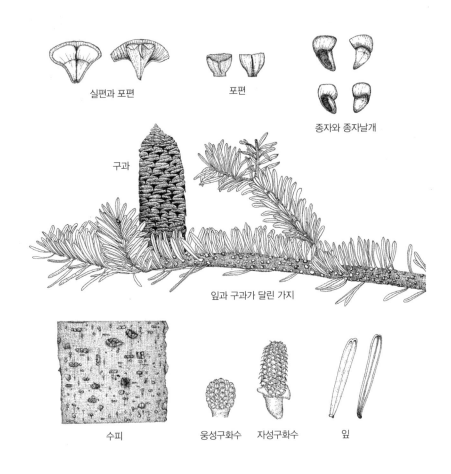

실편과 포편

포편

종자와 종자날개

구과

잎과 구과가 달린 가지

수피

웅성구화수

자성구화수

잎

그림 4-54. 구상나무 (출처: 국립수목원)

분비나무

분비나무(*Abies nephrolepis*)는 높이 15m까지 자라며 좁은 피라미드형으로 높이 25~35m까지 자라기도 한다. 가지는 빽빽하게 수평으로 자란다. 수피는 회색으로 부드러우나 나중에는 약간 쪼개진다. 작은 가지는 솜털이 있고, 가지는 빛나는 엷은 황갈색이며 약간 돌기가 있다. 새싹이 나오는 눈은 달걀형의 삼각형이며 적갈색이나 갈색이다. 바늘잎은 길이 2~3cm, 너비 0.15cm 정도이고 아래쪽으로 퍼지며 드문드문 자란다. 구과는 원통형이며 길이 4.5~7.5cm, 너비 2~3cm로 자

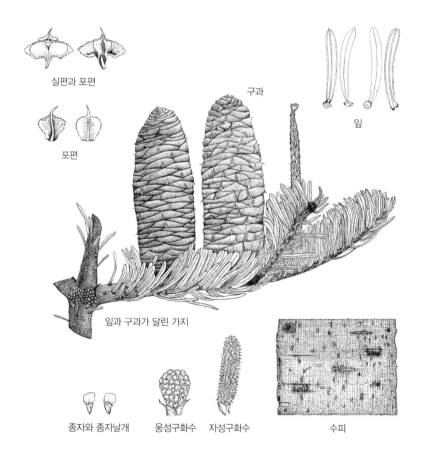

실편과 포편

포편

구과

잎

잎과 구과가 달린 가지

종자와 종자날개   웅성구화수   자성구화수   수피

그림 4-55. 분비나무 (출처: 국립수목원)

그림 4-56. 분비나무의 수형 (강원 인제군 설악산)

그림 4-57. 분비나무 왜성변형수 (강원 인제군 설악산)

란다(Ruthforth, 1987)(그림 4-55). 자성구화수는 원통형으로 적갈색이나 짙은 자주색으로 길이 4.5~8cm, 너비 1.5~2cm이다. 종자는 짙은 갈색이고 날개는 자주색이다(Silba, 1986).

우리나라에서 분비나무는 높이 30~35m의 상록교목이며, 바늘잎은 길이 1~3cm이다(그림 4-56). 구과는 길이 4.5~7.5cm, 너비 1.5~3.5cm이고, 종자는 삼각형으로 길이 1.2cm, 너비 0.6cm이고, 날개는 길이 1.35cm이다(표 4-35). 바람이 강하고 겨울에 눈과 얼음에 의해 바람 부는 쪽의 가지가 마찰에 의해 사라져 작고 뒤틀려 자라는 왜성변형수(倭性變形樹, krummholz)가 자주 나타난다(그림 4-57).

(5) 솔송나무속
솔송나무

솔송나무(*Tsuga sieboldii*)는 상록침엽수이고 높이 26~30m의 원추형으로 자란다. 수평으로 가지가 뻗고 줄기는 가끔 여러 개로 되어 있다. 작은 가지는 매끄럽

그림 4-58. 솔송나무 바늘잎 (경북 울릉군 성인봉)

고 밝은 갈색이며 바늘잎은 길이 8~18mm, 너비 2.5mm이다. 자성구화수는 짙은 갈색으로 길이 1.8~2.7mm, 너비 2.2cm이고, 종자는 길이 4mm로 8mm의 날개를 가지고 있다(Silba, 1986)(그림 4-58).

솔송나무는 부드러운 줄기를 가졌으며 구과는 매우 꼬부라진 줄기에 매달려 있다. 목재는 건축용으로 각광 받고 있다(Leathart, 1977). 짙은 색깔의 줄기와 짧고 납작한 바늘잎에 조밀한 수관을 가지고 있다. 잎 표면의 속에 눈에 띄는 흰색의 기공을 가진 무딘 바늘잎은 줄기에 붙어 자란다. 밖으로 뻗은 갈라진 나뭇가지에 무수히 달려 있는 구과는 땅을 향해 자라며 성숙하면 붉은 갈색으로 변한

구과

잎과 구과가
달린 가지

웅성구화수

자성구화수　　　잎　　　실편　　　　　종자와 종자날개

그림 4-59. 솔송나무 (출처: 국립수목원)

　　　　　　　　　　　　　　　　　　　　　　침엽수 사이언스 I

다. 솔송나무의 두드러진 특징은 탁월풍에 수그러지고 기울어진 어린나무 가지의 끝을 볼 수 있다는 점이다(Lanner, 1999)(그림 4-59).

우리나라에서 솔송나무는 높이 25~30m의 상록교목으로, 바늘잎은 길이 0.7~2cm이다. 구과는 길이 2.5cm이며, 종자는 장타원형으로 길이 0.4cm이고, 날개는 길이 0.8cm이다(표 4-35).

2) 한반도 소나무과 나무의 외관형

소나무과 나무들의 외관형, 종자의 생김새와 크기 그리고 날개의 유무는 소나무과 나무들의 산포와 번식에 영향을 미칠 수 있는 요소들이다. 특히 소나무과 나무들이 자라는 곳에 서식하는 동물과 종자의 산포는 밀접한 관계에 있다. 한반도에 분포하는 소나무과에 속하는 나무들의 줄기, 종자 등의 형태적 특징은 다음과 같이 요약할 수 있다(표 4-35).

한반도에 자라는 15종의 소나무과 나무 가운데 낙엽침엽수인 잎갈나무와 만주잎갈나무를 제외한 모든 나무가 상록침엽수이다. Milyutin and Vishnevetskaia (1995)에 따르면 낙엽침엽수인 잎갈나무속은 햇빛이 많은 곳, 벌채한 곳, 불이 났던 곳, 수관이 짙지 않은 곳, 기온이 낮은 곳에 잘 자라며, 토양에 대한 적응성도 높아 척박한 토양에서도 자란다. 잎갈나무와 만주잎갈나무가 분포하는 북한의 높은 산지의 환경도 이와 비슷한 조건이다.

나무가 자리다툼에서 밀리지 않고 살아가며 종자가 퍼져 나가는 데 나무의 높이는 중요하다. 상록침엽성 관목인 눈잣나무, 교목이나 관목인 풍산가문비나무를 제외한 나머지 소나무과 나무는 교목으로 키가 커서 생육과 산포에는 유리한 것으로 보인다.

한반도 북부와 일부 중부 고산대 및 아고산대는 겨울 저온과 건조 그리고 강풍이 탁월한 곳으로 교목이 살아가기에는 불리하다. 그러나 눈잣나무, 풍산가문비나무 등 관목이나 키 작은 나무들은 쌓인 눈 덕분에 추위와 건조로 보호받아 열악한 환경에서도 생존한다. 설악산에서 눈잣나무는 눈측백(찝방나무), 눈주목, 털진달래 등 관목들과 섞여 자라면서 군락을 이룬다(그림 4-60).

한반도에 가장 넓게 분포하는 소나무는 종자가 타원형이고, 솔송나무는 장타

표 4-35. 한반도 소나무과 나무의 형태

속명	종명	외관 (묶음 잎 수)	종자	
			생김새	종자/날개길이(cm)
소나무속	소나무	상록교목(2개)	타원형	0.6/1.8
	곰솔	상록교목(2개)	달걀형	0.6/1.2~1.6
	섬잣나무	상록교목(5개)	달걀형	1~1.5/1
	잣나무	상록교목(5개)	달걀형	1.2~1.8/없음
	눈잣나무	상록관목(5개)	달걀형	0.7~0.9/없음
가문비나무속	가문비나무	상록교목	달걀형	0.3/0.6~0.7
	종비나무	상록교목	달걀형	0.4/1
	풍산가문비나무	상록교·관목	달걀형	0.45/0.8~0.9
잎갈나무속	잎갈나무	낙엽교목	달걀삼각형	0.4/0.6
	만주잎갈나무	낙엽교·관목	달걀삼각형	0.4/0.8
전나무속	전나무	상록교목	달걀삼각형	0.6~1/1.3
	구상나무	상록교목	삼각형	0.3/0.6~0.8
	분비나무	상록교목	달걀삼각형	1.2/1.35
솔송나무속	솔송나무	상록교목	장타원형	0.4/0.8

(자료: 공우석, 2006b)

원형이며, 나머지 나무는 종자가 달걀형이나 달걀모양의 삼각형으로 모두 종자
가 산포되기에 적합한 형태이다. 종자에 날개가 없는 잣나무와 눈잣나무는 잣까
마귀와 같은 조류나 다람쥐나 청서 등 설치류에 의해 주로 산포된다. 눈잣나무는
때에 따라서는 줄기에 의해 퍼지기도 한다.

종자의 날개 길이가 1.8cm로 가장 긴 소나무는 전국에 가장 넓게 분포하며,
종자의 날개 길이가 1.2~1.6cm인 곰솔, 전나무 등은 해안이나 산지에서 비교적
넓게 분포한다. 따라서 종자의 날개가 클수록 바람에 의해 쉽게 산포되어 분포역
이 넓다고 생각된다.

침엽수 사이언스 Ⅰ

반면에 종자의 날개 길이가 0.6~0.8cm인 잎갈나무, 만주잎갈나무와 0.8~1.0cm인 종비나무, 풍산가문비나무는 북한의 아고산대에 격리되어 자란다. 종자의 날개 길이가 0.6~0.8cm인 구상나무는 남부 아고산대에 격리되어 나타나며, 종자의 날개 길이가 0.6~0.7cm인 가문비나무도 북한과 남한의 아고산대에 불연속적으로 분포한다.

종자의 날개 크기가 작은 종일수록 아고산대에 국지적으로 분포하여 종자의 날개가 산포와 격리 분포에 중요한 것으로 보인다. 한편 종자의 날개 길이가 1cm로 울릉도에 격리 분포하는 섬잣나무와 솔송나무는 바람보다는 다른 원인으로 산포된 것으로 본다.

종자의 길이에 비해 날개의 길이가 3배 정도 커서 종자가 바람에 퍼지기 쉬운 소나무는 한반도에서 가장 넓게 분포한다. 종자의 길이와 날개의 길이가 비슷한 섬잣나무, 분비나무, 잎갈나무 등은 분포 범위가 좁은 편이다. 대부분의 소나무과 나무들은 종자의 길이에 비해 날개의 길이가 2배 이상 길어 산포에 적응한 것으로 판단된다.

반면 특산종인 풍산가문비나무와 구상나무는 키가 크고 구과가 하늘을 향해 발달하지만 종자의 길이에 비해 날개의 길이가 2배 정도로 산포에 유리하지 않았고, 그 결과 분포역이 북한과 남한의 일부 아고산대에 좁게 분포하는 것으로 본다.

분비나무는 높이 25~35m, 지름 0.75~1m로 자라며 수피는 처음에는 회색을 띤 흰색이거나 밝은 회갈색이지만 나이가 들면 얕게 갈라진다. 가지는 수평으로 퍼져 자라며 위쪽은 약간 짧고 빽빽하며 수관은 원통모양에 가깝다. 분비나무의 겨울눈은 작고 잎은 길이 1~1.6cm이지만 3cm까지 자라기도 하며 너비는 0.2cm이다. 구과는 꼭지가 없고 달걀모양~타원형이나 원통형이며 길이 4.5~7.5cm, 너비 1.5~3.5cm로 처음에는 붉은색이 돌지만 나중에는 밝은 흑자주색으로 변한 후 익으면 갈색이 된다. 구과는 9월 하순부터 10월 초순에 익는다. 종자는 길이 0.6cm, 너비 0.35cm로 자라며 쐐기형의 날개를 가지고 있다(Liu, 1971).

우리나라에 분포하는 소나무속에 속하는 나무들의 종별로 높이, 바늘잎, 구과,

종자의 크기와 생김새, 외관형과 분포지, 서식처에 대한 세부적인 특성을 분석하였다(표 4-36). 소나무속의 3분의 1 정도는 5cm 미만의 구과를 가진다. 일반적으로 스트레스가 심한 환경의 소나무가 작은 구과를 만드는 것으로 알려졌다(Richardson and Rundel, 1998).

3) 소나무과 나무의 생활형과 산포

(1) 종자와 날개

종자와 퍼져 나가기

침엽수 가운데 주목(*Taxus cuspidata*)처럼 과육(果肉, flesh)으로 덮여 있고 종자가 하나인 수종이나 날개가 없는 큰 종자를 가진 일부 나무는 종자를 퍼트리는데 새나 다른 동물들에 의존한다. 그러나 대부분의 침엽수는 바람에 의해서 최대한 산포될 수 있도록 큰 날개를 가지고 있다.

소나무 가운데 일부는 숲에 산불이 나야만 구과가 열리도록 되어 있기도 하다. 따라서 어떤 수종들은 구과가 만들어진 지 20여 년이 지나도록 나무에 매달려 있다가 경쟁 대상인 땅 위의 식생이 사라졌을 때에만 종자가 떨어지기도 한다.

표 4-36. 소나무속 나무들의 외관형과 분포역

종명	잎의 수	잎 길이(cm)	잎 수명(년)	구과 길이(cm)	높이(m)	분포지	서식처
소나무	2	(6)9~12	2~3	3~5	20~30(36)	한국, 중국, 일본	온대
곰솔	2	7~12	3~4	4~6	30~40	한국, 일본	온대
잣나무	5	(6)8~13	2	9~20	20~35	한국, 중국 동북부, 시베리아, 일본	온대 산지
섬잣나무	5	5~8	3~4	5~10	20~30	한국, 일본	아고산
눈잣나무	5	4~6	5	3~5(6)	1~4	동아시아	북방림, 아고산

(자료: Richardson and Rundel, 1998 기초로 공우석 보완)

침엽수 사이언스 1

거의 모든 침엽수는 떡잎이 종자에서 나와 땅 위로 솟아 나와 잎을 만든다(Ruthforth, 1987).

잣나무와 같이 종자의 크기가 큰 소나무들은 날개를 가지고 있지 않거나, 날개가 있어도 종자의 무게가 무거워 바람에 의해 퍼져 나가지 못한다. 종자의 크기가 작은 소나무들은 날개를 가지고 있어 바람에 의해 퍼진다. 종자 윗부분의 날개가 큰 종류는 섬잣나무이다(Uyeki, 1927).

종자 중간 부분의 날개가 큰 종류는 소나무 등이다. 종자 아랫부분의 날개가 큰 종류는 곰솔과 외래종인 테에다소나무 등이다. 종자의 너비는 잣나무 1~1.1(1.3)cm, 섬잣나무 0.6~0.7(0.9)cm, 눈잣나무 0.4~0.6cm, 곰솔 0.3(0.25~0.36)cm, 소나무 0.3(0.2)cm이다(Uyeki, 1927).

소나무의 자리 잡기

소나무가 어떤 장소에서 자라려면 두 가지 과정 가운데 하나를 거치게 된다. 첫째는 뿌리가 되는 번식기관이 천천히 점진적으로 이동하여 정착하는 방법이고, 둘째는 종자가 생물적인 요인이나 비생물적인 요인에 의해 운반되는 것이다. 소나무 가운데 줄기를 이용하여 번식하는 것은 눈잣나무와 무고소나무(*Pinus mugo*)뿐이다(Lanner, 1998).

소나무과 나무의 종자는 바람, 새, 설치류, 인간을 포함한 포유동물에 의해 산포된다. 소나무과 나무 가운데 종자에 날개가 없는 종류는 소나무속의 일부 종이고 가문비나무속, 전나무속, 잎갈나무속, 솔송나무속 등 대부분은 종자에 날개가 있다(Lanner, 1980).

(2) 바람과 산포

종자의 날개

소나무 종자는 바람, 새, 인간을 포함한 포유동물에 의한 산포에 적응되었다. 소나무 가운데 날개를 가지고 있는 종류는 여러 단계를 거쳐 종자가 퍼진다. 처음에는 바람에 의하여 주로 나무 주위에 종자가 떨어지며 나중에 설치류 등에 의하여 다시 옮겨지기도 한다.

새나 설치류는 침엽수의 종자를 식량으로 사용하기 위해 땅속에 묻는 저장소(貯藏所, cache) 또는 은닉처를 만드는 습성이 있다. 그러나 이들이 찾아 먹지 못한 저장소의 종자가 나중에 싹을 틔워 자라기도 한다. 소나무 종자 가운데 알려지지 않은 양은 돌풍기류에 의하여 원거리로 산포되며 유전적으로 중요한 의미를 가질 수 있다. 날개를 가지고 있지 않은 소나무류는 새들에 의하여 전파된다(Lanner, 1998).

소나무과 나무에 있는 종자의 날개는 바람에 의하여 어미 나무로부터 산포되는 것을 돕는다. 소나무속에 포함된 71종 가운데 3종만이 효율적인 날개를 가지고 있으나 스트로부스절에서는 40종 가운데 13종이 효율적인 날개를 가지고 있다. 날개를 가진 종자들의 평균 산포 거리는 매우 짧아 넓은 지역에 걸쳐 유전자 흐름이 이루어지기 힘들다. 종자가 잘 퍼지지 않기 때문에 임상 내에는 친족들이 모여 사는 경우가 많다(Ledig, 1998).

바람과 종자 산포

바람에 의한 소나무 종자의 산포에 영향을 미치는 요인은 낙하속도, 대기 중으로 날려지는 높이, 풍속과 돌풍, 형태적인 적응 등이다(Okubo and Levin, 1989). 날개 달린 소나무 종자의 낙하속도는 종자와 날개의 크기에 영향을 받는다. 바람에 의해 날리는 고도가 높고 풍속이 강할수록 종자는 멀리 날아간다.

날개가 있는 소나무류는 여러 단계를 거쳐 종자가 퍼지는데, 처음에는 바람에 의하여 주로 나무 주위에 떨어지며 나중에 설치류 등에 의하여 다시 옮겨지기도 한다. 저장된 종자 가운데 식량으로 사용되지 않는 것들이 싹을 틔우기도 한다(Lanner, 1998).

날개가 있는 소나무과 종자들은 대부분 어미나무로부터 반경 120m 이내에 떨어지며, 탁월풍과 돌풍에도 퍼져 나간다(Tomback and Schuster, 1994; Hutchins et al., 1996).

나무의 높이와 종자 산포

교목성 침엽수는 상록성 및 낙엽성이 모두 나타나며 수평적 및 수직적 분포역이 넓다. 땅 위를 기는 관목이나 소교목 침엽수는 고산, 아고산, 바닷가 등 열악한 환경에 잘 적응하였다.

침엽수의 종자는 달걀형이나 타원형을 이루며 날개를 가진 것이 많아 열악한 자연환경에 견디고 산포에 유리하게 적응한 것으로 본다. 교목성 침엽수는 상록성 및 낙엽성이 모두 나타나며 수평적 및 수직적 분포역이 넓다. 땅 위를 기는 관목이나 소교목 침엽수는 고산, 아고산, 바닷가 등 열악한 환경에 잘 적응하였다(그림 4-16).

교목한계선과 같은 저온과 짧은 생육기일과 같은 극한적인 조건에 있는 나무들은 서서히 자라고 크기는 작다. 이런 곳에 자라는 소나무들은 큰 종자를 가져 보통은 새에 의하여 종자가 퍼진다. 종자의 무게에 비하여 날개의 길이가 긴 소나무들은 강한 바람에 의하여 전파된다(Keeley and Zedler, 1998).

많은 소나무에서 폴른 교류를 통한 유전자 흐름이 매우 크기 때문에 유전자의 재조합은 군락 내에서 주로 이루어지고, 군락 사이에서 차이를 가져오는 무작위한 이동은 흔치 않다. 높은 수준의 재조합 수준은 변화하는 조건에 적응하는 데 필수적인 변이를 제공한다. 그러나 좁게 분포하는 특산종, 여러 개로 분할되어 나타나는 종은 유전자 흐름이 제한 받거나 전혀 이루어지지 않게 된다(Ledig, 1998).

일반적으로 소나무의 유전적인 부하는 동위효소의 높은 이형접합성을 반영하듯 동물이나 일년생 초본류에 비하여 매우 높다. 소나무의 변이 수준이 높은 것은 교배 시스템, 산포, 유전자 흐름, 서식처의 공간적 다양성, 긴 생명 주기와 관계되는 시계열적 이형접합성, 아마도 가장 중요한 돌연변이율 등 여러 가지로 설명될 수 있다.

동위효소 同位酵素, allozyme
동일한 효소이면서도 단백질의 1차 구조가 서로 다르고, 다른 유전자에 의해 결정되는 효소들이다.

이형접합성 異型接合性, heterozygosis
접합성(接合性, zygosity)이란 대립 형질에 대한 유전자를 어떻게 가지고 있느냐 하는 것이다. 두 벌이 다 다르면 이형접합자이다. 이형접합성은 서로 다른 2종이나 변이주 또는 종족 사이에서 생겨난 자손으로 서로 다른 대립유전자의 쌍을 갖는 조건을 이른다.

그림 4-60. 눈잣나무 군락 (강원 인제군 설악산)

소나무와 같이 크고 오래 사는 교목은 돌연변이를 축적할 가능성이 높다. 남쪽이나 낮은 곳에서 온 소나무들은 북쪽이나 높은 곳에서 온 종류보다 긴 생육기일에 적응되어 있다. 소나무는 유전적으로 가장 다양한 생명체이다(Ledig, 1998).

종자의 크기와 종자 산포

소나무류에 처음 구과가 열리는 기간은 종에 따라 다른데 보통 10년 정도가 필요하다(Krugman and Jenkinson, 1974). 곰솔은 10년 내에 종자를 맺으며 소나무와 잣나무는 10~20년이 걸린다. 소나무 종자의 크기는 위도에 반비례하며, 날개 없는 소나무류의 경우 0.45kg당 종자 개수는 눈잣나무(약 1만 2,000개), 섬잣나무(약 5,000개), 잣나무(약 1,000개) 순이다(Lanner, 1980, 1998).

한반도 고산대와 아고산대에 고립되어 분포하는 눈잣나무는 줄기로 번식하기도 하지만 산포의 대부분은 동물이 매개자였을 것으로 본다.

뿌리를 이용해 퍼져 나가기

눈잣나무와 무고소나무(Pinus mugo)만이 소나무과 나무들 가운데 줄기로 번식한

침엽수 사이언스 ㅣ

다. 설악산에서 눈잣나무는 지면 가까이 붙어 기면서 자란다(그림 4-61). 화분분석에 의하면 소나무속의 1년 동안 확산 속도는 북아메리카에서는 81~400m, 유럽에서는 1,500m 정도였다(MacDonald, 1993).

소나무 산포와 관련된 조건들

소나무가 바람과 중력에 의하여 퍼져 갔다면 변이의 연속적인 패턴이 나타날 것이다. 그러나 만약에 물결이나 파도 등 급격한 사건들에 의해 소나무의 분포지에서 멀리 떨어진 곳에 종이 정착하게 되었다면 유전적 변이의 패턴에 창시자 효과의 흔적이 남아 있게 된다.

수분과 온도가 충분하면 소나무 종자는 구과에서 떨어지는 대로 싹을 틔운다. 어떤 때에는 산포되기 전에 싹이 나오기도 한다. 고위도나 고산대에 자라는 소나무 중에는 5℃ 미만 낮은 온도의 층위형성(stratification) 처리가 필요하거나, 그와 같은 처리가 발아율을 빠르게 한다(Young and Young, 1992). 그러나 고산대에 자라는 종류 중에는 저온처리 없이도 발아하는 종류가 있어 일반화하기에는 어렵다.

땅에 떨어진 종자들은 대부분 산포된 뒤 몇 달 내에 발아에 적당한 조건에 놓이게 된다. 어떤 소나무들은 숲이 우거진 곳이나 낙엽층이 두꺼운 곳에서는 잘 발아하지 못한다. 종자가 떨어진 해에 싹을 틔우지 못하면 동물들의 먹이가 되거나 발아능력이 떨어진다. 그러나 늦게 종자를 퍼트리는 구과 속에 종자가 들어 있을 때에는 종자의 발아력이 여러 해 동안 유지된다(Keeley and Zedler, 1998).

(3) 산포 매개체

종자에 날개가 없는 소나무속 나무는 바람에 의해 종자가 산포되기 어렵기 때문에 다른 매개체의 도움을 받아 지리적 분포 영역을 확장하였다.

스트로부스절의 대부분의 종은 종자에 날개가 없으며, 주로 동물에 의하여 산포되는 것으로 본다. 40종 가운데 22종은 날개가 없고, 3종은 퇴화한 날개가 있다. 일반적으로 새에 의해서 산포되는 종자는 바람에 의하여 산포되는 종에 비하여 종자의 길이가 짧다(Ledig, 1998).

새에 의하여 산포되는 경우가 바람에 의한 경우보다 종자가 멀리 퍼져 갈 기회가 높다. 클라크까마귀는 한 번에 95개의 콜로라도소나무(*Pinus edulis*)의 종자를 22km까지 옮긴다(Vander Wall and Balda, 1977).

새에 의하여 전파된 종자는 새들이 종자를 적당한 서식처에 묻기 때문에 바람에 의하여 우연히 정착하는 종자에 비하여 살아남을 기회가 많아진다. 새들이 한 나무 이상에서 수집한 종자를 부리의 저장 주머니에 모아 땅속 저장소에 묻으면 이들이 나중에 싹이 틀 때 군락에도 영향을 미친다(Ledig, 1998).

새가 종자를 묻는 소나무과 나무는 바람에 의해 우연히 옮겨지는 종자보다 살아남기 쉽다. 날개가 있는 소나무 종자들도 동물에 의해서도 2차적으로 퍼지며 사람이 가장 멀리 산포시킨다(Ledig, 1998). 종자에 날개가 없는 소나무과 나무는 까마귀류 등 조류, 다람쥐 등 설치류와 포유동물에 의해 퍼진다(Elliott, 1974; Tomback and Schuster, 1994; Benkman, 1995).

종자에 날개가 없는 소나무류 가운데 눈잣나무는 고산대와 높은 산지에 자라며, 중간 고도의 산지에는 잣나무, 섬잣나무가 자란다.

소나무과 식물 가운데 날개가 없는 종자를 가진 종류는 소나무속의 눈잣나무와 잣나무뿐이고 오래 전에 소나무속과 분리된 가문비나무속, 전나무속, 잎갈나무속, 솔송나무속 등의 종자는 날개를 가지고 있다. 그러나 눈잣나무와 잣나무가 언제부터 날개가 없이 까마귀과 새들에 의해 산포되기 시작했는지는 분명하지 않다(Lanner, 1980).

(4) 조류와 종자의 산포

갈가마귀

잣나무는 구과가 열리지 않아서 성숙해도 종자를 가지고 있다. 소나무속 나무 가운데 날개가 없는 종자와 날개가 있는 종자는 새에 의해서 퍼져 가는 적응에 의하여 한차례 이상 진화되었다. 날개가 없는 스트로부스절 소나무들은 종자가 퍼져 가는데 갈가마귀(*Nucifraga* spp.)가 중요한 매개체로 알려졌다(Critchfield, 1986). 어치(*Garrulus glandarius*), 까치(*Pica pica serica*), 까마귀(*Corvus corone orientalis*) 등 까마귀과(Corvidae) 새들은 종자를 저장하는 혀 아래 주머니가 있

는 등 전파에 맞도록 이미 적응된 특징을 가지고 있으며, 소나무류와 강한 공생
관계를 이루었다.

갈가마귀는 잣나무류와 강한 공생관계를 유지해 왔다. 잣나무류의 종자는 일
년 가운데 9개월 동안 갈가마귀류의 중요한 식량이 되며 어린 새끼를 기르는 데
중요한 영양분이다. 갈가마귀류는 종자를 수집하고 운반하고 저장하고 땅 속에
저장된 종자를 다시 찾아내며 번식하고 서식처를 이용하는 것까지 잣나무류를
이용하도록 적응되었다(Mattes, 1994).

갈가마귀는 종자를 수확한 나무 근처에 묻지만 22km 떨어진 곳에까지 운반
하기도 한다. 종자를 저장하는 장소는 숲 바닥, 교목한계선 위쪽, 바위가 노출되
어 있는 곳, 목초지 가장자리, 벌목한 곳, 산불이 난 곳 등이다. 남사면이나 바람
부는 쪽에 묻는 것은 봄이나 겨울에 종자를 찾으려는 목적이다. 갈가마귀가 파서
먹지 않은 종자는 싹을 틔워 자란다(Tomback, 1982).

그림 4-61. 눈잣나무 줄기 (강원 속초시 설악산)

갈가마귀는 날개가 없는 소나무류 종자를 수확하여 땅속에 묻어 두었다가 겨울과 봄 식량으로 이용한다. 저장소에 묻어 둔 종자 가운데 갈가마귀가 먹지 않은 것은 새싹으로 자란다. 따라서 날개가 없는 소나무류의 분포, 서식지 선호, 천이단계, 군락 연령 구조, 나무 사이의 간격 등은 갈가마귀의 습성에 의하여 결정된다. 이들 소나무류는 새에 의하여 전파될 수 있도록 진화되었다(Lanner, 1980).

종자에 날개가 없는 소나무류들은 갈가마귀에 의해 종자가 산포되며, 다른 까마귀류, 다람쥐, 설치류도 종자를 옮긴다. 갈가마귀류들은 15~24개의 종자를 22km까지 운반한다. 갈가마귀에 의한 종자의 산포는 나무의 산포 패턴과 생육형 분포, 군락 내 나무들 사이의 유전적 관계, 군락 내 유전적 다양성에 영향을 미친다(Tomback and Schuster, 1994). 아시아의 켐브라이아절에 속하는 소나무의 구과와 종자는 갈가마귀(*Nucifraga* spp.)와 공진화하였다(Paryski, 1971; Lanner, 1982, Lanner, 1990).

이와 같은 공진화된 상호주의는 아고산대 내에서 종자가 안전한 장소에 도착할 수 있는 기회를 높여 주었고 종종 산불 피해를 입은 지역을 점령하는 데에는 필수적이다. 경우에 따라서는 수십 km 떨어진 장소에 정착할 수 있도록 하였다(Tomback, 1982, Tomback *et al.*, 1990).

공진화 共進化, co-evolution
한 생물 집단이 진화하면 이와 관련된 생물 집단도 진화하는 현상을 이른다. 공진화는 포식자와 먹이 생물, 숙주와 기생 생물, 공생 생물 등과 같이 생물 간에 일대일 관계가 형성되어 서로 영향을 주는 진화 과정이다. 따라서 기후변화와 같은 비생물적 자연환경의 변화로 인한 진화는 공진화에 포함되지 않는다.

잣까마귀

어치, 까치, 잣까마귀 등 까마귀과 새들은 종자에 날개가 없는 소나무류의 생태, 생물지리, 진화에 중요하다(Lanner, 1996). 잣까마귀류들은 잣나무류 종자를 수집, 운반, 저장, 소비하도록 적응되었다(Lanner, 1990; Mattes, 1994).

잣까마귀(*Nucifraga caryocatactes* subsp. *macrorhyncos*)는 종자에 날개가 없는 켐브라이아절의 눈잣나무, 잣나무의 종자를 나중에 먹기 위해 땅속 저장소

그림 4-62. 눈잣나무 구과를 물고 있는 잣까마귀 ⓒ박종길

에 저장하는데, 남겨진 종자에서 싹이 튼다(Critchfield, 1986; Hayashida, 1989a; Hutchins *et al.*, 1996). 잣까마귀는 목의 혀 아래 주머니에 15~24개의 종자를 담아 22km까지 운반하며(Tomback and Schuster, 1994), 미국내에서는 그 수가 많게는 90개에 이른다(Vander Wall, 1992).

알프스에서 잣까마귀는 스위스소나무의 종자를 15km까지 운반하며, 수직적으로는 높이 700m 범위까지 옮겼다. 잣까마귀는 한 번에 평균 45개의 종자를 운반하며 많게는 134개까지 옮겼다(Mattes, 1994).

동아시아에 자라는 눈잣나무의 종자는 날개가 전혀 없으며 구과가 익어도 한 조각의 비늘로 된 실편이 젖혀지지 않는다. 섬잣나무는 종자에 날개가 있고 구과가 열린다. 따라서 두 종이 서로 밀접하게 연계되어 있다는 Critchfield(1986)의 주장은 현실성이 없는 것으로 알려졌다(Lanner, 1992).

새에 의한 소나무 종자의 산포는 공생의 관점에서 생물학적으로 중요하다. 종자에 날개가 없거나 거의 없는 종류와 까마귀과(Corvidae)는 상호 공생하는 종류이다. 스트로부스절의 대부분 종은 날개가 없는 것이 주종을 이루고 있다(Vander

Wall, 1990).

잣나무 종자는 잣까마귀가 수확하고 저장하는 것으로 알려졌다. 일본에서는 일본갈가마귀(*Nucifraga caryocatactes* subsp. *japonicus*)는 눈잣나무 종자를 수확하여 저장하는 산포자이다(Saito, 1983). 잣까마귀와 잣나무류는 서로 밀접한 관계를 맺고 있다. 잣나무와 눈잣나무가 자라는 한반도에는 잣까마귀가 분포한다(Lanner, 1990). 지리산 제석봉과 설악산 대청봉 정상에는 잣나무 등 침엽수의 종자를 산포하는 잣까마귀가 있다(그림 4-62).

잣나무의 분포와 갱신은 잣나무 열매를 먹이로 삼는 솔잣새와 같은 동물 매개체의 수와 활동에 거의 전적으로 좌우된다. 잣나무는 솔잣새류나 설치류와 같이 종자의 전파에 관련되는 동물에 의하여 분포가 결정되기 때문에 분포형이 매우 불규칙적이다. 그러나 잣나무 순림이 형성되지 않는 것이 종자의 산포와 어떤 관계인지에 대한 정확한 이유는 알려지지 않았다(Efremov, 1996).

아시아에서 눈잣나무와 잣나무는 잣까마귀와 공진화하였고(Turcek and Kelso, 1968), 되새과(Fringillidae)의 솔잣새(*Loxia* spp.)도 소나무류 종자를 퍼뜨린다(Benkman, 1993). 눈잣나무의 구과는 일년생의 가지에 열려 다음 해에 익는데, 잣까마귀는 9월에 눈잣나무 종자를 수확한다(Nakashinden, 1994).

눈잣나무를 포함한 종자가 여물어도 구과가 열리지 않는 종류들은 잣까마귀에 의해 종자가 옮겨져 겨울철 식량으로 땅속 은닉처에 저장되는데, 새가 찾아 먹지 않은 종자는 싹을 틔운다. 소나무의 갱신은 새에 의하여 상당 부분 이루어진다(Hutchins and Lanner, 1982). 잣까마귀는 어릴 때부터 어른이 되어서까지 먹이의 상당량을 소나무 종류에 의존하고 있다.

눈잣나무는 가지로 퍼지기도 하지만 주로 잣까마귀에 의해 종자가 산포되면서 분포역이 넓어진다(Okitsu and Mizoguchi, 1990). 종자는 주로 잣까마귀에 의해서 이루어진다. 눈잣나무의 구과는 일년생의 가지의 첫째 마디에 열리며 다음 해에 익는다. 9월에 잣까마귀는 눈잣나무 종자를 수확한다(Nakashinden, 1994).

잣나무도 잣까마귀에 산포를 의존한다(Hutchins *et al.*, 1996). 섬잣나무의 종자도 잣까마귀가 전파하는 것으로 조사되었다(Hayashida, 1989b).

스트로브스절의 소나무들도 새들에 의해 종자가 전파되며, 켐브라이아절의 소나무들은 잣까마귀가 종자를 수확하고, 운반하고, 저장하기 쉽도록 형태, 해부, 생리적으로 적응하였다. 적응한 사례로 형태적으로는 가지의 습성, 구과 색깔, 구과 편린의 구조, 날개가 없는 종자, 구과 배치(Lanner, 1982), 가변적인 종자 휴면(Lanner and Gilbert, 1994) 등이다.

전체적으로 까마귀류들은 종자에 날개가 없는 소나무들의 산포를 통한 산림생태, 생물지리, 진화에 매우 중요하다(Lanner, 1996). 잣나무 종자를 산포하는 것으로 알려진 잣까마귀와 솔잣새가 한반도에도 분포하지만(원병오, 1981), 국내에서 침엽수의 산포와 조류의 관계에 대한 생태학적 연구가 부족해 이에 대한 연구가 필요하다.

(5) 포유류와 종자의 산포

잣나무류가 분포하는 곳에 같이 나타나는 동물은 잣까마귀, 얼룩다람쥐, 다람쥐, 어치 등이다. 잣나무는 비늘을 떼어낸 뒤에도 구과에 대부분의 종자들이 매달려 있다. 열매가 익어도 구과가 열리지 않는 것은 켐브라이아절에 속하는 잣나무, 눈잣나무, 스트로비아절에 속하는 섬잣나무를 포함한 스트로부스절의 특징이다. 이처럼 구과가 익어도 편린이 젖혀지지 않는 것은 향축성 표면에 거친 식물 도관층이 없기 때문이다(Lanner, 1990).

향축성 向軸性, adaxial
주로 식물에 있어 어떤 축에 대한 측생기관의 구조상의 면을 규정하는 용어로 축으로 향한 방향을 이른다.

다람쥐 종류 등 포유동물들은 날개가 있는 종자와 없는 종자를 모두 산포시킨다. 날개가 있는 소나무 종자도 동물들에 의하여 2차적으로 퍼져 나간다(Ledig, 1998). 북아메리카 얼룩다람쥐는 소나무로부터 종자를 모아 13~25m까지 옮겨 저장하여 산포를 촉진한다(Vander Wall, 1992).

작은 포유동물들이 종자의 산포거리를 늘리지만 종자가 멀리 퍼져 가는 것은 거의 대부분 바람이나 새에 의하여 이루어진다. 그리고 잣까마귀류가 언제부터 종자에 날개가 없는 눈잣나무와 잣나무를 산포했는지 알지 못한다(Lanner, 1980). 그러나 종자가 가장 멀리 퍼져 가는 데 가장 중요한 매개체는 인간이다(Ledig, 1998).

소나무, 잣나무 등은 스스로 분산하지 못하나 1~2km까지 분산하는 경우가 있어 소나무림의 확산과 산림의 갱신에 포유류가 큰 영향을 미치고 있다(임업연구원, 1999). 설치류와 같은 작은 젖먹이동물은 침엽수 종자를 수확하고 운반하고 저장하는 소비자로 침엽수의 산포와 정착에 중요한 매개자이다.

붉은다람쥐

붉은다람쥐(*Sciurus vulgaris*)는 잣나무 종자를 산포하는 것으로 알려졌다(Miyaki, 1987; Hayashida, 1989b). 붉은다람쥐는 잣나무가 있는 곳에서 1.8km 떨어진 곳까지 잣나무 종자를 저장한다. 중국 북동부에서는 잣까마귀가 잣나무의 중요한 산포자였다(Hutchins *et al.* 1996).

소나무류들은 번식력이 뛰어나서 원거리 산포도 이루어질 수 있다. 소나무류들이 매우 많은 양의 종자를 생산하기 때문에 종자 가운데 일부는 변화가 심한 환경 속에서도 잘 적응할 수 있는 유전형질을 가져 진화적으로 생존하는 데에도 유리하게 작용하였다(Ledig, 1998).

잣나무는 솔잣새나 설치류와 같은 동물에 의해 많은 종자가 전파되기 때문에 분포형이 매우 불규칙적이다(Efremov, 1996). 잣나무의 종자를 퍼트리는 데 중요한 매개체는 붉은다람쥐이다(Hutchins *et al.*, 1996).

다람쥐

다람쥐(*Tamias sibiricus*)는 1.5~2kg의 잣나무류 종자를 겨울과 봄 식량으로 저장하는데 많게는 6kg까지 저장하여 종자의 산포를 돕는다(Mattson and Jonkel, 1990; Hutchins *et al.*, 1996)(그림 4-63).

다람쥐는 산림 지역에 흔한 동물로 소나무, 잣나무, 도토리, 개암나무의 열매를 즐겨 먹으며, 먹이를 저장하는 습성이 있다.

하늘다람쥐(*Pteromys volans*)는 야행성으로 나무 사이를 이동할 때 비막(飛膜)

을 이용하여 활공한다. 침엽수림의 빈 나무 구멍을 보금자리로 이용하며 잣나무림을 선호한다.

청서(청설모)

청서(*Sciurus vulgaris*) 또는 청설모는 잣나무에서 1.8km 떨어진 곳에도 종자를 저장한다(Miyaki, 1987; Hayashida, 1989; Lanner, 1998).

설치류는 소나무속 종자의 포식자로 잣나무 종자를 퍼트리는 산포와 묻는 매토(埋土, planting)에 매우 중요하다(Hayashida, 1989). 캠브라이아절에 속하는 소나무는 종자가 익어도 열리지 않는 구과를 가지고 있어 나무에서 떨어져도 기계적으로 충격을 가해야만 열린다(Keeley and Zedler, 1998).

곰

곰은 눈잣나무, 잣나무 등의 종자를 겨울잠을 잘 때까지 먹는다. 잣나무류의 종자는 영양분과 에너지 함량이 높고 저장성도 좋아 다음 해 봄과 여름까지 곰의

그림 4-63. 다람쥐 (경북 청송군 주왕산)

좋은 먹이가 된다. 갈색곰(*Ursus arctos*)의 분포 남한계선은 잣나무류의 분포 한계선과 비슷하다(Mattson and Jonkel, 1990). 설치류 등 작은 젖먹이 동물들도 침엽수 종자의 산포, 정착에 중요하다. 우리나라에 서식하는 반달가슴곰의 침엽수 먹이특성에 대한 정보는 부족하다.

기타 동물들

아시아의 잣나무, 눈잣나무와 같이 교목한계선에 자라는 소나무류는 고산대에 적응하였고, 산불이 난 곳에 정착하는 능력을 가지고 있다. 그 과정에 새들이 종자의 산포에 중요한 역할을 하여 공진화가 나타났다(Lanner, 1990).

한반도의 소나무숲에는 종자를 산포하는 것으로 알려진 하늘다람쥐, 청서, 다람쥐 외에도 텃새인 박새, 진박새, 잣까마귀, 멧비둘기 등과 겨울철새인 솔잣새, 검은머리방울새, 상모솔새 등이 살고 있다. 포유류는 등줄쥐, 흰넓적다리붉은쥐, 대륙밭쥐, 쇠갈밭쥐, 두더지, 쇠뒤쥐, 땃쥐, 멧토끼, 고라니 등이 있다.

(6) 소나무의 이동 속도

유럽과 북아메리카에서 빙기 이후에 늪지와 호수에 꽃가루들이 퇴적된 결과에 따라 소나무들이 확산된 속도를 계산한 화분분석법(花粉分析法, Palynology 또는 Pollen Analysis)에 따르면 소나무의 이동 속도 추정치는 북아메리카에서는 1년에 81~400m, 영국에서는 1년에 100~700m이었으며, 유럽대륙에서는 1년에 1,500m 정도였다(MacDonald, 1993). 소나무류는 오리나무속(*Alnus*)을 제외하고는 가장 이동 속도가 빠른 수종의 하나로 알려졌다.

소나무 폴른은 폴른 알갱이 안쪽과 바깥쪽 사이에 공기 주머니 2개의 날개를 가진 낭상(囊狀, bisaccate)이 있어 바람에 아주 잘 적응한 형태이다. 많은 양의 소나무 폴른이 바람에 운반되어 퇴적되는 거리는 숲으로부터 58km 정도까지라고 알려졌으나, 일부에서는 아주 가까운 곳에 집중되어 퍼져 분포한다는 의견도 있다(Ledig, 1998).

소나무과 나무들은 안정된 환경 아래서 매개체의 도움을 받아 자연적인 갱신(更新, regeneration)이 일어날 수 있도록 자연식생과 인공식생을 조화롭게 관리하는 것이 바람직하다. 이를 통해 자생하는 나무들이 많은 어린나무인 치수로 자리 잡아 나중에 큰 나무로 건강하게 자라도록 하여 울창하고 가치 있는 숲을 만들어야 한다.

05 소나무과 나무의 생태와 환경

1) 소나무속

(1) 소나무

소나무는 침엽수 가운데 가장 넓은 생태적 범위에서 생육한다. 소나무속의 종 다양성은 유라시아보다 북아메리카에서 높다. 유라시아의 터키에서 코카서스에 이르는 지역과 히말라야를 제외한 중앙, 남서부, 남아시아에는 소나무가 자라지 않는다(Farjon and Styles, 1997).

소나무는 솔잎딱정벌레(*Myelophilus* spp.), 솔잎나방(*Rhyacionia buoliana*), 소나무바구미(*Hylobius abietis*) 등 해충의 피해를 본다. 특히 솔수염하늘소(*Monochamus alternatus*)에 기생하는 재선충 또는 소나무선충(*Bursaphelenchus xylophilus*)에 의한 피해는 매우 크다.

(2) 잣나무

잣나무는 활엽수가 있는 건조한 곳에 자라며 시베리아 동해 쪽에서는 전나무와 함께 자란다. 한국과 중국 동북부에서는 벌채를 많이 하여 좋은 잣나무숲을 보기 어렵다(Farjon, 1984).

잣나무는 한국, 만주, 러시아 연해주, 일본 혼슈와 시코쿠의 높은 산지에도 자란다. 잣나무는 좋은 목재를 생산하며 종자는 사람들도 먹는다(Ruthforth, 1987). 잣나무는 아무르, 만주, 한국, 일본의 혼슈에 자라며 겨울 추위에 잘 견딘다(Krüssmann, 1985).

(3) 섬잣나무

섬잣나무는 드물게 순림을 이루며 일반적으로는 다른 수종과 섞여 자란다
(Ruthforth, 1987).

(4) 눈잣나무

동아시아에서 눈잣나무는 잎갈나무보다 높은 산정 부근의 툰드라와 같은 곳에
덤불을 이루며 자란다(Mirov, 1967a). 눈잣나무는 전형적인 관목으로 방석과 같
은 모습을 하는데 가지는 눈에 의하여 습한 땅과 붙어 있으며 뻗어 나가는 뿌리
를 가지고 있어(Saito and Kawabe, 1990; Khomentovsky, 1994) 울창한 덤불을 이
룬다. 땅 위를 기는 줄기로부터 뻗어 나가는 뿌리가 발달한다(그림 4-64).

눈잣나무는 주변이 나무로 덮이지 않을 때 종자 생산량이 높고, 나무들이 그늘
을 만들면 종자 생산량은 줄거나 구과를 만들지 않기도 한다. 종자 생산량은 고
도나 서식처 조건에는 크게 영향을 받지 않는다. 그러나 기온이 낮고 생육기일이
짧은 곳은 구과를 만드는 데 불리하다. 종자가 성공적으로 생산되기 위해서는 겨
울에 기온이 차가울 때 난자를 가진 싹이 눈으로 덮여 보호되어야 한다. 여름에
는 일사량이 많고 추운 곳에서는 바람으로부터 보호되고 그늘이 없으며 뿌리에
물이 고이지 않고 물 빠짐이 좋아야 한다.

눈잣나무는 혹독한 기후에 잘 적응하여 삼림한계선 위쪽에 잘 자란다. 바람에
노출된 산꼭대기에서 넓게 퍼져 자라는데 겨울에는 눈에 덮여 저온과 강풍을 피
한다(Farjon, 1984). 눈잣나무는 자라면서 우거진 덤불을 이루며 매우 드물게 교
목을 이루기도 하며, 환경에 대한 적응력은 강하다(Ruthforth, 1987).

눈잣나무는 동북아시아 산악 지대의 기후가 대륙성 기후에 가까웠던 신생
대 제3기에 출현한 것으로 본다. 러시아의 캄차카에서는 100만~150만 년 전
의 눈잣나무 폴른이 나타났고, 플라이스토세 간빙기와 홀로세 초중기에는 주빙
하 지역과 다른 보다 높은 온도를 요구하는 식물들이 자라지 못하는 곳에 살았
다. 눈잣나무는 동북아시아의 대륙성 기후에 가장 잘 적응한 수종의 하나이다
(Khomentovsky, 1994).

눈잣나무는 러시아 극동에서 우점하는 식생을 이루지만 잎갈나무숲 아래에서

그림 4-64. 눈잣나무 군락 (강원 인제군 설악산)

도 자란다. 또한 눈잣나무는 겨울에 지면을 기면서 자랄 수 있기 때문에 매우 추운 지역에까지 자란다.

눈잣나무는 시베리아 북동부, 캄차카반도, 일본, 중국 북동부 아무르강 유역에 자라며 후빙기에 들어 시베리아 북동부로 퍼져 나간 것으로 본다(Farjon, 1984).

2) 가문비나무속

(1) 가문비나무

가문비나무는 해안 부근부터 2,700m까지 자라며 다양한 토양에 자란다. 기후는 한랭한 온대로 습윤한 지역을 좋아한다. 가문비나무는 전나무속, 잎갈나무속, 소나무속, 눈잣나무 등과 섞여 자라며 사스래나무는 가문비나무와 가장 흔하게 같이 자라는 종이다(Farjon, 1990).

가문비나무는 중국의 북동부, 만주의 해안 지대, 일본의 홋카이도, 혼슈, 북한, 러시아의 극동 등지에 분포하는 교목이다(Farjon, 1998).

(2) 종비나무

종비나무는 동해 쪽 해발 1,000~1,500m의 산 사면이나 계곡을 따라 충적토 등 다양한 토양에서 자란다. 기후는 한랭하고 겨울에 눈이 많고 연강수량이 1,000mm 이상인 곳에서 자란다. 종비나무는 내륙과 북쪽에서는 분비나무, 만주 잎갈나무 등과 같은 침엽수와 섞여 자라며 강 주변에서는 낙엽활엽수와 같이 나타난다(Farjon, 1990).

(3) 풍산가문비나무

풍산가문비나무는 목재로 유용하며 함남 풍산 혜산진 침엽수림대 상부에 분포하지만 환경 변화에 취약한 종이다. 이 나무를 보호하기 위한 조치가 알려지지 않았다. (Farjon, 1998).

3) 잎갈나무속

(1) 잎갈나무

기후가 춥고 생육기간이 짧은 곳에서 잘 자란다. 낙엽침엽수이고 그늘을 잘 견디지 못하며 질소와 탄소를 효율적으로 이용하고 척박한 토양에도 잘 정착하기 때문에 잎갈나무는 혼합림 지대에서 선구종이 되며 교목한계선에서는 우점하는 종이다(Farjon, 1990).

잎갈나무는 생태적으로 잘 견디는 종으로 햇빛을 필요로 하며 벌채한 곳이나 불이 났던 곳에 자란다. 또한 수관이 짙지 않은 곳에 사라며 저온에 대한 적응성이 매우 높다. 또한 척박한 토양에서도 자라며 토양에 대한 적응성도 높다. 잎갈나무는 서서히 자라는 종으로 생산성은 높지 않다(Milyutin and Vishnevetskaia, 1995).

4) 전나무속

(1) 전나무

전나무는 기반암이 화강암인 토양에서 자라며, 기후는 한랭하고 여름이 습하며 겨울이 건조하고 적설기간이 긴 곳에서 잘 자란다. 동북아시아의 동해 쪽 높은 산지에서는 전나무순림이 나타나지만 보통은 잣나무와 함께 침엽수림을 이룬다. 다른 곳에서는 분비나무, 가문비나무, 잎갈나무 등 침엽수와 사시나무, 신갈나무, 물푸레나무, 느릅나무, 사스래나무 등 활엽수와 함께 자란다(Farjon, 1990).

(2) 구상나무

구상나무는 가문비나무, 잣나무, 주목과 같은 상록침엽수와 신갈나무(*Quercus mongolica*), 층층나무(*Cornus controversa*), 사스래나무와 같이 자란다. 구상나무와 같이 자라는 작은 나무는 털야광나무(*Malus baccata* var. *mandshurica*), 귀롱나무, 시닥나무(*Acer komarovii*), 산겨릅나무, 부게꽃나무(*Acer ukurunduense*), 정향나무, 좀쪽동백나무(*Styrax shiraianus*), 떡버들(*Salix hallaisanensis*) 등 낙엽활엽수이다. 구상나무는 1,000m 이상의 한라산, 지리산 1,200m 이상에 자라는데 순군락을 이루기도하고 사스래나무와 같은 낙엽활엽수와 같이 자라기도 한다(Liu, 1971).

구상나무는 한반도 남부의 높은 고도나 산정 가까이에 토심이 얕고 유기물 함량이 적은 곳에 자란다. 기후조건은 냉량한 온도로 여름철 계절풍으로 강수량이 1,600mm 이상 되는 곳에 자란다(Farjon, 1990).

(3) 분비나무

분비나무는 배수가 잘 되는 여러 종류의 산악 토양에서 자란다. 기후가 한랭 습윤하고, 여름이 짧으며 춥고 눈이 많고 겨울이 긴 곳에 분비나무가 자란다. 분비나무는 러시아 연해주에서는 잣나무, 가문비나무, 눈잣나무, 다후리아항나무 등 침엽수와 함께 자라고, 내륙에서는 가문비나무, 잎갈나무, 시베리아소나무, 시베리아전나무 등 침엽수와 자작나무류, 아무르마가목(*Sorbus amurensis*) 등 낙엽활엽수와 같이 나타난다(Farjon, 1990).

5) 솔송나무속

(1) 솔송나무

솔송나무는 화강암에서 화산암에 이르는 다양한 토양에서 자라며, 기후는 습윤 온대로 연강수량이 1,000~2,000mm이고 겨울이 상대적으로 온난한 곳에 자란 다. 솔송나무는 소나무, 섬잣나무 등과 함께 자라며 순림은 매우 드물게 나타난 다(Farjon, 1990). 우리나라에는 상대적으로 냉량습윤한 해양성기후가 나타나는 울릉도에 국한하여 자란다. 그러나 신생대 제3기 마이오세 때에는 경북 동해안에 서 자랐음이 화석으로 입증되었다.

솔송나무는 일본 중부 혼슈에서 시코쿠와 규슈에 이르는 남쪽까지 자라고 습 한 곳에서 잘 자라며 노출되지 않은 곳을 더욱 좋아한다(Ruthforth, 1987). 또 다 른 연구에 의하면 솔송나무는 일본의 혼슈 남부, 규슈, 야쿠시마 등지에 자라는 교목으로 멸종위기종은 아니다(Farjon, 1998).

06 소나무과 특산종, 희귀종, 멸종위기종

1) 특산종

한반도에 분포하는 소나무과 나무 가운데 특산식물은 구상나무, 풍산가문비나무 등 2종이지만 풍산가문비나무에 대한 정보가 부족하여 현재 상태에서 특산식물 에 대한 결론을 내리는 데는 한계가 있다. 따라서 이들에 대한 정보를 요약 정리 하면 다음과 같다.

2) 구상나무

(1) 분포

구상나무의 수직적 분포는 덕유산(1,350~1,590m), 가야산(1,350~1,420m), 지리산 (1,050~1,900m), 한라산(1,000~1,950m) 사이의 정상부나 산 능선부의 암석 지대이 다(Kong and Watts, 1993; 이창석·조현제, 1993; 이윤원·홍성천, 1995; 정재민 등, 1996). 구상나무는 기존에 알려진 덕유산보다 북쪽인 백두대간의 속리산에서도 보고되었다. 속리산 구상나무는 문장대와 천왕봉 사이 해발 1,000m 지점에 흉고직경이 8~32cm로 수십 그루가 군락을 이루고 있다. 구상나무 큰 나무 주변에 어린 나무들도 자라 자연번식하는 것으로 알려졌다(연합뉴스, 2014. 11. 9).

흉고직경 胸高直徑, diameter at breast height
나무의 목재 체적을 계산하는 데 필요한 지름을 측정하는 위치이며 보통 1.2m의 높이지만 예외로 1.3m를 사용하기도 한다.

구상나무는 소나무과에 속하는 상록침엽수로 한라산(제주), 지리산(산청), 백운산(광양), 금원산(거창), 영축산(양산), 가야산(합천), 덕유산(무주), 속리산(보은) 등의 높이 500~2,000m 사이 암반지역에서 서식한다(오승환 등, 2015).

현재까지 보고된 내용이 계통분류학적으로 옳다면 구상나무는 속리산(1,000m~), 덕유산(1,350~1,590m), 금원산(1,200m), 가야산(1,350~1,420m), 영축산(950m~), 지리산(1,050~1,900m), 백운산(800m), 한라산(1,000~1,950m) 등지에 분포하는 것으로 볼 수 있다(그림 4-17).

구상나무는 일제 강점기에 미국 하버드대학교 아놀드수목원 식물채집자였던 윌슨(E.O. Wilson)에 의해 한라산에서 채집되어 미국으로 보내졌고, 1913년에는 영국에 도입되었다(Mitchell, 1972).

(2) 구상나무와 기후

해발고도는 온도, 습도를 포함하며 지형적인 조건과 함께 구상나무림과 신갈나무림의 분포를 결정하는 것으로 본다(박재홍, 1989). 구상나무가 자라는 산지의 연평균기온은 지리산 정상에서 1.3℃, 한라산 정상에서 −4.2℃이다(이윤원·홍성천, 1995). 지리산의 구상나무는 기온과는 부의 관계를 가지며 봄철의 수분수지가 생장에 중요한 것으로 보인다(박원규·서정욱, 1999). 구상나무가 자라는 환경은 여름 계절풍으로 강수량이 1,600mm 이상이고 겨울에는 북서계절풍으로 강한 바람과 차가운 기온이 나타나는 냉온대이다.

한라산 구상나무의 생장은 전반적으로 기온 및 강수량과 양의 상관관계를 가지나 겨울 기온과는 음의 상관관계를 보인다(구경아 등, 2001). 구상나무의 연륜지수와 기후요소와의 상관관계 분석에 따르면 구상나무의 생장은 4월과 전년 11월의 기온 및 전년 12월, 당해 1월의 강수량과 유의한 수준의 양의 상관관계를 나타냈다. 4월은 구상나무가 생장을 시작하는 시기로 기온이 낮을 경우 생장 개시시기가 늦어지거나 새로운 세포들에 동해(凍害, frost damage)로 인한 수분스트레스가 발생하여 생장이 나빠지는 것으로 추정된다.

구상나무의 생장과 강수조건과의 관계는 전년 12월 및 당해 1월의 강수량과 유의한 수준의 상관관계 외에도 전체적으로 양의 상관관계를 나타냈는데 이것은 구상나무가 수분스트레스에 민감한 수종임을 나타내는 것이다.

특히 전년 12월 및 1월 강수량과 유의한 양의 상관관계를 갖는 것은 겨울철에 많은 눈이 내릴 경우 봄에 눈이 녹으면서 구상나무의 생장에 필요한 충분한 수분을 공급하여 수분스트레스를 완화시켜주기 때문으로 보인다. 또한 겨울에 많은 적설이 구상나무를 추위와 건조로부터 보호하고 햇빛이 충분하면 광합성이 가능하기 때문으로 추정된다

(3) 구상나무와 토양

구상나무가 자라는 토양은 화강암이나 편마암 지대로 자갈이 많이 섞여 있으나 유기물이 적고 표토가 깊지 않은 곳이다(Liu, 1971). 구상나무가 자라는 지역의 토양은 사질양토나 미사질양토이다(이윤원·홍성천, 1995).

기후변화에 따라 겨울철 기온이 상승할 경우, 광합성에 필요한 토양 수분의 부족으로 수분수지의 불균형이 발생하여 구상나무의 성장에 부정적인 영향을 미치는 것으로 본다(구경아 등, 2001).

(4) 구상나무와 식생

구상나무림은 구상나무~신갈나무 군락과 구상나무~제주조릿대 군락으로 나뉘었다. 덕유산, 가야산에서 구상나무~신갈나무 군락은 미역줄나무군, 금마타리군 및 전형군이 출현하였다. 한라산에서 출현한 구상나무~제주조릿대 군락은 매발톱나무, 마삭줄군, 전형군으로 구분되었다(이윤원·홍성천, 1995).

덕유산, 지리산, 한라산에서 표징종은 구상나무, 사스래나무, 마가목, 당단풍, 곰취 등이다. 한라산에서는 구상나무 단순림이 지역에 따라 분포하고, 덕유산, 지리산에서는 사스래나무, 마가목, 당단풍, 가문비나무 등과 혼합림 지역이 많다.

지리산 국립공원의 천왕봉(1,915m)~덕평봉(1,521m)을 중심으로 한 고산 지대에 분포하는 구상나무의 생육 현황과 구상나무림의 군집 구조에 대한 클러스터(Cluster) 분석이 수행되었다. 그 결과에 따르면 조사 대상지는 구상나무 군집, 구상나무~신갈나무 군집, 가문비나무~사스래나무 군집 등 세 개의 집단으로 분류되었다. 구상나무의 활력이 저조한 것으로 나타났으며, 12.24%는 고사목이었다. 구상나무 고사목은 흉고직경 10~30cm 범위의 것들이 대부분이었다(김갑태 등, 1997).

지리산 아고산대숲의 상층에서는 구상나무의 상대우점도가 가장 높았고, 구상나무 외에 잣나무, 사스래나무, 가문비나무, 떡버들, 소나무, 야광나무, 신갈나무 등이 나타났다. 중층에서도 구상나무의 상대우점도가 가장 높았으며, 철쭉, 사스래나무, 신갈나무 등도 많이 출현하였다(정재민 등, 1996).

지리산 아고산대 주요 수종의 중요치 변화에 따르면 구상나무는 1,500m 근처에서 가장 높은 값을 보였고 가문비나무는 1,600m 이상에서 꾸준히 증가하였다. 구상나무 군집의 전형 아군집과 가문비나무 군집은 1,600~1,700m 사이에서 점이대가 나타났다(박재홍, 1989).

가야산에서 구상나무는 잣나무와 같은 교목과 함께 아교목인 신갈나무, 함박꽃나무, 당단풍, 개박달나무, 사스래나무 등이 자라는 것으로 나타났다. 구상나무와 함께 자라는 관목층의 식물로는 쇠물푸레나무, 털진달래, 붉은병꽃나무, 산앵도나무, 마가목 등이다. 초본류로는 실새풀, 그늘사초, 금마타리, 돌양지꽃 등이다(이창석·조현제, 1993).

한라산에서 구상나무 단순림이 형성되는 이유는 지형과 얕은 토심으로 인해 다른 낙엽활엽수들의 생장이 구상나무의 생장에 미치지 못하기 때문이다(이윤원·홍성천, 1995).

한라산 정상 백록담을 중심으로 동서남북에 25개의 작은 조사구를 설치하여 고도별 식생을 조사하였다. 클러스터 분석 결과, 조사 대상지는 세 개의 집단인 구상나무 군집, 신갈나무가 우점한 구상나무~신갈나무 군집, 구상나무가 우점한 구상나무~신갈나무 군집으로 분류되었다. 구상나무가 우점한 구상나무~신갈나무 군집의 경우, 초본층은 제주조릿대의 식피율이 75% 이상으로 매우 높았다. 하층부에는 주목, 산개벚지나무, 마가목이 비교적 높은 구성율을 보였다. 환경이 열악한 곳에서는 왜성변형수의 형태를 보였고, 토양 수분이 많은 곳에는 구상나무의 순군락이 발달하였다(그림 4-65).

한라산 백록담 부근의 식생은 구상나무, 눈향나무, 털진달래, 산철쭉 등으로 심한 바람과 저온, 적설 등의 영향으로 왜소화되어 자란다. 구상나무 아래층에는 제주조릿대, 박쥐나물, 곰취, 국수나무 등이 나타난다. 구상나무림이 물결과 같이 자라는 모습은 백록담 남서사면에 나타나며 북북동에서 남남서로 진행되고 해발고도 1,680~1,730m 내에서 주로 나타난다(장남기·유해미, 1993). 제주조릿대가 차지하는 식피율은 구상나무의 우점도를 결정하는 데 중요하였다(송국만, 2011).

그림 4-65. 구상나무 군락 (제주 제주시 한라산)

침엽수 사이언스 I

(5) 구상나무의 생태와 식생 천이

지리산 제석봉(1,806m)에 산불이 났던 지역의 고사목을 조사한 결과, 산불 이전에는 잣나무 75%, 구상나무 15%, 가문비나무 10%로 구성된 극상 상태인 고산성 침엽수림으로 추정되었다. 산불이 난 뒤 식물종의 우점종은 김의털(66.5%)이었다.

고산 지대에 2차 천이가 진행되면서 우점종은 화본과식물(김의털, 나래새), 산거울 → 마가목, 철쭉, 딱총나무, 미역줄나무 → 좁은단풍, 거제수나무, 신갈나무 → 소나무과 식물(잣나무, 구상나무, 가문비나무)로 천이될 것으로 추정되었다(박광우·정성호, 1990)(그림 4-66).

구상나무와 잣나무와 같은 구상나무림의 주요 수종들은 작은 개체들이 많아 재생이 활발히 일어나며, 구상나무가 잣나무보다 수명이 더 긴 것으로 알려졌다(Cho, 1994). 가야산 구상나무의 생태적 수명은 약 120년으로 지리산(강상준, 1984)의 결과보다 50~60년 더 길었다(이창석·조현제, 1993).

그림 4-66. 산불 지역인 제석봉의 구상나무와 고사목 (경남 산청군 지리산)

구상나무 바늘잎 길이의 평균치는 덕유산 집단에서 가장 큰 값을 보였고 지리산, 한라산 집단 순으로 나타났으며, 두 집단 사이는 차이가 적었다(이강녕·김현권, 1982). 한라산 구상나무의 바늘잎의 길이는 해발 1,400m에서는 1.6cm이지만 1,900m에서는 1.1cm로 작아졌다. 바늘잎의 너비는 해발 1,400m에서 0.9cm였으나 1,900m에서는 0.2cm로 커졌다. 단위길이당 바늘잎의 숫자는 해발 1,400m에서 16개였으나 1,900m에서 23.2개로 증가하였다. 전체적으로 해발고도가 높아질수록 바늘잎의 길이 및 구과의 길이 그리고 수관비는 낮아지는데 반하여 바늘잎의 너비, 바늘잎의 수 그리고 엽형지수는 증가하였다(강영제 등, 1990).

한라산 구상나무의 나이테 생장쇠퇴도를 조사한 결과, 조사 대상의 약 70%가 생장쇠퇴현상을 보였다(구경아 등, 2001. 그림 4-67)). 한라산의 구상나무는 덕유산과 지리산 등 다른 지역보다는 낮으나, 같은 지역의 다른 식생들에 비해 높은 고사목 비율을 보였다. 한라산 구상나무림은 16.5%의 고사목 비율을 보였으며, 이는 고사목의 증가로 인한 식생 변화를 알려주는 것으로 보았다(송국만, 2011; 국립산림과학원, 2015, 2016).

오승환 등(2015)에 따르면 구상나무의 분포는 기후변화뿐만 아니라 인간 활동, 가축의 방목 등과도 관련된다. 한라산 자생지는 과거 소와 말을 방목했던 문화가 있어 구상나무도 부분적으로 이에 적응해 자랐다. 그러나 한라산이 국립공원으로 지정된 후 방목이 금지되면서 제주조릿대 등 관목류들이 늘어났고 구상나무의 재정착 환경은 바뀌었다. 구상나무의 효과적인 보전관리와 복원을 위해 관련 기관과 전문가들의 종합적인 연구와 협력 체계가 필요하다.

(6) 전나무속의 유전 특성

우리나라에 분포하는 전나무의 유전적 평균거리를 비교한 결과에 따르면 설악산, 오대산, 함백산, 덕유산의 전나무들은 유전적으로 가까웠다. 속리산, 주흘산, 공덕산, 운문산의 전나무는 유전적으로 가까웠다. 용문산, 운달산, 지리산은 유전적으로 가까운 집단으로 조사되었다(안진권·손두식, 1996).

한라산, 지리산, 덕유산의 구상나무 집단 간 유전적 유연관계를 유전적 유사도와 유전적 거리를 계산하여 비교한 결과 지리산의 삼장 집단과 덕유산 만석 집단

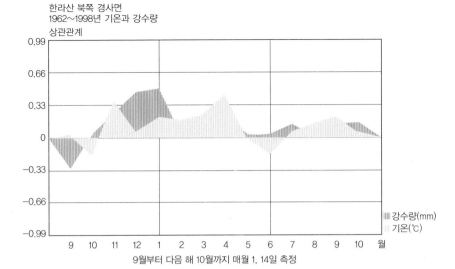

한라산 북쪽 경사면
1962~1998년 기온과 강수량
상관관계

9월부터 다음 해 10월까지 매월 1, 14일 측정

그림 4-67. 기후요소와 구상나무의 관계
(자료: 구경아 등, 2001)

사이가 S=0.979로 가장 가까웠고, 한라산 백록 집단과 덕유산 만석 집단 사이가 S=0.865로 유전적으로 가장 멀었다(정헌관·이석구, 1985).

나무의 종별로 각 기관의 특징을 비교해 보면 그 차이는 확연히 나타난다. 구상나무의 경우 지리산 집단이 구과의 크기와 포침의 길이가 큰 반면, 한라산 집단의 개체들은 대부분 종자 크기(폭과 날개)와 실편의 너비 등이 다른 집단에 비해 컸으며, 덕유산 집단은 대부분의 형질이 왜소하였다. 전나무속의 주요 식별 형질로 인식되는 잎의 수지구(樹脂口, resin duct) 위치를 집단별로 조사하여 본 결과, 한라산 개체의 경우 구상(나무)형으로 인지되었으나, 지리산 개체의 경우 약 75%만이 구상형이었다. 반면, 덕유산, 가야산의 경우에는 50% 이하가 구상형과 분비형으로 확인되어 두 집단의 일부 개체는 분비나무와 구분이 불가능하였다.

한편 플라보노이드(flavonoids) 분석 결과, 플라보놀(flavonol), 디하이드로플라보놀(dihydroflavonol), 플라바논(flavanone) 등 3개 군의 플라보노이드가 확인되었는데, 구상나무에서만 존재하는 플라바논을 제외하고는 뚜렷한 종 간 차이점을 확인할 수 없었다. 한라산과 지리산의 구상나무 집단에서 플라바논의 성분이 발견된 반면, 덕유산의 구상나무에는 이 성분이 존재하지 않아 화학적으로는 분비나무에 더 가까웠다. 오대산, 명지산, 치악산, 중왕산, 소백산에서 채집된 분비나무의 경우(설악산 집단의 일부 개체 제외), 구상나무에서 발견된 플라바논 성분은 없었고 대신 분비나무의 특징인 디하이드로카엠페놀(dihydrokaemferol)의 성분이 많이 나타났다.

일본과 중국, 대만의 25종의 플라보노이드를 비교 분석한 결과 구상나무에서 발견된 플라바논 성분이 중국종 가운데 수지구의 내형과 외형을 모두 가지는 윈난성, 쓰촨성의 팍소니아나전나무(*Abies faxoniana* Rehder et Wilson, 원시종으로 추측)과 윈난성, 쓰촨성의 게오르게이전나무(*A. georgei*)에서 발견되었다. 수지구 위치는 국내종의 경우 집단적 변이에 의한 반면 중국에서는 종 간 유연관계를 설명하는 주요 형질로 밝혀졌다. 분비나무와 구상나무를 식별할 수 있는 형질은 나타나지 않지만 수지구가 안쪽에 위치한 중국의 팍소니아나전나무와 게오르게이전나무에서 구상나무의 특유 성분인 플라바논이 발견되어 형태적으로 수지구 위

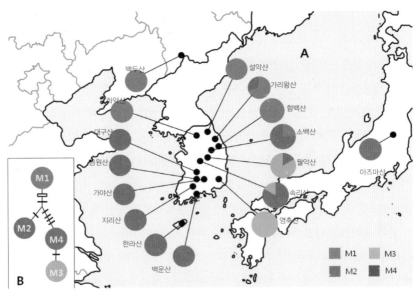

그림 4-68. 구상나무와 분비나무의 지리적 분포 유형과 mtDNA 단상형
(출처: 양종철 등, 2015)

침엽수 사이언스 I

치가 상대적으로 중요한 형질로 밝혀졌다. 한국의 일부 집단에서 보이는 구상형 연속변이는 분비나무와의 잡종현상이나 또는 신생대 제4기 때 분비나무와 구상나무의 유전자교합 또는 이입현상에 의한 것으로 추정된다.

분비나무와 구상나무의 계통지리적 유연관계 파악을 위하여 16개 지역의 구상나무와 분비나무 집단에 대한 미토콘드리아 DNA를 이용한 유전적 분석을 한 결과 총 7개 지역의 유전자 변이가 확인되었으며, 4개의 단상형(haplotype)이 나타났다. 조사 개체의 지리적 위치에 따라 일본을 제외하고 3개의 그룹(북부 지역, 중부 지역, 남부 지역)으로 나누었다. 북부 지역과 남부 지역은 대부분 각각 M1, M2 단일의 단상형(M2)을 가지며, 중부 지역은 북부 지역과 남부 지역의 분포경계에 위치하면서 유전자 유입으로 인해 유전자다양성(HT=0.654)이 가장 높게 나타났다(그림 4-68). 현재 남부 지역의 단일의 단상형(M2) 분포는 빙하기 때 북부 지역에서 남하한 개체군들이 지리적 격리를 통해 분화하게 되고 빙하기 이후 다시 중부 지역까지 분포가 확장된 결과로 추측하였다(양종철 등, 2015)

단순반복서열유전자(Nuclear Simple Sequence Repeats, nSSR) 표지분석을 통하여 분비나무와 구상나무의 유전자다양성과 유전분화 정도 그리고 유연관계를 조사하였다(홍용표 등, 2011). nSSR 표지분석은 분비나무 5개 집단(계방산, 오대산, 설악산, 소백산, 태백산)과 구상나무 3개 집단(한라산, 지리산, 덕유산)에서 수행되었다.

유전자좌를 대상으로 통계분석을 한 결과, 구상나무의 유전변이량이 분비나무보다 더 큰 것으로 나타났다. 구상나무의 이러한 유전변이량은 신생대 제4기 플라이스토세 이후 기온 상승으로 분포지가 고산이나 아고산 지대로 축소되면서, 군집의 크기가 축소되어 발생한 유전적 부동의 영향을 나타내는 간접적 증거로 본다.

집단 간 유전분화를 분석한 결과는 분비나무 집단들에 비해 구상나무 집단들의 유전분화가 더 커진 것으로 나타났다. 그러나 구상나무와 분비나무의 집단 간 유전분화는 고산이나 아고산 지대에 국지적으로 분포하는 다른 수종들인 주목이나 가문비나무에 비하여 낮은 편이다.

집단 간 유전적 유연관계를 분석한 결과는 구상나무의 덕유산과 한라산 집단이 분비나무의 집단들과 분리되는 것으로 나타났으나, 지리산 집단은 분비나무의 집단들과 동일한 그룹을 형성하는 것으로 나타났다. 지리적 거리와 유전적 거리를 고려할 때 지리적 거리가 멀수록 유전적 분화가 커지는 것으로 알려져 있다. 한라산 구상나무 집단이 분비나무 집단들로부터 가장 많이 유전적으로 분화된 것은 이러한 지리적 거리와 유전적 거리의 상관관계와 일치한다.

(7) 구상나무의 식물지리

구상나무는 한반도 남부 속리산, 덕유산, 금원산, 무등산, 가야산, 지리산, 영축산, 한라산의 아고산대에 고립되어 분포하는 아고산종이다.

구상나무는 전나무속에 속하며 한반도 백두대간을 중심으로 한 산악지에 분포하는 분비나무가 신생대 제4기 플라이스토세에 북방의 추위를 피해 한반도로 유입되어 남부 산지 환경과 기후변화에 적응하면서 종으로 분화된 것으로 볼 수 있다.

구상나무는 플라이스토세 빙기에 북방에서 이동해 온 분비나무가 한반도 중부와 남부에 존재했던 빙기 동안의 1차 피난처에서 빙기를 보낸다. 그 뒤 신생대 제4기 플라이스토세와 홀로세 간빙기에 기후가 온난해지면서 한랭한 기후가 유지되는 남부 지방의 아고산대에 위치한 간빙기의 2차 피난처에 격리되면서 국지적인 환경에 적응하여 특산종으로 분화된 것으로 본다.

3) 풍산가문비나무

(1) 분포

풍산가문비나무는 북한의 양강도 풍산 매덕령, 백암 1,400m, 함북 경성, 관모봉, 중강진 1,300m에 분포하는 특산종이지만 알려진 정보는 많지 않다.

(2) 식물지리

북한의 북쪽 산악지에 격리 분포하는 풍산가문비나무와 신생대 제4기 플라이스토세 빙기에 북방으로부터 피난처를 찾아 한반도로 유입된 종비나무는 플라이스토세와 홀로세의 간빙기에 한랭한 기후가 유지되는 지역을 피난처로 삼아 지형, 기후, 토양 등 국지적인 환경에 적응하면서 특산종으로 분화한 것으로 본다.

구상나무, 풍산가문비나무에 대한 식물지리학적 분석은 해당 나무들의 형태,

생태, 분포에 대한 현지 조사와 유전자 분석 등에 대한 학제적 연구가 진행되면 설득력 있는 설명을 제시할 수 있을 것으로 기대한다.

특히 북한에 분포하는 풍산가문비나무 등에 대한 정보는 극히 제한적이어서 분류, 형태, 고생태, 분포, 식생 구조, 생태, 유전 등에 대한 추가적인 정보가 있어야 과학적 분석이 가능할 것으로 본다. 북한 전문가와 학술적 교류가 필요한 이유이기도 하다. 아울러 풍산가문비나무의 서식지에 대한 현지 조사가 필요하다.

4) 한반도 소나무과 특산종과 취약도

한반도에 분포하는 소나무과 나무 가운데 남부 지방의 아고산대에 자라는 구상나무, 북부 지방에 격리되어 자라는 만주잎갈나무, 풍산가문비나무 등 한정된 지역에만 자라는 수종은 기온온난화 등 환경 변화에 따라 피해를 받기 쉬운 종이다.

북부 아고산대에 격리되어 자라는 풍산가문비나무, 남부 아고산대의 구상나무 등 한반도 특산종 침엽수는 빙기가 끝난 뒤 오랫동안 국지적인 산악 환경에서 유전적으로 고립되어 만들어진 것으로 볼 수 있으며, 지구온난화 등 환경 변화에 취약한 것으로 알려졌다.

한반도에 분포하는 소나무과 나무들의 분포지, 수평적 및 수직적 분포역 그리고 분포 유형을 파악하여 종별 특성과 가치를 알고 이를 기초로 소나무과 나무의 보전, 관리, 이용에 활용하는 것이 필요하다.

5) 희귀종과 멸종위기종

(1) 한반도 내 소나무과 희귀종

이창복(1987)의 기준에 따르면 한반도에 자생하는 침엽수 가운데 소나무과의 희귀종은 잎갈나무, 가문비나무(그림 4-69), 종비나무, 눈잣나무 등이다. 침엽수 가운데 소나무과가 아닌 다른 과에 속하는 희귀종은 곱향나무, 단천향나무이다.

(2) 한반도 내 소나무과 멸종위기종

한반도에 자생하는 침엽수 가운데 멸종위기종은 남·북한, 중국 지린성에 나는

그림 4-69. 가문비나무와 고사목 (경남 함양군 지리산)

눈측백(쩝방나무), 남한에 자라는 구상나무, 북한에만 나는 풍산가문비나무 등
(Farjon and Page, 1999)이다. Oldfield *et al.*(1998)은 위기 정도는 낮지만 거의
위기에 처한 종으로 소나무과의 구상나무와 함께 다른 과에 속하는 개비자나무,
측백나무 등 3종으로 보았고, 위기에 처한 종으로 눈측백을 들었다.

위 기준에 따르면 소나무과 나무 가운데 희귀종은 잎갈나무, 가문비나무, 종비
나무, 눈잣나무 등이다. 멸종위기종은 구상나무, 풍산가문비나무이며, 위기에 처
한 종은 눈측백이다.

아울러 종비나무, 섬잣나무, 솔송나무, 만주잎갈나무, 등도 수평적, 수직적 분
포역이 좁아 지구온난화와 환경 변화에 따라 사라질 수 있는 종으로 관심과 보전
이 필요하다.

(3) 한반도 소나무과의 희귀종과 멸종위기종 분포

희귀종과 멸종위기종 침엽수를 포함한 한반도 소나무과 나무들의 지리적 분
포를 요약하면 다음과 같다. 가문비나무(500~2,300m)는 전국의 아고산대에 분

포한다(그림 4-69). 눈잣나무(900~2,540m), 분비나무(500~2,200m), 잎갈나무(200~2,300m), 종비나무(450~1,600m) 등은 중북부 지방 아고산대에 자란다. 구상나무(500~1,950m)는 남부 지방과 제주도 아고산대에 분포한다. 잣나무(~1,900m), 전나무(100~1,500m), 소나무(100~1,300m)는 전국의 산지대에는 높은 곳으로부터 생육한다. 곰솔(50~700m)은 중남부 지방 해안대의 내륙 바닷가와 섬에 띠를 이루어 자란다. 섬잣나무(500~800m), 솔송나무(300~800m)는 울릉도에 분포한다.

최윤라 그림

chapter V

식물지리학으로 본
한반도
소나무과 나무

한반도에 자생하는 침엽수 가운데 소나무과에 속하는 나무들의 분류체계, 다양성과 종 구성, 형태, 분포, 자연사, 역사시대 식생사, 생태와 환경 등을 식물지리학적 측면에서 분석하였다. 하루가 다르게 지구온난화, 병충해, 산성비, 산불, 수종 갱신, 지역 개발 등으로 변화하는 환경 속에서 이 연구가 소나무과 나무를 유지·관리하고, 서식지를 보전하는 데 기초자료로 도움이 될 것이라 기대한다.

01 소나무과 나무의 다양성과 계통

한반도에 자생하는 침엽수는 소나무과의 소나무속(5종), 가문비나무속(3종), 잎갈나무속(2종), 전나무속(3종), 솔송나무속(1종), 측백나무과의 노간주나무속(7종), 눈측백속(2종), 개비자나무과의 개비자나무속(2종), 비자나무속(1종), 주목과의 주목속(2종), 4과 10속 28종으로 이루어졌다.

그 중 소나무과(Pinaceae)는 소나무속, 가문비나무속, 잎갈나무속, 전나무속, 솔송나무속 5속이 있고 총 14종으로 구성된다. 소나무속(Pinus)에는 소나무, 잣나무, 섬잣나무, 눈잣나무, 곰솔 5종이 있다. 가문비나무속(Picea)에는 가문비나무, 종비나무, 풍산가문비나무 3종이 있다. 잎갈나무속(Larix)에는 잎갈나무, 만주잎갈나무 2종, 전나무속(Abies)에는 전나무, 구상나무, 분비나무 3종이 있다. 솔송나무속(Tsuga)의 나무는 솔송나무 1종이다.

02 소나무과 나무의 형태와 산포

한반도에 자생하는 소나무과 나무들의 생활형은 대부분 높이 30m 내외이고, 지름 0.5~1m에 이르는 상록침엽교목이 많다. 4~5월에 꽃눈이 생산되고 종자는 같은 해 가을이나 이듬해 가을에 익는다. 소나무과 수종들의 종자는 달걀형이나 타원형을 이루며 날개를 가진 것이 많아 열악한 자연환경에 견디고 산포에 유리하게 적응한 것이다.

한반도의 교목성 침엽수는 상록성과 낙엽성이 모두 나타나며 수평적 및 수직적 분포역이 넓다. 땅 위를 기는 관목이나 소교목 침엽수는 고산, 아고산, 바닷가 등 열악한 환경에 잘 적응하였다. 눈잣나무 등은 곱향나무, 눈향나무, 눈주목, 눈측백과 함께 땅 위를 기면서 자라는 종류로 고산과 아고산의 저온과 강풍이 심한 혹독한 환경에도 생육한다.

한반도의 소나무과 나무들은 종자의 날개가 클수록 분포역이 넓고, 날개 크기가 작을수록 아고산대에 국지적으로 분포한다. 이는 종자의 날개가 작으면 바람에 의해 퍼지기 힘들어 좁은 산지에 격리되어 분포하는 것으로 본다. 울릉도에 자라는 섬잣나무와 솔송나무는 바람에 의한 산포보다는 다른 원인에 의해 격리 분포하는 것으로 판단된다.

소나무과 나무 가운데 특산종인 풍산가문비나무와 구상나무는 키가 크고 구과가 하늘을 향해 발달하지만 종자의 길이에 비해 날개의 길이가 2배 정도로 산포에 유리하지 않았고, 그 결과 분포역이 북한과 남한의 일부 아고산대에 좁게 분포한다.

한반도의 소나무과 나무 가운데 종자에 날개가 있는 소나무속, 가문비나무속, 잎갈나무속, 전나무속, 솔송나무속 등은 주로 바람으로 산포된다. 반면 종자에 날개가 없는 눈잣나무, 잣나무 등 고산대와 아고산대 수종들의 분포역 확산은 잣까마귀, 솔잣새, 어치 등 조류와 다람쥐, 청서 등 설치류가 산포를 돕는다.

03 소나무과 나무의 분포

한반도에서 소나무과 나무들의 수평적 분포와 수직적 분포 등 지리적 분포역은 기본적으로 산지의 지형과 기후 등 자연환경에 의해 영향을 받는다.

한반도 전역의 아고산대의 높은 산악지대에는 가문비나무(평균 해발고도 500~2,300m)가 불연속적으로 분포한다. 중북부 아고산대에는 눈잣나무(900~2,540m), 분비나무(500~2,200m), 잎갈나무(200~2,300m), 종비나무(450~1,600m) 등이 자란다. 남부지방 아고산대에는 구상나무(500~1,950m)가 격리되어 자란다.

전국의 산지에는 높은 곳부터 고도가 낮은 곳까지 잣나무(~1,900m), 전나무(100~1,500m), 소나무(100~1,300m)가 자란다. 중남부 해안대의 내륙 바닷가와 섬에는 곰솔(50~700m)이 띠를 이루어 자란다. 울릉도에는 한반도 내륙에는 자라지 않는 섬잣나무(500~800m), 솔송나무(300~800m)가 분포한다.

소나무(*Pinus densiflora*)는 동북아시아에 넓게 분포하며 한반도의 환경에도 성

그림 5-1. 소나무재선충을 매개하는 솔수염하늘소 (경기 포천시 국립수목원)

침엽수 사이언스 I

공적으로 적응하여 오랫동안 살아온 종이다. 소나무는 지금도 소나무과 나무 가운데 가장 널리 분포하는 종이지만, 지속적인 개발과 환경파괴에 더하여 소나무 재선충병과 같은 병충해로 위기에 처해 있다(그림 5-1).

소나무재선충(材線蟲) Bursaphelenchus xylophilus
소나무, 잣나무 등에 기생해 나무를 갉아먹는 크기 1mm 정도의 선충이다. 매개충인 솔수염하늘소(Monochamus alternatus)에 기생하며 솔수염하늘소(그림 5-1)가 죽은 소나무에서 겨울잠을 잔 뒤 날개를 달고 나오는 5월부터 이듬해 4월까지 소나무 등을 선충으로 감염시킨다. 일본, 중국, 대만, 한국에서 출현했으며, 소나무에 치명적인 피해를 주는 심각한 해충이다.

곰솔(Pinus thunbergii)은 소나무가 해안에 가까운 생태적 환경에 적응하면서 생존한 종으로 우리나라 중남부 해안에 가까운 곳을 중심으로 띠를 이루며 분포한다.

잣나무(Pinus koraiensis)는 한반도를 비롯한 동북아시아의 특산종이며 주로 아고산대에 자란다. 남한에서는 연속적인 분포역을 이루지 못하고 한랭한 기후가 유지되는 산지를 중심으로 반점상으로 불연속적으로 분포한다.

우리나라 고산대에 격리되어 분포하는 눈잣나무(Pinus pumila)는 신생대 제4기 플라이스토세 빙기에 고위도 지방의 혹독한 추위를 피해 한반도로 유입되었다. 그러다 홀로세에 들어 기후가 온난해지면서 한랭한 북한의 아고산대와 고산대 그리고 설악산 아고산대 등의 추운 환경에 적응하게 된 것이다. 그래서 설악산의 눈잣나무는 유라시아대륙에서의 지리적 분포의 남한계선이 되었다. 눈잣나무는 빙기의 유존종으로 식물지리학적 가치가 높다. 그러나 최근의 지구온난화에 따라 분포상 남한계선인 설악산에서 쇠퇴할 수종의 하나이다.

섬잣나무(Pinus parviflora)는 과거 온난 다습했던 시기에는 한반도에 분포했었지만 플라이스토세 빙기의 한랭 건조한 기후에 적응하지 못하고 내륙에서는 사라졌다. 오늘날 섬잣나무는 기후가 비교적 온난 다습하여 저온과 수분 부족에 따른 스트레스가 크지 않은 울릉도에만 나타난다. 섬잣나무와 솔송나무는 한반도에서는 울릉도에만 격리되어 분포하며 일본에도 자라는 공통종으로 식물지리학적 연구가 필요한 나무이다.

가문비나무(*Picea jezoensis*)는 동아시아에 비교적 널리 분포하는 나무로 북한과 남한의 중부에 주로 자라며, 지리산 정상 일대의 아고산대가 지리적 분포에 있어서 남한계선이다. 이들은 플라이스토세 빙기에 북쪽으로부터 유입된 종이 홀로세를 거치면서 한랭한 기후가 유지되는 남부 아고산대에서 격리되어 살아남은 것으로 본다.

종비나무(*Picea koraiensis*)는 가문비나무가 동아시아의 자연환경에 적응하여 진화하였다. 신생대 제4기 홀로세에 기후가 온난해지면서 북한 산악지대에 고립되어 국지적 환경에 적응하였다.

풍산가문비나무(*Picea pungsanensis*)는 한반도 특산종으로 종비나무가 지역환경에 적응하여 진화한 것으로 추정된다. 북부 산악지역을 중심으로 매우 제한적인 분포역을 보인다.

전나무(*Abies holophylla*)는 한반도의 산지에 자라는 나무로 동아시아 산악지의 한랭한 환경에 적응하여 분포역을 확장하였다. 전나무도 가문비나무속의 종비나무, 풍산가문비나무와 같은 과정을 거쳐 동아시아의 환경에 적응한 분비나무로 진화한 것으로 본다.

분비나무(*Abies nephrolepis*)는 동아시아 산악지역에 분포하는 종으로 빙기에 한반도 남쪽까지 분포가 확장되었으나, 홀로세에 들어 기후가 온난해지면서 일부가 남부 아고산대에 고립되어 한반도 특산종인 구상나무가 된 것으로 본다.

구상나무(*Abies koreana*)는 한반도의 특산종으로 신생대 제4기 플라이스토세 빙기에 한반도 남단까지 진출했던 분비나무의 후손으로 본다. 홀로세에 들어서 기후가 온난해지면서 상대적으로 한랭한 기후가 유지되는 남부 아고산대에 격리되어 유전자 교류가 차단되면서 국지적인 환경에 적응하여 발생한 것으로 판단된다.

잎갈나무(*Larix olgensis* var. *koreana*)는 차유산에서 금강산에 이르는 북부와 중부의 아고산대에 자라며, 평균적 수직 분포역은 200~2,300m이다. 한반도에서 만주잎갈나무(*Larix olgensis* var. *amurensis*)는 백두산 1,600m 부근에 자란다.

솔송나무(*Tsuga sieboldii*)는 과거 온난 다습했던 신생대 제3기 마이오세에 한반도 본토에도 분포하였다. 플라이스토세 빙기의 한랭 건조한 기후에 적응하지

그림 5-2. 분비나무와 활엽수 혼합림 (강원 속초시 설악산)

못하고 내륙에서는 사라졌으며, 오늘날에는 기후가 비교적 온난 다습해 수분스트레스가 크지 않은 울릉도에만 격리되어 분포한다.

울릉도와 일본열도에 공통적으로 나타나는 섬잣나무와 솔송나무, 너도밤나무(*Fagus engleriana*) 등에 대한 식물지리학적인 분석이 필요하다.

04 소나무과 나무의 자연사

한반도에서 중생대 백악기부터 신생대 마이오세에 이르는 이른 시기에 등장한 소나무속, 전나무속, 가문비나무속 등은 오늘날 종 다양성이 높고 지리적으로 넓게 분포한다. 반면에 신생대의 늦은 시기에 등장한 솔송나무속, 잎갈나무속 등은 종 수가 적고 분포역도 좁다. 소나무의 일부 종, 전나무, 가문비나무, 잎갈나무 등 한대성 침엽수들은 신생대 제4기 플라이스토세 빙기 동안 분포 지역을 넓혔다. 그러나 솔송나무 등 난온대성 침엽수는 빙기를 거치면서 분포 범위가 좁아졌다.

한반도 북부 아고산대에 자라는 만주잎갈나무, 북부와 중부의 아고산대에 분포하는 잎갈나무, 눈잣나무, 분비나무, 종비나무와 아고산대에 자라는 가문비나무 등은 한랭한 기후에 적응한 침엽수이다. 이들은 플라이스토세 빙기에 북방으로부터 유입된 이래 한반도에서 과거 빙기 환경과 유사한 고산대와 아고산대에서 다른 수종과의 경쟁에서 우위를 차지하면서 성공적으로 적응하여 생존하였다.

한반도 소나무과 나무 가운데 오늘날 고산대와 아고산대에 분포하는 소나무속의 눈잣나무, 잣나무, 가문비나무속의 가문비나무, 종비나무, 풍산가문비나무, 잎갈나무속의 잎갈나무, 만주잎갈나무, 전나무속의 구상나무, 분비나무 등은 신생대 제4기 플라이스토세 빙기에 한반도로 유입된 북방계 침엽수로 빙기의 유존종에 속한다. 이들은 플라이스토세 이래 여러 차례의 빙기와 간빙기가 교차하면서 한반도로 유입된 북방계 침엽수이거나 국지적인 환경에 적응하여 진화한 종으로 지금은 기후가 한랭한 고산대와 아고산대에 불연속적으로 분포한다.

05 소나무과 나무의 역사시대 식생사

조선시대에 소나무는 시기적으로 조선 중후기에 가장 많은 곳에서 출현하였고, 조선 중기에도 비교적 많이 나타났다. 조선 후기에 들어 소나무의 출현지가 급감하는 것은 자연적인 원인보다는 일제 강점기에 수탈과 이를 회피하기 위한 당시 사회경제상과 관련된 것으로 본다.

조선시대에 소나무는 지리적, 상대적으로 온난한 기후가 유지되는 산록이 많은 남한의 남부지방인 경상도, 강원도, 전라도, 충청도 등에 주로 분포하였다. 반면 기후가 한랭한 북한의 함경도, 평안도, 경기도에는 소나무가 상대적으로 드물게 나타났다.

조선시대에 잣나무는 시기적으로 조선 초중기와 중후기에는 흔했으나 조선 초기, 중기, 후기에는 분포지가 적었다. 이와 같은 잣나무 분포지 감소가 기후변화와 관련되었는지는 추가적인 연구가 필요하다. 조선시대에 잣나무는 지리적으로 남한의 강원도, 경상도와 같은 동해에 가까운 산지가 많은 곳과 한랭한 북한의 평안도, 함경도에 흔하였다. 반면에 평지가 많고 서해에 가까운 황해도, 전라도, 경기도에는 잣나무가 상대적으로 적게 나타나 한반도의 북부와 동부에 치우쳐 분포하는 경향이 나타났다.

소나무와 잣나무의 분포지를 비교하면 소나무가 잣나무에 비해 전국에 걸쳐 널리 분포하였다. 소나무가 많이 자라는 곳에는 송이와 소나무에 기생하는 균체인 복령이 널리 분포하였다. 소나무에 관련된 송이, 복령 등 임산 부산물로 소나무의 분포지를 복원하고 검증하는 데 활용할 수 있었다.

06 소나무과 나무의 생태와 환경

한반도에 자생하는 소나무과의 소나무속, 가문비나무속, 잎갈나무속, 전나무속, 솔송나무속 가운데 소나무속은 가문비나무속과 형질적으로 가장 가깝고, 잎갈나무속과 다음으로 가깝다. 전나무속과 솔송나무속은 서로 가까운 것으로 본다.

구상나무의 화학적 분석(장진성 등, 1997)에 따르면 한라산과 지리산 집단에는 무색의 투명한 결정성 물질로 플라본(flavone)에서 추출되는 플라바논(flavanone, $C_{15}H_{12}O_2$) 성분이 있다. 그러나 덕유산 집단은 이 성분이 없어 화학적으로는 분비나무에 더 가깝다고 보았다.

덕유산 구상나무의 화학성분이 분비나무에 가까운 것으로 알려졌다(홍용표 등, 2001). 이것이 덕유산 구상나무가 분비나무와 격리된 시기가 늦다는 것을 뜻하는지 아니면 덕유산 구상나무가 분비나무와 유전적 교류가 활발한 결과인지는 검토가 필요하다. 최근에 속리산에 분포하는 것으로 알려진 구상나무와 다른 분포지 개체에 대한 유전학적 연구가 필요하다.

한반도에 자생하는 소나무과 나무 5속 14종 가운데 특산종은 남한 남부의 아고산대에 분포하는 구상나무와 북한 북부의 산악지에 분포하는 풍산가문비나무 등 2종이다. 북부 아고산대에 격리되어 자라는 풍산가문비나무, 남부 아고산대의 구상나무 등 한반도 특산종 침엽수는 빙기가 끝난 뒤 오랫동안 국지적인 산악 환경에서 유전적으로 고립되어 만들어진 것으로 볼 수 있다.

한반도에서 소나무를 제외한 대부분의 침엽수는 대개 다른 침엽수나 활엽수와 섞여 자라므로 순군락을 이루며 자라는 경우는 적다. 한라산과 지리산의 구상나무, 설악산의 눈잣나무 등은 드물게 순군락을 이루기도 한다.

소나무과의 만주잎갈나무, 잎갈나무, 눈잣나무, 분비나무, 종비나무, 가문비나무, 구상나무처럼 한반도의 고산대와 아고산대에 격리되어 자라 추운 곳을 좋아한다. 이들 한대성 침엽수들은 빙기를 거치면서 한반도에 유입되거나 진화한 나무로 근래의 지구온난화 특히 겨울 기온 상승에 따라 생리적으로 스트레스를 받는 것으로 알려졌다(공우석, 2005).

한반도 침엽수림의 주된 구성종 가운데 소나무과 수종은 소나무, 잣나무, 전나무, 가문비나무, 잎갈나무 등이다. 소나무과 나무 가운데 남부 지방의 아고산대 분포종(구상나무, 가문비나무), 북부 지방 고산대와 아고산대 격리종(종비나무, 만주잎갈나무, 풍산가문비나무), 중부 지방 아고산대 격리종(눈잣나무, 분비나무) 등 저온 지역에 자라는 수종은 지구온난화 등 환경 변화에 따라 피해를 받기 쉬운 종이다.

전국에 가장 넓게 분포하는 소나무와 접근이 쉬운 해안에 주로 자라는 곰솔은 난개발과 함께 소나무재선충병 피해가 우려되는 종이다. 울릉도에만 자라는 섬잣나무, 솔송나무는 동해의 수온변화와 울릉도의 난개발에 따라 피해가 나타날수 있다. 산지에 자라는 잣나무와 전나무는 벌채와 산지 개발에 노출되어 있다.

한반도에 분포하는 소나무과 나무 가운데 특산종에 속하며 남한에 분포하는 구상나무는 새로운 분포지가 보고되고 있으나, 동시에 고사(枯死)현상이 급격하게 진행되고 있어 관심이 많은 수종이다.

한라산에서 봄철 기온이 상승하면서 상록침엽수인 구상나무는 광합성을 하기 위해 물이 필요하지만 땅이 얼어 있어 뿌리로부터 수분이 공급되지 않는 경우가 많다. 이 때문에 생리적 스트레스를 받아 나이테 생장이 더뎌지고, 심하면 말라죽는 것으로 분석되고 있다(구경아 등, 2001). 구상나무가 고사하는 것은 기온 상승과 함께 수분 부족에 따른 생리적 스트레스가 주된 요인으로 작용한 것이다.

북한에만 분포하는 풍산가문비나무의 분류, 형태, 고생태, 분포, 식생 구조, 생태, 유전 등에 대한 학술적 정보는 부족하다. 이들 수종에 대한 정보가 구축되어야 식물지리학적 분석이 가능할 것으로 본다. 북한의 전문가와 학술적 교류가 필요한 이유이기도 하다. 아울러 풍산가문비나무, 잎갈나무, 만주잎갈나무 등의 서식지에도 현지 조사가 필요한 실정이다.

침엽수가 한반도에 출현한 이래 기후변화에 따라 끊임없이 자리바꿈을 계속한 결과 오늘날과 같은 종의 구성과 지리적 분포역을 차지하게 되었다. 하지만 근래의 기후변화 특히 지구온난화에 따라 또다시 종의 생존과 분포역 변화에 직면하고 있으므로 보전을 위한 적극적인 대책 수립이 필요하다.

07 연구결과의 활용과 기대 효과

한반도 소나무과 나무들의 구성과 특징, 기원과 진화, 자연사, 종의 분포와 일부 종의 격리 분포, 산포, 인간과의 관계, 환경과의 관계 등을 분석하였다. 이처럼 소나무과 나무들에 대한 식물지리학적 연구를 통해 다양한 의미를 찾을 수 있다.

첫째, 침엽수의 지질시대와 역사시대 식생 변천 과정을 통해 오늘날 우리 산과 들에 자라는 소나무과 식물들을 비롯한 식생과 식물상을 정리하였다. 이러한 과거 식생변화에 대한 자료는 현재 우리가 당면한 생태계 변화와 교란 문제를 풀어나가는 데 유용한 기초 정보가 된다.

둘째, 시대별, 지역별, 종류별 소나무과 식물의 자연사를 분석하여 한반도의 고생태(古生態, palaeo-ecology)와 고환경(古環境, palaeo-environment)을 체계적으로 파악하였다. 또한 인간에 의한 자연식생의 간섭과 교란 등에 따른 생태적 문제들과 인간 활동 역사 등을 알 수 있다.

셋째, 소나무과 식물들의 이동, 산포, 진화, 멸종 등 시대별 자연식생 변천에 기초하여 수종별 분포를 분석하였다. 이를 바탕으로 앞으로 기후변화와 같은 환경 변화가 발생할 때 나타날 수 있는 생태적 문제에 대한 대응책 수립에 있어 기초적 정보를 구축하는 데 도움이 된다.

넷째, 지질시대별 자연식생 발달사와 역사시대 식생변천사는 박물관의 전시, 산림정책결정자, 자연사 전문가 등에게 자연식생과 기후변천사 등 고환경 변화에 대한 교육에 필요한 지식과 정보를 제공한다.

다섯째, 현재 국내에서 멸종위기에 직면한 희귀 대상 식물, 환경 변천 과정에서 살아남은 유존종과 고환경 변천의 지표종(指標種, indicator species)을 연구하고, 지역을 대표하는 깃대종(flagship species) 등을 선정하는 데 있어서 보다 과학적이고 의미 있는 지표로 활용할 수 있다.

여섯째, 자연 환경 변천을 감지할 수 있는 살아 있는 지표종을 선정하고, 식물지리학적으로 관심 있는 식물들의 분포와 현상을 설명하는 데에도 유익하다. 미래의 환경 변화와 오염을 탐지할 수 있는 살아 있는 지표(living indicator)를 개발하고 이를 바탕으로 생물지리적 감시체계(biogeographical monitoring system) 수립이 가능하다.

일곱째, 지질학적 화석 자료와 고문헌 자료에 의한 식생 분포역과 환경 변천사를 현재 식물 분포도 및 유전적인 정보와 통합하면 자연과학과 인문과학을 접목한 종합적인 접근에 의한 식물의 진화, 이동, 분포를 파악할 수 있다.

소나무과 나무들의 분포와 생태 연구에 기초하여 종과 유전자 그리고 서식지를 보전하는 대책이 요청되며 이를 위한 관련 분야의 학제적인 연구가 필요하다. 동시에 국민들에게 침엽수의 가치와 중요성을 알리는 교육·홍보가 요구된다. 한반도에 자생하는 소나무과와 함께 다른 침엽수들에 대한 연구가 이어져야 한다.

참고문헌

강병화, 2012, 약과 먹거리로 쓰이는 우리나라 자원식물, 한국학술정보.

강상준, 1984, 지리산 아고산대 침엽수림의 갱신, 한국생태학회지, 7(4), 185~193.

강영제·김선창·김원우·김찬수·박용배, 1990, 해발고에 따른 한라산 구상나무의 구과 및 침엽특성의 변이, 임육연보, 26, 119~123.

강판권, 2013, 조선을 구한 신목 소나무, 문학동네.

고경식·전의식, 2005, 한국의 야생식물, 일진사.

고규홍, 2010, 소나무: 우리가 지켜야 할 우리 나무, 다산기획.

공우석, 1995, 한반도 송백류의 시·공간적 분포역 복원, 대한지리학회지, 30(1), 1~13.

공우석, 1996, 한반도 쌍자엽식물의 시·공간적 분포역 복원, 한국제4기학회지, 10(1), 1~18.

공우석, 1997, 한반도 지질시대별 식생 분포역 변화, 지리학총, 25, 15~34.

공우석, 2000, 설악산 아고산대 식생과 경관의 지생태, 대한지리학회지, 35(2), 177~187.

공우석, 2001, 식생사, 박용안·공우석 편집, 한국의 제4기 환경, 서울대학교출판부, 353~376.

공우석, 2002, 한반도 고산식물의 구성과 분포, 대한지리학회지, 37(4), 357~370.

공우석, 2003, 한반도 식생사, 대우학술총서 556, 아카넷.

공우석, 2004, 한반도에 자생하는 침엽수의 종 구성과 분포, 대한지리학회지, 39(4), 528~543.

공우석, 2005, 지구온난화에 취약한 지표식물 선정, 한국기상학회지, 41(2-1), 263-273.

공우석, 2006a, 북한의 자연생태계, 아산재단연구총서, 202집, 집문당.

공우석, 2006b, 한반도에 자생하는 소나무과 나무의 생물지리, 대한지리학회지, 41(1), 73~93.

공우석, 2007, 생물지리학으로 보는 우리식물의 지리와 생태, 지오북.

공우석·임종환, 2008, 극지고산식물 월귤의 격리분포와 기온요인, 대한지리학회지, 43(4), 495~510.

공우석·임수경, 2010, 조선시대 고문헌에 나타난 식생 자료를 이용한 기후구 변화 탐지 기술 개발, 박원규 편집, 과거 기후변화기록 복원과 생태계 분포 자료를 통한 기후변화 탐지 및 기후변동 메커니즘 규명, 기상청(미발표).

공우석, 2012, 키워드로 보는 기후변화와 생태계, 지오북.

공우석·윤광희·김인태·이유미·오승환, 2012, 풍혈의 공간적 분포 특징과 관리 방안, 환경영향평가, 21(3), 431~443.

공우석·이슬기·박희나, 2013, 생태계, 이동근 편집, 기후변화 취약성 평가, 환경부.

공우석, 2014a, 우리 숲의 역사 개관, 우리 숲의 역사, 숲과문화연구회, 거목문화사, 1~6.

공우석, 2014b, 최종빙기 최성기 이전 지질시대, 우리 숲의 역사, 숲과문화연구회, 거목문화사, 7~76.

구경아·박원규·공우석, 2001, 한라산 구상나무의 연륜연대학적 연구 - 기후변화에 따른 생장변동 분석 -, 한국생태학회지, 24(5), 281~288.

국립산림과학원, 2015, 한라산 구상나무: 삶과 죽음에 관한 이야기, 국립산림과학원.

국립산림과학원, 2016, 한라산 구상나무: 왜 죽어가고 있는가, 국립산림과학원.

국립수목원, 2013, 세밀화로 보는 우리 숲에 심는 나무, 지오북.

국립중앙박물관, 2006, 특별전 소나무와 한국인, 국립중앙박물관.

권미정, 2006, 한라산 구상나무군락의 쇠퇴원인에 관한 연구, 석사학위논문, 서울시립대학교.

김갑태·추갑철·엄태원, 1997, 지리산 천왕봉~덕평봉 지역의 삼림군집구조에 관한 연구, - 구상나무림 -, 한국임학회지, 86(2).

김경희·박형순·이수원·최광식·최명섭, 2006, 소나무 관리도감, 한국농업정보연구원.

김봉균, 1959, 한국산 화석 식물 목록, 한국식물학회지, 2(1), 22~38.

김봉균·이하영·백광호·최덕근, 1992, 고생물학, 우성문화사.

김윤식·고성철·최병희, 1981, 한국의 식물 분포도에 관한 연구(IV), 소나무과의 분포도, 식물분류학회지, 11(1, 2), 53~75.

김종원, 2013, 한국식물생태보감 1, 자연과생태.

김준민, 1980, 한국의 환경 변천과 농경의 기원, 한국생태학회지, 3(1, 2), 40~51,

김정언·길봉섭, 1983, 한반도의 곰솔 분포에 관한 연구, 한국생태학회지, 6(1), 45~54.

김진수·김영걸·김장수·문희종·배상원, 2014, 소나무의 과학: DNA에서 관리까지, 고려대학교출판부.

김현삼, 1978, 소나무속에 대한 지리적 고찰, 생물학, 63, 33~40.

노의래, 1988, 기상인자에 의한 우리나라 주요 산림수종의 생육조건 및 적지적수, 임육연보, 24, 138~191.

도봉섭, 1988, 식물도감, 과학출판사.

리종오, 1964, 조선고등식물분류명집, 과학원출판사.

림경호 등, 1992, 조선의 화석 2, 과학기술출판사.

림경호 등, 1994, 조선의 화석, 과학기술출판사, 백산자료원.

림경호·장춘빈·권정림·리혜원·리현수·김창건·박정남, 1994, 조선의 화석 3, 과학기술출판사.

명세나, 2007, 조선시대 오봉병 연구 - 흉례도감의궤 기록을 중심으로 -, 이화여자대학교 대학원 석사논문.

박광우·정성호, 1990, 고산지대 산화적지의 식물생태에 관한 연구 - 지리산의 제석봉지역을 중심으로 -, 한국임학회지, 79(1), 33~41.

박원규·서정욱, 1999, 지리산 천왕봉지역 구상나무의 연륜기후학적 해석, 한국제4기학회지, 13(1), 25~33.

박용안·공우석 등, 2001, 한국의 제4기환경, 서울대학교출판부.

박재홍, 1989, 지리산 반야봉 구상나무림의 식물사회학적 연구, 중앙대학교 석사논문.

박종욱·정영철, 1996, 고등식물, 국내생물종문헌조사연구, 자연보호중앙협의회, 64~71.

박희현, 1984, 동물상과 식물상, (국사편찬위원회, 한국사론 12, 한국의 고고학I, 상), 91~186.

송국만, 2011, 한라산 구상나무림의 식생 구조와 동태, 박사학위논문, 제주대학교.

신문현·임주훈·공우석, 2014, 산불 후 입지에 따른 소나무 분포와 환경 요인 : 강원도 고성군을 중심으로, 환경복원녹화, 17(2), 49~60.

안진권·손두식, 1996, 전나무 천연집단의 동위효소 유전변이, 임육연보, 32, 1~12.

양승영(역), 1997, 한반도 지질학의 초기 연구사, 경북대학교출판부.

양승영·윤철수·김태완, 2003, 한국화석도감, 아카데미서적.

양종철·이유미·오승환·이정희·장계선, 2012, 구과식물, 한국식물 도해도감III, 국립수목원.

양종철·이동근·주민정·최경, 2015, 미토콘드리아 DNA 분석을 통한 구상나무와 분비나무의 계통지리학적 연구, Korean J. Pl. Taxon., 45(3), 1~8.

원병오, 1981, 한국동식물도감 제25권 동물편(조류생태), 문교부.

윤철수, 2001, 한국의 화석, 시그마프레스.

오수영·박재홍, 2001, 한국 유관속 식물분포도, 아카데미서적.

오승환·이유미·공우석, 2013, 한국의 풍혈, 국립수목원.

오승환·조용찬·권혜진·손성원·신재권·변준기·이슬기·윤주은·구본열·김한결·정종빈·정지영·조현제·김남신·김현철, 2015, 변화하는 환경과 구상나무의 보전, 국립수목원.

이강영·김현택, 1982, 구상나무 천연집단의 침엽형태 변이. 한국임학회지, 57, 39~44.

이규배, 2014, 나자식물이 꽃피는 식물로 인식되고 있는 잘못된 관행의 분석, 식물분류학회지, 44(4), 288~297.

이성미, 2011, 어진 관련 의궤와 미술사, 소와당.

이영로, 1986, 한국의 송백류, 이화여자대학교 출판부.

이우철·정태현, 1965, 한국삼림식물대 및 적지적수론, 성대논문집, 10, 329~435.

이우철, 1996, 한국식물명고(전 2권), 아카데미서적.

이유미, 2015, 우리나무 백가지, 현암사.

이유미·조동광·정수영·장정원·오승환·양종철·오혜선, 2009, 식별이 쉬운 나무 도감, 국립수목원.

이윤원·홍성천, 1995, 구상나무림의 군락생태학적 연구, 한국임학회지, 84(2), 247~257.

이영로, 1986, 한국의 송백류, 이화여대출판부.

이중효·신학섭·조현제·윤충원, 2014, 아고산 침엽수 군락, 국립생태원.

이창복, 1982, 대한식물도감, 향문사.

이창복, 1983, 우리나라의 나자식물, 서울대 농대 관악수목원 연구보고, 4, 1~22.

이창석·조현제, 1993, 가야산 구상나무군락의 구조 및 동태, 한국생태학회지, 16(1), 75~91.

이천용·박봉우, 2012, 소나무의 역사, 경제수종① 소나무, 국립산림과학원, 1~12.

이춘령·안학수, 1965, 한국식물명감, 범학사.

이하영, 1987, 한국의 고생물, 민음사.

임경빈, 1995, 소나무, 빛깔 있는 책들 175, 대원사.

임록재·홍경식·김현삼·리용재·황호준, 1996, 조선식물지, 과학기술출판사.

임업시험장, 1973, 한국수목도감, 임업시험장.

임업연구원, 1999, 소나무 소나무림, 임업연구원.

장기홍, 1984, 한국지질론, 민음사.

장남기·유해미, 1993, 한라산 구상나무림의 파동상 분포에 대한 연구, 서울대학교 과학교육논총, 18(1), 79~90.

장진성·김정일·현정오, 1997, 한국산 분비나무와 구상나무의 형질분석과 종간유연관계, 한국임학회지, 86(3), 378~390.

장진성·김휘·장계선, 2011, 한국동식물도감, 제43권 식물편(수목), 교육과학기술부.

장진성·김휘·김희영, 2012, 한반도 수목 필드가이드, 디자인 포스트.

전영우, 1993, 소나무와 우리문화, 숲과 문화연구회.

전영우, 2004, 우리가 정말 알아야 할 우리 소나무, 현암사.

전영우, 2005, 한국의 명품 소나무, 시사일본어사.

전영우, 2014, 궁궐 건축재 소나무, 상상미디어.

정동주, 2014, 늘 푸른 소나무: 한국인의 심성과 소나무, 한길사.

정재민·이수원·이강령, 1996, 지리산 구상나무 임분의 식생구조와 치수발생 및 동태, 한국임학회지, 85(1), 34~43.

정태현·이우철, 1965, 한국 삼림식물대 및 적지적수론, 성대논문집, 10, 329~435.

정태현, 1974, 한국식물도감, 이문사.

정헌관·이석구, 1985, *Abies koreana* 9개 천연림 집단의 동위효소 실험에 의한 유전분석, 임육연보, 21, 89~95.

조무연·최명섭, 1993, 한국수목도감, 임업연구원.

조화룡, 1987, 한국의 충적지형, 교학연구사.

조화룡, 1990, 한국의 토탄지 연구, 지리학(대한지리학회지), 41, 109~127.

한국지구과학회, 2009, 지구과학학사전, 북스힐.

한창균, 1990, 북한의 선사고고학, 백산문화.

한창균, 1995, 구석기 시대의 문화(한창균, 신숙정, 장호수, 북한 선사 문화 연구, 백산자료원, 1~95.

한창균·신숙정·장호수, 1995, 북한 선사 문화 연구, 백산자료원.

환경부, 1997, 금강소나무 분포 정밀조사 결과보고서, 환경부.

홍용표·안지영·김영미·양병훈·송정호, 2011, 남한지역 구상나무와 분비나무 집단에서의 nSSR 표지 유전 변이, 한국임학회지, 100(4), 577~584.

Arnold, C.A., 1947, An Introduction to Paleobotany, McGraw-Hill Book Co, New York.

Arnold, C.A., 1983, An Introduction to Paleobotany, Tata McGraw-Hill Publ., New Delhi.

Arzhhanova, V.S., 1996, Contemporary status aspects of Sikhote Alin pine forests, In; Owston, P.W., Schlosser, W.E., William, E., Efremov, D.F., Miner, C.L. (eds.), Korean pine-broadleaved forests of the Far East: Proceedings from the International Conference: 1996, September 30~October 6, Khabarovsk, Russian Federation Gen. Tech. Rep. PNW-GTR-487, Portland, OR, Department of Agriculture, Forest Service, Pacific Northwest Research Station, 231.

Axelrod, D.I., 1986, Cenozoic history of some western American pines, Ann. Missouri Bot. Gdn., 73, 565~641.

Bannister, P. and Neuner, G., 2001, Frost resistance and distribution of conifers, Bigras, F.J. and Colombo, S.J. (eds.), Conifer Cold Hardiness, Kluwer Academic Publishers, Dordrecht, 3~21.

Beck, C.B., 1988, Origin and Evolution of Gymnosperms, Columbia Univ. Press, New York.

Benkman, C.W., 1993, Adaptation to single resources and the evolution of crossbill(Loxia) diversity, Ecological Monographs, 63, 305~325.

Benkman, C.W., 1995, The impact of tree squirrel (Tamia sciurus) on limber pine seed dispersal adaptations, Evolution, 49, 585~592.

Berglund, B.E.(ed.), 1986, Handbook of Holocene Paleoecology and Paleohydrology, John Wiley and Sons, Chichester.

Bond, W.J., 1989, The tortoise and the hare: ecology of angiosperm dominance and gymnosperm persistence, Journal of the Linnaean Society of Botany, 36, 227~249.

Bowen, D.Q., 1979, Geographical perspective on the Quaternary, Progress in Physical Geography, 3, 167~186.

Chamberlain, C.J., 1966, Gymnosperms Structure and Evolution, Dover Publications, New York.

Cho, D.S., 1994, Community structure, and size and age distribution of conifers in subalpine Korean fir forest in Mt. Chiri, Korean Journal of Ecology, 17(4), 415~424.

Chowdhury, K.A., 1974, Abies and Picea Morphological Studies, Publications and Information Directorate, CSIR, New Delhi.

Chun, L.J., 1994, The broad-leaved Korean pine forest in China, In: Schmidt, W.C. and Holtmeier, F.K., Proceedings -International Workshop on Subalpine Stone Pines and Their

Environment: The Status of Our Knowledge—, USDA Forest Service General Technical Service INT-309, 81~84.

Coulter, J.M. and Chamberlain, C.J., 1925, Morphology of Gymnosperms, University of Chicago Press, Chicago.

Crane, P.R., 1988, Major clads and relationships in the higher gymnosperms, Beck, C.B. (ed.), Origin and Evolution of Gymnosperms, Columbia University Press, New York, 218~272.

Crane, R.R., Friis, E.M. and Pedersen, K.R., 1995, The origin and early diversification of angiosperms, Nature, 374, 27~33.

Critchfield, W.B., 1984, Impact of the Pleistocene on the genetic structure of North American conifers, In: Lanner, R. (ed.) Proceedings of the 8th North American Forest Biology Workshop, Logan, Utah, 70~118.

Critchfield, W.B., 1986, Hybridization and classification of the white pines (*Pinus* section *Strobus*), Taxon 35(4), 647~656.

Critchfield, W.B., and Little, E.L. Jr., 1966, Geographical Distribution of the Pines of the World, USDA Miscellaneous Publication 991.

Den Ouden, P. and Boom, B.K., 1965, Manual of Cultivated Conifers, Martinus Nijhoff, The Hague.

Debazac, E.F., 1964, Manuel des Conifers, Editions de L'ecole Nationale Des Eaux et Forests, Nancy, Imprimerie Louis—Jean, Gap.

Efremov, D.F., 1996, Biogeospheric status of Korean pine—broadleaved forests in the Russian Far East, In; Owston, P.W., Schlosser, W.E., William, E., Efremov, D.F., Miner, C.L. (eds.), Korean pine—broadleaved forests of the Far East: Proceedings from the International Conference: 1996, September 30—October 6, Khabarovsk, Russian Federation Gen. Tech. Rep. PNW-GTR-487, Portland, OR, Department of Agriculture, Forest Service, Pacific Northwest Research Station, 32~39.

Elliott, P.E., 1974, Evolutionary responses of plants to seed—eaters: pine squirrel predation on lodgepole pine, Evolution, 28, 221~231.

Enright, N.J., Hill, R.S. and Veblen, T.T., 1995, The southern conifers — an introduction, In: Enright, N.J and Hill, R.S. (eds.) Ecology of the Southern Conifers, Melbourne University Press, Melbourne, 1~9.

Farjon, A., 1984, Pines: Drawings and Descriptions of the Genus, E.J. Brill/ Dr. W. Backhuys, Leiden.

Farjon, A., 1990, Pinaceae: drawings and descriptions of genera *Abies*, *Cedrus*, *Pseudolarix*, *Keteleeria*, *Nothotsuga*, *Tsuga*, *Cathaya*, *Pseudotsuga*, *Larix* and *Picea*, Regnum Vegetabile, 121, 1~330.

Farjon, A., 1998, World Checklist and Bibliography of Conifers, Royal Botanical Gardens, Kew.

Farjon, A. and B.T. Styles, 1997, *Pinus* (Pinaceae), Flora Neotropica, Monograph 75, New York Botanical Garden, New York.

Farjon, A. and Page, C.N., 1999, Conifers, Status Survey and Conservation Action Plan, IUCN/ SSC Conifer Specialist Group, Royal Botanic Gardens Kew, London.

Farjon, A., 2008, A Natural History of Conifers, Timber Press, Portland.

Farjon, A. and Filer, D., 2013, An Atlas of the World's Conifers, Brill, Leiden.

Flora of Korea Editoritorial Committee and National Institute of Biological Resources, 2015, Gymnosperms, Flora of Korea, vol. 1 Pteridophytes and Gymnosperms, National Institute of Biological Resources, Ministry of Environment, Korea, 163~189.

Fowells, H.A., 1965, Silvics of Forest Trees of the United States, USDA Forest Service Agriculture Handbook No. 271, USDA, Washington DC.

Ferguson, N.F., 1972, Coniferous Forest Biome, Abstracts US/IBP Ecosystem Analysis Studies, Vol. II, No. 2, Oak Ridge.

Ferré, Y. de, 1960, Une nouvelle espéce de pin au Viet nam *Pinus dalatensis*, Toulouse Soc. d'Hist. Nat. Bul., 95, 171~180; Malyshev, L.I., 1960, Osibocnoe mnenie o proizrastanii keddrovogo stlanika *Pinus pumila* (Pall.) Rgl. v sajnah, Bot. Z., 45, 737~739.

FitzPatrick, H.M., 1965, Conifers: key to the genera and species, with economic notes, Scientific Proceedings of the Royal Dublin Society, Series A, 2(7), 67~129.

Florin, C.R., 1955, Gymnosperm systematics in a century of progress in natural sciences 1853~1953. Ed. El. Kessel. University of California, San Francisco.

Florin, R., 1963, The distribution of conifer and taxad genera in time and space, Acta Horti. Bergiani, Band, 20(4), 121~312.

Frankis, M. P. 1989. Generic inter–relationships in Pinaceae. Notes Roy. Bot. Gard. Edinburgh 45, 527~548.

Gavin D.G., Fitzpatrick M.C., Gugger P.F., F. Rodriguez–Sanchez, Dobrowski S.Z., Hampe A., Hu F.S., Ashcroft M.B., Bartlein P.J., Blosis J.L., Carstens B.C., Davis E.B., Lafontaine G., Edwards M.E., Ferandez M., Henne P.D., Herring E.M., Holden Z.A., Kong W.S., Liu J., Magri D., Matzke N.J., McGlone M.S., Saltre f., Stigall A.L., Y.H. Erica Tsai and J.W. Williams, 2014, Climate refugia: joint inference from fossil records, species distribution models and phylogeography, New Phytologist, 2014, 37~54.

Gower, S.T. and Richards, J.H., 1990, Larches: deciduous conifers in an evergreen world, Bioscience, 40, 818~826.

Greenway, T., 1990, Fir Trees, Steck–Vaughn Library, Austin, Texas.

Hara, B., 1986, The Oxford Encyclopedia of Trees of the World, Peerage Books, London.

Hartzel, H. Jr. l991, The Yew Tree, A Thousand Whispers, Biography of a Species, Hulogosi, Eugene, Oregon.

Hayashida, M., 1989a, Seed dispersal by red squirrels and subsequent establishment of Korean pine, Forest Ecology and Management, 28, 115~129.

Hayashida, M., 1989b, Seed dispersal and regeneration pattern of *Pinus parviflora* var. *pentaphylla* on Mt. Apoi in Hokkaido, Research Bulletins of the College Experimental Forests (Hokkaido University), 46, 177~190.

Hillier, H.G., 1972, Conifers for different soils and exposures, in: Napier, E.(ed.), 1972, Conifers in the British Isles, 105~108, The Royal Horticultural Society, London.

Hoffmann, D. and Kleinschmit, J., 1979, An utilization program for spruce provenance and species hybrid, IUFRO Norway Spruce Meeting S 2.03.11.–S 2.02.11, Bucharest, 216~236.

Holmes, A., 1986, Holmes of Principles of Physical Geology, 3rd Edition, Van Nostrand Reinhold, U.K.

Hong, S.C., 1995, Ecology and management of Korean *Larix* spp., Schmidt, W.C., and K.J.

McDonald, Ecology and Management of *Larix* Forests: A Look Ahead, IUFRO, 66~71.

Hora, B., 1990, The Marshall Cavendish Illustrated Book of Trees and Forests of the World, Vol. I, Marshall Cavendish, New York.

Hutchins, H.E., 1990, Whitebark pine seed dispersal and establishment: who's responsible?, In: Schmidt, W.C., McDonald, K.J. (comps.) Proceeding–Symposium on Whitebark Pine Ecosystems: Ecology and Management of a high–Mountain Resource, Intermountain Research Station General Technical Report INT–270, USDA, 245~255.

Hutchins, H.E. and Lanner, R.M., 1982, The central role of Clark's nutcracker in the dispersal and establishment of whitebark pine, Oecologia (Berlin), 55, 192~201.

Hutchins, H.E., Hutchins, S.A. and Liu, B., 1996, The role of birds and mammals in the Korean pine (*Pinus koraiensis*) regeneration dynamics, Oecologia, 107, 120~130.

Huzioka, K., 1943, Notes on some Tertiary plants from Chosen I, Jour. Fac. Sci. Hokkaido Univ. Ser., 4(1), 118~141.

Huzioka, K., 1951, Notes on some Tertiary plants from Chosen II, Trans. Proc. Palaeontol. Soc. Japan N.S., 3, 57~74.

Huzioka, K., 1972, The Tertiary floras of Korea, Jour. Min. Coll. Akita Univ. Japan, Ser. A, Vol. 5, 1~83.

Hyun, S.K., 1972, White pines of Asia: *Pinus koraiensis* and *Pinus armandii*, In: Biology of rust resistance in forest trees: Proceedings of a NATO–IUFRO Advanced Study Institute: 1969 August 17~24: Moscow, ID. Misce. Publ. 1221, Washington, DC: USDA, Forest Service: 125~149.

Iwatsuki K., Yamazaki T., Boufford, D.E. and H., Ohba (eds.), 1995, Flora of Japan, Volume 1, Pteridophyta and Gymnospermae, Kodansha, Tokyo.

Kajimoto, T., 1989, Aboveground biomass and litterfall of *Pinus pumila* scrubs growing on the Kiso Mountain range in central Japan, Ecol. Res., 4, 55~69.

Kajimoto, T., 1992, Dynamics and dry matter production of belowground woody organ of *Pinus pumila* trees growing on the Kiso Mountain Range in central Japan, Ecol. Res., 7, 333~339.

Kajimoto, T., 1993, Shoot dynamics of *Pinus pumila* in relation to altitudinal and windward exposure gradients on the Kiso mountain range, central Japan, Tree Physiology, 13, 41~53.

Kajimoto, T., 1994, Seasonal patterns of growth and photosynthetic activity of *Pinus pumila* growing on the Kiso Mountain Range, central Japan, In: Schmidt, W.C. and Holtmeier, F.K., Proceedings ~ International Workshop on Subalpine Stone Pines and Their Environment: The Status of Our Knowledge, USDA Forest Service General Technical Service INT–309, 93~98.

Kawasaki, S., 1926, Geology and mineral resources of Korea, In: The Geology and the Mineral Resources of the Japanese Empire, Part II, Imperial Geological Survey of Japan, 109~128.

Keeley, J.E. and Zedler, P.H., 1998, Evolution of life histories in *Pinus*, In: Richardson, D.M.,(ed.), Ecology and Biogeography of *Pinus*, Cambridge University Press, 219~250.

Khomentovsky, P.A., 1994, A pattern of *Pinus pumila* seed production ecology in the mountains of central Kamtchatka, In: Schmidt, W.C. and Holtmeier, F.K., Proceedings –International Workshop on Subalpine Stone Pines and Their Environment: The Status of Our Knowledge–, USDA Forest Service General Technical Service INT–309, 67~77.

Kinloch, B.B., Westfall, R.D. and Forrest, G.I., 1986, Caledonian Scots pine: origins and genetic structure, New Phytologists, 104, 703~729.

Knight, D.H., Vose, J.M., Baldwin, V.C., Ewel, K.C. and Groodzinska, K., 1994, Contrasting patterns in pine forest ecosystems, In: Gholz, H.L., Linder, S. and McMurtie, R.E., Environmental Constraints on the Structure and Productivity of Pine Forest Ecosystems: A Comparative Anaysis, Ecological Bulletin 43, 9~19, Munksgaard, Copenhagen.

Kolbek, J. and Kucera, M., 1989, A Brief Survey of Selected Woody Species on North Korea(D. P.R.K), Botanical Institute, Czechoslovak Academy of Sciences, Czechoslovakia.

Kolbek J. and M. Srutek, 1990, Structure of tree line on the SE slopes of Mt. Paektu, Abstracts, V International Congress of Ecology, 384.

Kolbek, J. and Kucera, M., 1999, A Brief Survey of Selected Woody Species on North Korea(D. P.R.K) II, Botanical Institute, Academy of Sciences of the Czech Republic, Czech.

Kolesnikov, B.P., 1938, High mountain silver-fir of Sikhote-Alin Vestn. Dal'nervost, Fil. Akad. Nauk SSSR 31, 115~122 (Bull. Far Eastern Branch Acad. Sci. USSR); also in : Trudy Glavn. Bot. Sada 20(Russ.).

Kormutak, A., Vookova, B., Ziegenhagen, Kwon, H.Y. and Y.P Hong, 2004, Chloroplast DNA variation in some representative of Asian, North American and Mediterranean firs (Abies spp.), Silvae Genetica, 53(3), 99~104.

Kong, W.S., 1992, The vegetational and environmental history of the pre-Holocene period in the Korean Peninsula, Kor. J. Quat. Res., 6(1), 1~12.

Kong, W.S. and Watts, D., 1993, The Plant Geography of Korea, Kluwer Academic Publishers, The Netherlands.

Kong, W.S., 1994, The vegetational history of Korea during the Holocene period, Kor. J. Quat. Res., 8(1), 10~26.

Kong, W.S., 2000, Vegetational history of the Korean Peninsula, Global Ecology and Biogeography, 9(5), 391~401.

Kong, W.S., Lee, S.G., Park, H.N., Lee, Y.M., Oh, S.H., 2015, Time-spatial distribution of Pinus in the Korean Peninsula, Quaternary International, 344(1), 43~53.

Kong, W.S., Koo, K.A., Choi, K., Yang, J.C., Lee, S.G., 2016, Historic vegetation and environmental changes since the 15th century, Quaternary International, 396, 25−36.

Kremenetski, C.V., Liu, K.B and MacDonald, G.M., 1998, The late Quaternary dynamics of pines in northern Asia, In: Richardson, D.M., (ed.), Ecology and Biogeography of Pinus, Cambridge University Press, 95~106.

Krugman, S.L. and Jenkinson, J.L., 1974, Pinus L. Pine, In: Schopmeyer, S.C. (ed.), Seeds of Woody Plants in the United States, 598~683, USDA Forest Service Agriculture handbook 450, Washington DC.

Krüssmann, G., 1985, Manual of Cultivated Conifers, Timber Press, Portland.

Krutovskii, K.V., Politov, D.V., and Altukhov, Y.P., 1994, Genetic differentiation and phylogeny of stone pines species based on isozyme loci, In: Schmidt, W.C. and Holtmeier, F.K., Proceedings −International Workshop on Subalpine Stone Pines and Their Environment: The Status of Our Knowledge−, USDA Forest Service General Technical Service INT−309, 19~30.

Kryshtofovich, A.N., 1929, Evolution of the Tertiary flora in Asia, New Phytologist, 28(4), 303~312.

Lanner, R.M., 1980, Avian seed dispersal as a factor in the ecology and evolution of limber and whitebark pines, In: 6th North American Forest Biology Workshop: Proceedings, 1980 August 11~13, University of Alberta, Edmonton, 15~47.

Lanner, R.M., 1982, Adaptations of whitebark pine for seed dispersal by Clark's nutcracker, Canadian Journal of Forest Research, 12, 391~402.

Lanner, R.M., 1990, Biology, taxonomy, evolution, and geography of stone pines of the world, In: Schmidt, W.C., McDonald, K.J. (comps.) Proceeding—Symposium on Whitebark Pine Ecosystems: Ecology and Management of a high—Mountain Resource, Intermountain Research Station General Technical Report INT—270, USDA, 14~24.

Lanner, R.M., 1996, Made For Each Other. A Symbiosis of Birds and Pines, Oxford University Press, New York.

Lanner, R.M., 1998, Seed dispersal in *Pinus*, In: Richardson, D.M., (ed.), Ecology and Biogeography of *Pinus*, Cambridge University Press, 251~280.

Lanner, R.M, 1999, Conifers of California, Cachuma Press, Los Olivos.

Lanner, R.M. and Gilbert, B., 1994, Nutritive value of whitebark pine seeds, and the question of their variable dormancy, In: Schmidt, W.C. and Holtmeier, F.K., Proceedings —International Workshop on Subalpine Stone Pines and Their Environment: The Status of Our Knowledge—, USDA Forest Service General Technical Service INT—309, 206~211.

Larcher, W., 1975, Physiological Plant Ecology, Springer, Heidelberg.

Leathart, S., 1977, Trees of the World, A and W Publishers, New York.

Ledig, F.T., 1998, Genetic variation in *Pinus*, In: Richardson, D.M., (ed.), Ecology and Biogeography of *Pinus*, Cambridge University Press, 251~280.

Lee, S.W., Ledig, F.T., Johnson, D.R., 2002, Genetic variation at allozyme and RAPD markers in *Pinus longaeva* (Pinaceae) of the White Mountains, California, Amer. J. Bot., 89(4), 566~577.

Le Maitre, D.C., 1998, Pines in cultivation: a global view, In: Richardson, D.M., (ed.), Ecology and Biogeography of *Pinus*, Cambridge University Press, 407~431.

LePage, B.A. and Basinger, J.F., 1995, The evolutionary history of the genus *Larix*: (Pinaceae), Schmidt, W.C., and K.J. McDonald, Ecology and Management of *Larix* Forests: A Look Ahead, IUFRO, 19~29.

Little, E.L. Jr., and Critchfield, W.B., 1969, Subdivisions of the Genus *Pinus* (Pines), USDA Miscellaneous Publication No. 1144, Washington, D.C.

Liu, K.B., 1988, Quaternary history of the temperate forests of China, Quaternary Science Reviews, 7, 1~20.

Liu, T.S., 1971, A Monograph of the Genus *Abies*, Department of Forestry, National Taiwan University, Taipei.

Ma, J.L., Zhuang, L.W., Li, J.G., Chen, D., 1992, Geographic distribution of *Pinus koraiensis* in the world, Jour. Northeast Forest University (China), 20(5), 40~48.

MacDonald, G.M., 1993, Fossil pollen analysis and the reconstruction of plant invasions, Advances in Ecological Research, 24, 67~110.

Maheshwari, P. and Konar, R.N., 1971, *Pinus*, Botanical Monograph No. 7, Council of Scientific and Industrial Research, New Delhi.

Massa, R. and Carabella, 1997, The Coniferous Forest, Steck—Vaughn Library, Austin, Texas.

Mattes, H. 1994, Co—evolutional aspects of stone pines and nutcracker, In: Schmidt, W.C. and Holtmeier, F.K., Proceedings —International Workshop on Subalpine Stone Pines and Their Environment: The Status of Our Knowledge—, USDA Forest Service General Technical Service INT—309, 31~35.

Mattson, D.J. and Jonkel, C., 1990, Stone pines and bears, In: Schmidt, W.C., McDonald, K.J.(comps.) Proceeding—Symposium on Whitebark Pine Ecosystems: Ecology and Management of a high—Mountain Resource, Intermountain Research Station General Technical Report INT—270, USDA, 223~236.

McGowran, B., 1990, Fifty million years ago, American Scientist, 78, 30~39.

Meyen, S.V., 1988, Gymnopserms of the Angara flora, Beck, C.B. (ed.), Origin and Evolution of Gymnosperms, Columbia University Press, New York, 338~381.

Miki, S., 1957, Pinaceae of Japan, with special reference to its remains, Osaka City Univ. Inst. Polytech. Jour. Series D, Biology, 8, 221~272.

Millar, C.I., 1989, Allozyme variation of bishop pine associated with pygmy forest soils in northern California, Canadian Journal of Forest Research, 19, 870~879.

Millar, C.I., 1993, Impact of the Eocene on the evolution of *Pinus*, Ann. Missouri Bot. Gdn., 80, 471~498.

Millar, C.I., 1998, Early evolution of pines, In: Richardson, D.M., (ed.), Ecology and Biogeography of *Pinus*, Cambridge University Press, 69~91.

Millar, C.I. and Kinloch, B.B., 1991, Taxonomy, phylogeny, and the coevolution of pines and their stem rusts, In: Hiratsuga, Y. et al (eds.) Rusts in Pines, Proceedings of the 3rd IUFRO Rusts of Pine Working Party Conference, Edmonton, Forestry Canada, 1~38.

Miller, C.N., 1977, Mesozoic conifers, Bot. Rev (Lancaster), 43, 217~280.

Miller, C.N., 1988, The origin of modern conifer families, Beck, C.B. (ed.), Origin and Evolution of Gymnosperms, Columbia University Press, New York, 448~486.

Miller, C.N., 1998, The origin of modern conifer families, Beck, C.B. (ed.), Origin and Evolution of Gymnosperms, Columbia University Press, New York, 448~486.

Miller, K.G., Fairbanks, R.G. and Mountain, G.S., 1987, Tertiary oxygen isotope synthesis, sea level history, and continental margin erosion, Paleoceanography, 2, 1~19.

Milyutin, L.I. and Vishnevetskaia, K.D., 1995, Larch and larch forests of Siberia, Schmidt, W.C., and K.J. McDonald, Ecology and Management of *Larix* Forests: A Look Ahead, IUFRO, 50~53.

Mirov, N.T., 1959, Biochemical geography of the genus *Pinus*, IX International Botanical Congress, Vol. II.

Mirov, N.T., 1967a, The Genus *Pinus*, Ronald Press, New York.

Mirov, N.T., 1967b, Migration and survival of plants as exemplified by the genus *Pinus*, Year Book of the American Philosophical Society, 318~320.

Mirov, N.T. and Hasbrouck, J., 1976, The Story of Pines, Indiana University Press, Indiana.

Mitchell, A.F., 1972, Conifers from Europe and Asia, in: Napier, E. (ed.), 1972, Conifers in the

British Isles, The Royal Horticultural Society, London, 9~10.

Miyaki, M., 1987, Seed dispersal of the Korean pine, *Pinus koraiensis*, by the Red Squirrel, *Sciurus vulgaris*, Ecological Research, 2, 147~157.

Nakagoshi, N., Nehira, K. and Takahashi, F., 1987, The role of fire in pine forests of Japan, In: Trabaud, L. and Proden, P. (eds.) The Role of Fire in Ecological Systems, Commission on European Communities, Ecosystem Research Reports, 157.

Nakai, T., 1911, Flora Koreana, J. Coll. Science, Imperial University of Japan, 31, 379~384.

Nakai, T., 1915~1939, Flora Sylvatica Koreana.

Nakai, T., 1952, A Synoptical Sketch of Korean Flora, Bull. Natl. Sci. Mus. Tokyo.

Nakashinden, I., 1994, Japanese stone pine cone production estimated from cone scars, Mount Kisokomagatake, central Japanese, In: Schmidt, W.C. and Holtmeier, F.K., Proceedings —International Workshop on Subalpine Stone Pines and Their Environment: The Status of Our Knowledge—, USDA Forest Service General Technical Service INT—309, 188~192.

Rehfeldt, J., 1984, Micro—evolution of conifers in the Northern Rocky Mountains: a view from common gardens, In; Lanner, R. (ed.), Proc. of the 8th North American Forest Biology Workshop, Logan, Utah, 132~146.

Nienstaedt, H. and Teich, A., 1972, The Genetics of White Spruce, USDA Forest Service Research Paper WO—15, 24.

Nikolov, N. and Helmisaari, H., 1992, Silvics of the circumpolar boreal forest tree species, In; Shugart, H.H., Leemans, R. and Bonan, G.B. (eds.), A Systems Analysis of the Global Boreal Forest, Cambridge University Press, Cambridge, 13~84.

Nimsch, H., 1995, A Reference Guide to the Gymnosperms of the World, Koeltz Scientific Books, Champaign, USA.

Oldfield, S., Lusty, C. and MacKinven, A., 1998, The World List of Threatened Trees, World Conservation Press, IUCN, Cambridge, U. K.

Okitsu, S. and Ito, K., 1984, Vegetation dynamics of the Siberian dwarf pine (*Pinus pumila*) in the Taisetsu Mountain Range, Hokkaido, Japan, Vegetatio, 58, 105~113.

Okitsu, S. and Ito, K., 1989, Conditions for the development of the *Pinus pumila* zone of Hokkaido, northern Japan, Vegetatio, 84, 127~132.

Okitsu, S. and Mizoguchi, T., 1990, Relation between cone production and stem diameter elongation of *Pinus pumila* of Japanese high mountains, Jpn. Jour. Ecol., 40(2), 49~55.

Okubo, A. and Levin, S.A., 1989, A theoretical framework for data analysis of wind dispersal of seeds and pollen, Ecology, 70, 329~338.

Owns, J.N., 1991, Flowering and seed set, In: Raghavendra, A.S., Physiology of Trees, John Wiley, New York, 247~271.

Page, C.N., 1990, The families and genera of conifers, In: Kubitsky, K. (ed.), The Families and Genera of Vascular Plants, Vol. 1, Springer—Verlag, Berlin, 278~361.

Park, C.W. et al., 2007, The Genera of Vascular Plants of Korea, Seoul National University.

Paryski, W.H., 1971, Stone—pine *Pinus cembrae* L, Polish Academy of Sciences Institute of Dendrology and Kornik Arboretum, Popular Scientific Monographs 'Our Forest Trees' 1.

Peattie, D.C., 1990, A Natural History of Trees of Eastern and Central North America, Houghton Miffin, Boston.

Peterson, R., 1980, The Pine Tree Book, Brandywine Press, New York.

Pielou, E.C., 1988, The World of Northern Conifers, Cornell University Press, Ithaca.

Politov, D.V. and Krutovskii, K.V., 1994, Allozyme polymorphism, heterozygosity, and mating system of stone pines and nutcracker, In: Schmidt, W.C. and Holtmeier, F.K., Proceedings –International Workshop on Subalpine Stone Pines and Their Environment: The Status of Our Knowledge–, USDA Forest Service General Technical Service INT–309, 36~42.

Pravdin, L.F. and Iroshnikov, A.J., 1982, Genetics of *Pinus sibirica* Du tour, *P. koraiensis* Sieb. et Zucc. and *P. pumila* Regal, Ann. Forest, 9(3), 79~123.

Price, R.A., Liston, A. and Strauss, S.H., 1998, Phylogeny and systematics of *Pinus*, In: Richardson, D.M., (ed.), Ecology and Biogeography of *Pinus*, Cambridge University Press, 49~68.

Richardson, D.M., and Rundel, P.W., 1998, Ecology and biogeography of *Pinus*: and introduction, In: Richardson, D.M.,(ed.), Ecology and Biogeography of *Pinus*, Cambridge University Press, 3~46.

Rundel, P.W. and Yoder, B.J., 1998, Ecophysiology in *Pinus*, In: Richardson, D.M.,(ed.), Ecology and Biogeography of *Pinus*, Cambridge University Press, 296~323.

Rushforth, K., 1987, Conifers, Facts on File Publications, New York.

Saho, H., 1972, White pines of Japan, In: Biology of rust resistance in forest trees: Proceedings of a NATO–IUFRO Advanced Study Institute: 1969 August 17~24: Moscow, ID. Misce. Publ. 1221, Washington, DC: USDA, Forest Service: 179~199.

Saito, S.I., 1983, On the relations of the caching by animals on the seed germination of Japanese stone pine, *Pinus pumila* Regel, Bull. Shiretoko Museum, 5, 23~40.

Saito, S. and Kawabe, 1990, On the forest vegetation of Mt. Higashi–Nupukaushinupuri, Tokachi, Hokkaido, (2) On the two thickets of *Pinus pumila*, Bulletin of the Higashi Taisetsu Museum of Natural History, 12, 17~29.

Sakai, A. and Larcher, W., 1987, Frost Survival of Plants: Responses and Adaptation to Freezing Stress, Ecological Studies Vol. 62, Springer–Verlag, Berlin; Larcher, W., 1995, Physiological Plant Ecology, 3rd ed., Springer–Verlag, Berlin.

Sauer, J.D., 1988, Plant Migration: The Dynamics of Geographic Patterning in Seed plant Species, University of California Press, Berkely.

Savin, S.M., 1977, The history of the earth's surface temperature during the past 100 million years, Annual Review of Earth Planetary Science, 5, 319~356.

Schmidt, W.C., 1994, Distribution of stone pines, In: Schmidt, W.C. and Holtmeier, F.K., Proceedings –International Workshop on Subalpine Stone Pines and Their Environment: The Status of Our Knowledge–, USDA Forest Service General Technical Service INT–309, 1~6.

Schmidt, W.C., 1995, Around the world with *Larix*: an introduction, Schmidt, W.C., and K.J. McDonald, Ecology and Management of *Larix* Forests: A Look Ahead, IUFRO, 6~10.

Shaw, G.R., 1924, Notes on the genus *Pinus*, J. Arnold Arboretum 5, 225~227.

Shidei, 1963, Productivity of Haimatsu (*Pinus pumila*) community growing in the alpine zone of Tateyama–Range, Jour. Jpn. For. Soc., 45, 169~173.

Sigurgeirsson, A. and A.E. Szmidt 1993. Phylogenetic and biogeographic implications of chloroplast DNA variation in *Picea*. Nordic Journal of Botany 13: 233~246.

Silba, J., 1984, An International Census of the Coniferae, Phytologia memoir no. 8., Corvallis, OR, H.N. Moldenke and A.L. Moldenke.

Silba, J., 1986, Encyclopaedia Coniferae, Phytologia Memoirs VIII, Corvalis.

Sporne, K.R., 1965, The Morphology of Gymnosperms, Hutchinson Univ. Library, London.

Styles, B.T., 1993, Pine kernels, In: Macrae, R., Robinson, R.K. and Sadler, M.J.(eds.), Encyclopaedia of Food Science, Food Technology and Nutrition, Vol. 6, Academic Press, London, 3595~3597.

Stanley, S. M., 1999, Earth System History, W.H. Freeman and Co., USA.

Stewart, W.N., 1983, Paleobotany and the Evolution of Plants, Cambridge University Press, Cambridge.

Strauss, S.H. and Ledig, T., 1985, Seeding architecture and life history evolution in pines, American Naturalist, 125, 702~715.

Taylor, D.W. and Hickey, L.J., 1990, An Alpian plant with attached leaves and flowers: implications for angiosperm origin, Science, 247, 702~704.

Thomas, P., 2000, Trees: Their Natural History, Cambridge University Press, Cambridge.

Tomback, D.F., 1982, Dispersal of whitebark pine seeds by Clark's nutcracker: a mutualism hypothesis, Journal of Animal Ecology, 51, 451~467.

Tomback, D.F., 1983, Nutcrackers and pines: coevolution or coadaptation? In: Nitecki, N.H (ed.) Coevolution, University of Chicago, Chicago, 179~223.

Tomback, D.F., Hoffmann, L.A. and Sund, S.K., 1990, Coevolution of whitebark pines and nutcrackers: implications for forest regeneration, In: Schmidt, W.C., McDonald, K.J. (comps.), Proceeding−Symposium on Whitebark Pine Ecosystems: Ecology and Management of a high−Mountain Resource, Intermountain Research Station General Technical Report INT−270, USDA, 118~129.

Tomback, D.F., and Linhart, Y.B., 1990, The evolution of bird−dispersal pines, Evolutionary Biology, 4, 185~219.

Tomback, D.F. and Schuster, W.S.F., 1994, Genetic population structure and growth form distribution in bird−dispersed pines, In: Schmidt, W.C. and Holtmeier, F.K., Proceedings −International Workshop on Subalpine Stone Pines and Their Environment: The Status of Our Knowledge−, USDA Forest Service General Technical Service INT−309, 43~49.

Tranquillini, W., 1979, Physiological Ecology of the Alpine Timberline, Springer−Verlag, Berlin.

Tsukada, M., 1988, Japan, In: Huntley, B. and Webb, T. III, Vegetation History, Kluwer, Dordrecht, 459~581.

Turcek, F.J. and L. Kelso, 1968, Ecological aspects of food transportation and storage in the Corvidae, Communications in Behavioral Biology, Part A, 1, 277~297.

Uyeki, H., 1926, Corean Timber Trees, Vol. 1, Ginkgoales and Coniferae, For. Exp. Stat. Rep., Vol. 4, 1~154.

Uyeki, H., 1927, The seeds of the genus *Pinus*, as an aid to the identification of species, Bull. Agricultural and Forestry Coll., Suwon, Korea, 2, 1~129.

Valacovic, M., Kucera, M., Kolbek. J., Jarolminek, I., Valakovik, M., 2001, Distribution and Phytocoenology of Selected Woody Species of North Korea D.P.R.K, Coronet Books,

Pruhonice, Czech.

Vander Wall, S.B. and Balda, R.P., 1977, Coadaptations of Clark's nutcracker and the pinon pine for effective seed harvest and dispersal, Ecological Monographs, 47, 89~111.

Vander Wall, S.B., 1992, The role of animals in dispersing a 'wind–dispersed' pine, Ecology, 73, 614~621.

van Gelderen, D.M., 1996, Conifers: The Illustrated Encyclopedia, Vol.1, Timber Press.

Velichko, A.A., Isaeva, L.L., Makeyev, V.M., Matishov, G.G. and Faustova, M.A., 1984, Late Pleistocene glaciation of the Arctic Shelf and the reconstruction of Eurasian ice sheets, In: Velichko, A.A. (ed.) Late Quaternary Environments of the Soviet Union, Univ. of Minneapolis, Minneapolis, 35~41.

Vidaković, M., 1991, Conifers: morphology and variation, (translated by Šoljan, M.) Graficki Zovod Hrvatske, Zagreb, Croatia.

Wang, P.X. and Sun, X.J., 1994, Last glacial maximum in China: comparison between land and sea, Catena, 23, 341~353.

Wang, S.M. and Zhong, S.X., 1995, Ecological and geographical distribution of *Larix* and cultivation of its major species in southwestern China, Schmidt, W.C., and K.J. McDonald, Ecology and Management of *Larix* Forests: A Look Ahead, IUFRO, 38~40.

Wang, Y.C., 1995, Physical ecology and regulation measurement for establishment of fast–growing and high–yield larch forests in Northeastern China, Schmidt, W.C., and K.J. McDonald, Ecology and Management of *Larix* Forests: A Look Ahead, IUFRO, 79~80.

Weaver, T., 1994, Climates where stone pines grow, a comparison, In: Schmidt, W.C. and Holtmeier, F.K., Proceedings –International Workshop on Subalpine Stone Pines and Their Environment: The Status of Our Knowledge–, USDA Forest Service General Technical Service INT–309, 85~89.

Welch, J.H., 1991, The Conifer Manual, Vol. 1, Kluwer Acad. Publ., Dordrecht.

Wolfe, J.A., 1985, Distribution of major vegetation types during the Tertiary, Geophysical Monograph, 32, 357~375.

Wolfe, J.A., 1990, Palaeobotanical evidence for a marked temperature increase following the Cretaceous/Tertiary boundary, Nature, 343, 153~156.

Wright, J.W., 1955, Species crossability in spruce in relation to distribution and taxonomy, Forest Science, 1, 319~349.

Wu Z.Y. and P.H. Raven (eds.), 1999, Flora of China, Volume 4, Science Press, Beijing. Yasuda, Y., Tsukada, M., Kim, J.M., Lee, S.T., and Yim, Y.J., 1980, The environment change and the agriculture origin in Korea, Japanese Ministry of Education, Overseas Research Reports, 1~19 (in Japanese).

Young, J.A. and Young, C.C., 1992, Seeds of Woody Plants in North America, Discorides, Portland.

고문헌

세종대왕기념사업회, 1972, 世宗莊憲大王實錄 地理志 24, 광명인쇄공사, 17~462.

민족문화추진회, 1967, 新增東國輿地勝覽(전7권), 고전국역총서, 민문고(1989년 중판).

국사편찬위원회, 1973, 輿地圖書 上(1760), 한국사료총서 제20, 국사편찬위원회, 탐구당.

국사편찬위원회, 1973, 輿地圖書 下(1760), 한국사료총서 제20, 국사편찬위원회, 탐구당.

한국학문헌연구소 편, 1983, 전국지리지 3, 東國地理志, 한국지리지총서, 아세아문화사.

김정호, 1864, 大東地志, 한국학문헌연구소 편, 1976, 한국지리지총서, 대동지지, 아세아문화사.

조선지리연구회 편, 1931, 朝鮮一覽, 동양대학당.

세종대왕기념사업회, 1990, 國譯 新增文獻備考 財用考.

中井猛之進, 1915~1939, 朝鮮森林植物編, 1~7卷.

中井猛之進, 1935, 東亞植物, 岩波全書, 東京.

南寅鎬, 1984, 朝鮮植被槪況, 延邊農學院學報, 2(16), 15~26.

웹페이지

http://100.daum.net

http://dic.naver.com

http://donsmaps.com/images26/icesheetsnorthernhemisphere.jpg

http://en.wikipedia.org/wiki/Geologic_time_scale

http://gcinews.com

http://herbaria.plants.ox.ac.uk/bol/conifers

http://plants.usda.gov/core/profile?symbol=PIPU6

http://www.conifers.org

http://www.forest.go.kr

http://www.nature.go.kr

http://www2.humbolt.edu/natmus/plants/cladogram.html

https://www.paldat.org/pub/Pinus_densiflora/202643

찾아보기

침엽수
사이언스 I

초판 1쇄 인쇄	2016년 10월 30일
초판 1쇄 발행	2016년 11월 10일

지은이　공우석

펴낸곳　지오북(**GEO**BOOK)
펴낸이　황영심
편집　전유경, 김소희
디자인　김진디자인

주소　서울특별시 종로구 사직로8길 34, 오피스텔 1321호
(내수동 경희궁의아침 3단지)
Tel_02-732-0337
Fax_02-732-9337
eMail_book@geobook.co.kr
www.geobook.co.kr
cafe.naver.com/geobookpub

출판등록번호　제300-2003-211
출판등록일　2003년 11월 27일

ⓒ공우석, 지오북 2016
지은이와 협의하여 검인은 생략합니다.

ISBN 978-89-94242-46-0 93480